山地茭白产地市场

山地茭白示范基地

山地茭白收购

茭鸭共育种养模式

山地茭白基地

山地黄瓜基地

黄瓜嫁接

黄瓜嫁接培训

黄瓜套种四季豆

苦荬菜

双季小京生嫩花生基地

芦笋核心基地

樱桃小番茄

山地茄子基地

山地四季豆基地

杀虫灯安装　　　　　　　　　　昆虫性引诱剂技术应用

浙江省新昌县荣获中国高山茭白之乡证书

2013 年全国农牧渔业丰收奖证书
——浙江省新昌县蔬菜总站

吴旭江 主编

Nanfang Shandi Shucai Zaipei Yu
Bingchonghai Fangkong

南方山地蔬菜栽培与病虫害防控

中国农业科学技术出版社

图书在版编目（CIP）数据

南方山地蔬菜栽培与病虫害防控/吴旭江主编．—
北京：中国农业科学技术出版社，2016.8
ISBN 978-7-5116-2687-5

I.①南… Ⅱ.①吴… Ⅲ.①蔬菜－山地栽培 ②蔬
菜－病虫害防治 Ⅳ.①S63 ②S436.3

中国版本图书馆 CIP 数据核字(2016)第172712号

责任编辑　闫庆健　鲁卫泉
责任校对　马广洋

出 版 者　中国农业科学技术出版社
　　　　　北京市中关村南大街12号　邮编：100081
电　　话　(010)82106632(编辑室)　(010)82109704(发行部)
　　　　　(010)82109703（读者服务部）
传　　真　(010)82106625
网　　址　http://www.castp.cn
经 销 者　各地新华书店
印 刷 者　北京富泰印刷有限责任公司
开　　本　710mm×1 000mm　　1/16
印　　张　15　彩插　4面
字　　数　282千字
版　　次　2016年8月第1版　　2016年8月第1次印刷
定　　价　45.00元

《南方山地蔬菜栽培与病虫害防控》
编写人员

主　　编　吴旭江

副 主 编　吕文君　陈银根

编写人员　(按姓氏笔画排序)

冯忠民　吕文君　孙永飞　吴旭江

陈银根　陈新洪　徐钦辉　梁尹明

梁丽伟

前　言

　　近年来，浙江省新昌县充分利用山区资源优势，不断调整农业种植结构，明确发展重点，坚持科技进步，创新工作举措，有效推动山地蔬菜生产区域化、产品绿色化、经营产业化、市场多元化的水平，不断提高山地蔬菜生产科技含量和种植效益，其山地蔬菜产业已成为当地仅次于茶叶的第二大农业产业，山地蔬菜特色优势产业成为造福新昌、致富农民、绿化大地的新兴绿色高效生态农业亿元产业。

　　为了进一步推动山地蔬菜产业的发展，提高农民科学种菜水平，编者组织了长期从事山地蔬菜生产的技术人员，在认真总结实践经验的基础上，编写了《南方山地蔬菜栽培与病虫害防控》一书。本书共分：概述、主要山地蔬菜栽培技术、山地蔬菜栽培防控新技术、山地蔬菜病虫害防控、山地蔬菜栽培研究论文选载等5章，系统介绍了山地蔬菜生产栽培的全过程。本书文字简练，通俗易懂，具有较强的实践性、知识性、可指导性和可操作性，既可作为基层山地蔬菜培训教材，也可作为农民专业合作社、家庭农场和农村种植大户自学读本。

　　由于编者水平所限，书中难免有不妥之处，敬请广大读者提出宝贵意见，以便修改和完善。

编者

2016 年 7 月

第一章　概　述

第二章　主要山地蔬菜栽培技术

第三章　山地蔬菜栽培防控新技术

第四章　山地蔬菜病虫害防控

第五章　山地蔬菜栽培研究论文选载

附　录

第一章 概　述

第一节　山地蔬菜的定义

山地种菜自古有之，但传统的山地蔬菜是零星的、粗放的，有着山区农民自种自食的栽培形式。以往除了一些地处一定海拔高度的城镇其周边有规模不等的"城郊型"蔬菜基地外，真正意义上的山地蔬菜规模化生产是始于20世纪80年代中期。

2006年，浙江省农业厅在新昌组织召开了浙江省首次山地蔬菜产业研讨会，正式提出发展山地蔬菜战略，并将发展山地蔬菜作为浙江省蔬菜产业发展的重点之一。但迄今为止，尚未有明确的"山地蔬菜"定义，仅有浙江大学汪炳良教授等在2015年提出，山地蔬菜定义为"除平原和城郊蔬菜产区以外，种植于丘陵山区、半山区平缓坡地或台地的蔬菜"。

在2006年以前，浙江曾发展过高山蔬菜，而高山蔬菜有广义和狭义两种定义。广义为："高山蔬菜是指在高山上种植的蔬菜。"狭义为："高山蔬菜是指利用高山凉爽气候条件，进行春夏菜延后栽培或秋冬菜提前栽培，采收供应期主要在7—10月，并具有一定规模的商品蔬菜。"浙江省曾把海拔500米以上种植，供应期在夏秋季，有一定规模的商品蔬菜称为高山蔬菜。

但实际上，山地蔬菜的定义可涵盖高山蔬菜，范围更广，品种更多，技术更全面，效益也更好。总之，多年来发展山地蔬菜生产的实践证明，发展山地蔬菜生产是一项投资较少，见效快，能综合开发利用山区资源优势的高效产业之一，其经济和社会效益显著，对推动山区农村经济繁荣、巩固和稳定山区脱贫致富、保障城市蔬菜供应，具有重要现实意义。

第二节 蔬菜的分类

一、植物学分类法

植物学分类法是依照植物自然进化系统，按照科、属、种和变种进行分类的方法。我国普遍栽培的蔬菜，除食用菌外，分别属于种子植物门双子叶植物纲或单子叶植物纲的不同科。采用植物学分类方法可明确科、属、种在形态、生理上的关系，以及遗传学、系统进化上的亲缘关系，对于蔬菜的轮作倒茬、病虫害防治、种子繁育和栽培管理等，具有较好的指导作用。常见蔬菜按科分类如下。

(一) 单子叶植物

1. 禾本科
主要蔬菜有茭白、毛竹笋、菜玉米等。

2. 百合科
主要蔬菜有金针菜、芦笋、洋葱、大蒜、大葱、韭菜等。

3. 天南星科
主要蔬菜有芋、魔芋等。

4. 薯蓣科
主要蔬菜有普通山药、甘薯等。

5. 姜科
主要蔬菜有生姜等。

(二) 双子叶植物

1. 藜科
主要蔬菜有菠菜等。

2. 苋科
主要蔬菜有苋菜等。

3. 睡莲科
主要蔬菜有莲藕、芡实等。

4. 十字花科
主要蔬菜有萝卜、芜菁、芜菁甘蓝、芥蓝、结球甘蓝、花椰菜、青花菜、球茎甘蓝、小白菜、结球白菜、叶用芥菜、茎用芥菜等。

5. 豆科

主要蔬菜有菜豆、豌豆、蚕豆、豇豆、扁豆、刀豆、花生等。

6. 伞形科

主要蔬菜有芹菜、水芹、胡萝卜、小茴香等。

7. 旋花科

主要蔬菜有蕹菜等。

8. 唇形科

主要蔬菜有薄荷、荆芥、罗勒等。

9. 茄科

主要蔬菜有茄子、番茄、马铃薯、辣椒等。

10. 葫芦科

主要蔬菜有黄瓜、甜瓜、南瓜、西瓜、冬瓜、瓠瓜、丝瓜、苦瓜、佛手瓜等。

11. 菊科

主要蔬菜有莴苣、茼蒿、菊芋、牛蒡等。

12. 锦葵科

主要蔬菜有黄秋葵等。

13. 楝科

主要蔬菜有香椿等。

二、蔬菜按食用器官分类法

按照蔬菜食用部分的器官形态，可以将蔬菜作物分为根、茎、叶、花、果等5类。这种分类方法的特点是同一类蔬菜的食用器官相似，可以了解彼此在形态和生理上的关系。

（一）根菜类

1. 肉质根类

以肥大的肉质根为产品，如萝卜、芜菁、胡萝卜、根芥菜等。

2. 块根类

以肥大的不定根或侧根为产品，如甘薯、豆薯等。

（二）茎菜类

1. 肉质茎类

以肥大的地上茎为产品，如莴笋、茭白、茎芥菜等。

2. 嫩茎类

以萌发的嫩茎为产品，如芦笋、竹笋等。

3. 块茎类

以肥大的地下茎为产品，如马铃薯等。

4. 根茎类

以肥大的地下根茎为产品，如生姜、莲藕等。

5. 球茎类

以地下的球茎为产品，如慈姑、芋等。

6. 鳞茎类

以肥大的鳞茎为产品，如洋葱、大蒜等。

(三) 叶菜类

1. 普通散叶菜类

以鲜嫩脆绿的叶或叶丛为产品，如小白菜、乌塌菜、茼蒿、菠菜等。

2. 香辛叶菜类

有香辛味的叶菜，如大葱、韭菜、芹菜、茴香等。

3. 结球叶菜类

以肥大的叶球为产品，如大白菜、结球甘蓝、结球莴苣等。

(四) 花菜类

1. 花器菜

如黄花菜、朝鲜蓟等。

2. 花枝菜

如花椰菜、青花菜等。

(五) 果菜类

1. 瓠果类

以下位子房和花托发育而成的果实为产品，如黄瓜、南瓜、西瓜等。

2. 荚果类

以脆嫩荚果或其豆粒为产品，如菜豆、豇豆、蚕豆等。

3. 浆果类

以胎座发达而充满汁液的果实为产品，如茄子、番茄、辣椒等。

4. 杂果类

主要指菜玉米、菱角等，及以上三类以外的果菜类蔬菜。

三、农业生物学分类法

农业生物学分类法是以蔬菜的农业生物学特性作为分类的依据，且综合了上面两种方法的优点，比较适合生产上的要求。

（一）根菜类

包括萝卜、胡萝卜、根用芥菜、芜菁甘蓝等。以其膨大的直根为食用部分，生长期间喜冷凉气候。在生长的第一年形成肉质根，贮藏大量的水分和糖分，到第二年开花结实。在低温下通过春化阶段，长日照下通过光照阶段。均用种子繁殖。要求疏松而深厚的土壤。

（二）白菜类

包括白菜、芥菜及甘蓝等，以柔嫩的叶丛或叶球为食，喜冷凉、湿润气候，对水肥要求高，高温干旱条件下生长不良。多为二年生植物，均用种子繁殖，第一年形成叶丛或叶球，第二年才抽薹开花。生产上除需采收花球及菜薹（花薹）者以外，其余要避免先期抽薹。

（三）绿叶菜类

包括莴苣、芹菜、菠菜、茼蒿、蕹菜等，以幼嫩的绿叶或嫩茎为食用器官。其中的蕹菜、落葵等，能耐炎热，而莴苣、芹菜等则好冷凉。由于它们大多植株矮小，生长迅速，要求土壤水分及氮肥不断地供应，常与高秆作物进行间套作。

（四）葱蒜类

包括洋葱、大蒜、大葱、韭菜等，叶鞘基部能形成鳞茎，因此又叫鳞茎类。其中的洋葱及大蒜的叶鞘基部可以发育成为膨大的鳞茎；而韭菜、大葱、分葱等则不特别膨大。性耐寒，在春秋两季为主要生产季节。在长日照下形成鳞茎，要求低温通过春化。可用种子繁殖（如洋葱、大葱等），亦可用营养繁殖（如大蒜、分葱及韭菜等）。

（五）茄果类

包括茄子、番茄及辣椒。这三种蔬菜在生物学特性和栽培技术上都很相似。要求肥沃的土壤及较高的温度，不耐寒冷，对日照长短要求不严格。

（六）瓜类

包括南瓜、黄瓜、西瓜、甜瓜、瓠瓜、冬瓜、丝瓜、苦瓜等。茎蔓性，雌雄异花同株，要求较高的温度及充足的阳光。尤其是西瓜和甜瓜，适于昼热夜凉的大陆性气候及排水好的土壤。

（七）豆类

包括菜豆、豇豆、毛豆、刀豆、扁豆、豌豆、蚕豆及花生，多为以新鲜的种子及豆荚为食的蔬菜。除豌豆及蚕豆要求冷凉气候以外，其他豆类都要求温暖的环境。豆类具根瘤，在根瘤菌的作用下可固定空气中的氮元素。

（八）薯芋类

包括马铃薯、山药、芋、姜等，以地下块根或地下块茎为食用器官的蔬菜，产品内富含淀粉，较耐贮藏。均用营养繁殖。除马铃薯生长期较短、不耐过高的温度外，其他的薯芋类，都能耐热，生长期也较长。

（九）水生蔬菜类

包括藕、茭白、慈姑、荸荠、菱和水芹等生长在沼泽地区的蔬菜。在植物学分类上分属于不同的科，但均喜较高的温度及肥沃的土壤，要求在浅水中生长。除菱和芡实以外，都用营养繁殖。多分布在长江以南湖泊和沼泽多的地区。

（十）多年生蔬菜和杂类蔬菜

多年生蔬菜包括竹笋、黄花菜、芦笋、香椿、百合等。一次繁殖以后，可以连续采收数年。杂类蔬菜包括菜玉米、黄秋葵、芽苗类和野生蔬菜等。

第三节　蔬菜对环境条件的要求

一、温度

在影响蔬菜生长发育的环境条件中，以温度最敏感，各种蔬菜都有其生长发育的温度三基点，即最低温度、适宜温度和最高温度。栽培上宜将各种蔬菜产品器官形成期安排在当地最适宜的月份内，以达到高产优质的目的。

（一）各类蔬菜对温度的要求

根据各种蔬菜对温度条件的不同要求和能耐受的温度，可以将蔬菜植物分为五类（表1-1），这是安排蔬菜栽培季节的重要依据。

表1-1　各类蔬菜对温度的要求

类别	主要蔬菜	最高温度（℃）	适宜温度（℃）	最低温度（℃）	特点
多年生宿根蔬菜	韭菜、黄花菜、芦笋等	35	20~30	-10	地上部能耐高温，冬季地上部枯死，以地下宿根（茎）越冬
耐寒蔬菜	菠菜、大葱、洋葱、大蒜等	30	15~20	-5	较耐低温，大部分可露地越冬

类别	主要蔬菜	最高温度（℃）	适宜温度（℃）	最低温度（℃）	特点
半耐寒蔬菜	大白菜、甘蓝、萝卜、胡萝卜、豌豆、蚕豆等	30	17～25	-2	耐寒力稍差，产品器官形成期温度超过21℃时生长不良
喜温蔬菜	黄瓜、番茄、辣椒、菜豆、茄子等	35	20～30	10	不耐低温，15℃以下开花结果不良
耐热蔬菜	冬瓜、苦瓜、西瓜、豇豆、苋菜等	40	30	15	喜高温，具有较强的耐热能力

（二）不同生育时期对温度的要求

蔬菜在不同生育期对温度的要求不同。大多数蔬菜在种子萌发期要求较高的温度，耐寒和半耐寒蔬菜一般在15～20℃，喜温蔬菜一般在20～30℃。进入幼苗期，由于幼苗对温度适应的可塑性较大，根据需要，温度可以稍高或稍低。营养生长盛期要形成产品器官，是决定产量的关键时期，应尽可能安排在温度适宜的季节。休眠期都要求低温。

生殖生长期间要求较高的温度。果菜类花芽分化期的日温应接近花芽分化的最适温度，夜温应略高于花芽分化的最低温度。二年生蔬菜花芽分化需要一定时间的低温诱导，这种现象称为"春化现象"。根据感受低温的时期不同，蔬菜作物可以分为两种类型。

1. 种子春化型

从种子萌动开始即可感受低温通过春化阶段，如白菜、萝卜、菠菜等。所需温度为0～10℃，以2～5℃为宜，低温持续时间为10～30天。在栽培过程中，如果提前遇到低温条件，容易在产品器官形成以前或者形成过程中就抽薹开花，被称为"先期抽薹"或者"未熟抽薹"。

2. 绿体春化型

幼苗长到一定大小后，才能感受低温而通过春化阶段，如洋葱、芹菜、甘蓝等。不同的品种通过春化阶段时要求的苗龄大小、低温程度和低温持续时间不完全相同。对低温条件要求不太严格，比较容易通过春化阶段的品种被称为冬性弱的品种；春化时要求条件比较严格，不太容易抽薹开花的品种被称为冬性强的品种。

开花期对温度要求严格，温度过高或者过低都会影响授粉、受精。结果期要求较高的温度。

（三）土壤温度对蔬菜生长的影响

土壤温度的高低直接影响蔬菜的根系发育和对土壤养分的吸收。一般蔬菜根系生长的适宜温度为24~28℃。土温过低，根系生长受到抑制，蔬菜易感病；土温过高，根系生长细弱，植株易早衰。蔬菜冬春生产地温较低时，宜控制浇水，可以通过中耕松土或者覆盖地膜等措施，提高地温和保墒。夏季地温偏高，宜采用小水勤浇、培土和畦面覆盖方法降低地温，保护根系。此外，在生长旺盛的夏季中午，不可以突然浇水，使根际温度骤然下降而致植株萎蔫，甚至死亡。

二、光照

（一）光照强度对蔬菜生长的影响

不同蔬菜对光照强度都有一定的要求，一般用光补偿点、光饱和度、光合强度（同化率）来表示。大多数蔬菜的光饱和点为5万勒克斯左右，光补偿点为15万~20万勒克斯。生产中可以根据蔬菜对光照强度的不同要求，在早春或者晚秋采取适宜的措施，增加光照，促进蔬菜生长。在夏季强光季节，选择不同规格的遮阳网覆盖措施降低光照强度，保证蔬菜正常生长。

根据蔬菜对光照强度要求的不同，可以将其分为3类。

1. 喜强光蔬菜

包括西瓜、甜瓜等大部分瓜类和番茄、茄子、芋头、豆薯等，此类蔬菜喜强光，遇阴雨天气，产量低，生长不良。

2. 喜中等光强蔬菜

包括大部分白菜类、萝卜、胡萝卜和葱蒜类，此类蔬菜生长期间不要求很强的光照，但光照太弱时，生长不良。

3. 耐弱光蔬菜

包括生姜和莴苣、芹菜、菠菜等大部分绿叶菜类蔬菜。此类蔬菜在中等光照下，生长良好，强光下生长不良，耐荫能力较强。

（二）光周期对蔬菜生长发育的影响

蔬菜作物生长和发育对昼夜相对长度的反应被称为"光周期现象"。根据蔬菜作物花芽分化对日照长度的要求不同，可以将其分为3类。

1. 长日性蔬菜

12小时以上的日照促进植株开花，短日照条件下延迟开花或者不开花。代表蔬菜有白菜、芥菜、萝卜、胡萝卜、芹菜、菠菜、豌豆、大葱等。

2. 短日性蔬菜

14小时以下的日照促进植株开花，在长日照条件下不开花或者延迟开花。

代表蔬菜有豇豆、扁豆、苋菜、丝瓜、空心菜等。

3. 中光性蔬菜

开花对光照时间要求不严格，在较长或者较短的日照条件下，都能开花。代表蔬菜有黄瓜、番茄、菜豆等。

此外，光照长度与一些蔬菜的产品形成有关。如马铃薯、菊芋和许多水生蔬菜的产品器官在较短的日照条件下形成，而洋葱、大蒜等一些鳞茎类蔬菜形成鳞茎要求较长日照。

三、水分

(一) 水对蔬菜生长发育的影响

1. 水是蔬菜的重要组成部分

蔬菜是含水量很高的作物，如大白菜、甘蓝、芹菜和茼蒿等蔬菜的含水量均达93%~96%，成熟的种子含水量也占10%~15%。任何作物都是由无数细胞组成，每个细胞由细胞壁、原生质和细胞核三部分构成。只有当原生质含有80%以上水分时，细胞才能保持一定的膨压，使作物具有一定形态，维持正常的生理代谢。

2. 水是蔬菜生长的重要原料

和其他作物一样，蔬菜的新陈代谢是蔬菜生命的基本特征之一，有机体在生命活动中不断地与周围环境进行物质和能量的交换。

3. 水是输送养料的溶剂

蔬菜生长中需要大量的有机和无机养料。这些原料施入土壤后，首先要通过水溶解变成土壤溶液，才能被作物根系吸收，并输送到蔬菜的各种部位，作为光合作用的重要原料。同时一系列生理生化过程，也只有它的参与才能正常进行。

4. 水为蔬菜生长提供必要条件

水、肥、气、热等基本要素中，水最为活跃。生产实践中常通过水分来调节其他要素。蔬菜生长需要适宜的温度条件，土壤温度过高或过低，都不利于蔬菜的生长。冬前灌水具有平抑地温的作用。在干旱高温季节的中午采用喷灌或雾灌可以降低株间气温，增加株间空气湿度。叶片能直接从中吸收一部分水分，降低叶温，防止叶片出现萎蔫。

蔬菜生长需要保持良好的土壤通气状况，使土壤保持一定的氧气浓度。一般而言，作物根系适宜的氧气浓度在5%以上，如果土壤水分过多，通气条件不好，则根系发育及吸水吸肥能力就会因缺氧和二氧化碳过多而受影响，轻则生长受抑制、出苗迟缓，重则"沤根""烂种"。

土壤水分状况不仅影响蔬菜的光合能力，也影响植株地上部与地下部、生殖生长与营养生长之间的协调，从而间接影响株间光照条件。如黄瓜是强光照作物，如果盛花期以前土壤水分过大，则易造成旺长，株间光照差，致使花、瓜大量脱落，降低了产量和品质。又如番茄，如果在头穗果实长到核桃大小之前水分过多，叶子过茂，则花、果易脱落，着色困难，上市时间推迟。

由此可见，蔬菜生长发育与土壤水分的田间管理关系十分密切。

（二）不同种类蔬菜对水分的要求

根据蔬菜作物需水特性不同，可以将其分为5类（表1-2）。

表1-2　不同种类蔬菜对水分的要求

类别	代表蔬菜	形态特征	需水特点	要求和管理
耐旱蔬菜	西瓜、甜瓜、胡萝卜等	叶片多缺刻、有茸毛或者被蜡质，蒸腾量小，根系强大、入土深	消耗水分少，吸收力强大	对空气湿度要求较低，能吸收深层水分，不需多灌水
半耐旱蔬菜	茄果类、豆类、马铃薯等	叶面积中等、组织较硬，多茸毛，水分蒸腾较小，根系较发达	消耗水分较多，吸收力较强	对土壤和空气湿度要求不太高，适度灌溉
半湿润蔬菜	葱蒜类、芦笋等	叶面积小、表面有蜡质，根系分布范围小、根毛少	消耗水分少，吸收力弱	耐较低空气湿度，对土壤湿度要求较高，应经常保持土壤湿润
湿润蔬菜	黄瓜、白菜、甘蓝、多数绿叶菜等	叶面积大，组织柔嫩，根系浅而弱	消耗水分多，吸收力弱	对土壤和空气湿度要求均较高，应加强水分管理
水生蔬菜	藕、茭白等	叶面积大，组织柔嫩，根群不发达，根毛退化、吸收力很弱	消耗水分最多，吸收力最弱	要求较高的空气湿度，须在水中栽培

（三）不同生育期需水特点

种子发芽期要求充足的水分，以供吸水膨胀。胡萝卜、葱等需要吸收种子本身重量100%的水分才能萌发，豌豆甚至需要吸收150%的水分才能萌发。播种后，尤其是播种浅的蔬菜，容易缺水，播后保墒是关键。

幼苗期时面积小、蒸腾量小，需水量不大，但由于根初生、分布浅、吸收力弱，因而要求加强水分管理，保持土壤湿润。

营养生长盛期要进行营养器官的形成和养分的大量积累，细胞、组织迅速增大，养分的制造、运转、积累、贮藏等都需要大量的水分。在栽培上，这一时期要满足水分供应，但也要防止水分过多而导致营养生长过旺。

生殖生长期对水分要求较严。开花期缺水会影响花器生长；水分过多时，引起茎叶徒长。所以此期不论是缺水，还是水分过多，均易导致落花落果。进入结果期，特别是结果盛期，果实膨大需要较多的水分，应满足供应。

四、空气

(一) 氧气

各种蔬菜对于土壤中氧含量的反应不同，茄子根系受氧浓度的影响较小，辣椒和甜瓜根系对土壤中氧浓度降低表现得异常敏感。栽培上中耕松土、排水防涝，都可以改善土壤中氧气状况。

(二) 二氧化碳

一般蔬菜作物进行光合作用，二氧化碳0.1%左右最适宜，而大气中二氧化碳浓度常保持在0.03%左右。在栽培中合理调整植株密度，及时摘掉下部衰老的叶片，都有改善二氧化碳供应状况的作用。因此，在适宜的光照、温度、水分等条件下，适当增加二氧化碳含量，对提高产量有重要作用。蔬菜保护地栽培，可通过二氧化碳施肥，达到增产的目的。

(三) 其他有毒氧体

1. 二氧化硫

当空气中二氧化硫的浓度达到0.2克/立方米时，几天后植株便会出现受害症状。症状首先在气孔周围及叶缘出现，开始呈水浸状，然后在叶脉间出现"斑点"。对二氧化硫比较敏感的蔬菜有番茄、萝卜、白菜、菠菜和莴苣等。

2. 氯气

氯的毒性比二氧化硫大2~4倍，如萝卜、白菜在0.1克/立方米浓度下，接触2小时，即可见到症状，即使低于0.1克/立方米浓度也可使叶绿素分解，导致叶产生"黄化"。

3. 乙烯

如气体中含有0.1克/立方米以上的乙烯，对蔬菜就会产生毒害，为害症状与氯相似，叶均匀变黄。黄瓜、番茄和豌豆等特别敏感。

4. 氨气

在保护地中，使用大量的有机肥料或无机肥料常会产生氨气，使保护地蔬菜受害。尿素施后也会产生氨气，尤其在施后第3~4天，最易发生。所以，施尿素后在及时盖土灌水，以避免发生氨害。白菜、芥菜、番茄和黄瓜对氨敏感。

第四节　蔬菜营养价值和食疗作用

一、营养

蔬菜的营养物质主要包含蛋白质、矿物质、维生素等，这些物质的含量越高，蔬菜的营养价值也越高。此外，蔬菜中的水分和膳食纤维的含量也是重要的营养品质指标。通常，水分含量高、膳食纤维少的蔬菜鲜嫩度较好，其食用价值也较高。但从保健的角度来看，膳食纤维也是一种必不可少的营养素。蔬菜的营养素不可低估，1990年联合国粮农组织统计人体必需的维生素C有90％、维生素A有60％均来自蔬菜，可见蔬菜对人类健康的贡献之巨大。此外，蔬菜中还有多种植物化学物质是被公认的对人体健康有益的成分，如类胡萝卜素、二丙烯化合物、甲基硫化合物等，许多蔬菜还含有独特的微量元素，对人体具有特殊的保健功效，如番茄中的番茄红素、洋葱中的前列腺素等。

据估计，现今世界上有20多亿人或更多的人受到环境污染而引起多种疾病，如何解决因环境污染产生大量氧自由基的问题，日益受到人们关注。解决的有效办法之一，是在食物中增加抗氧化剂，协同清除过多有破坏性的活性氧、活性氮。研究发现，蔬菜中有多种维生素、矿物质微量元素及相关的植物化学物质、酶等都是有效抗氧化剂。所以，蔬菜不仅是低糖、低盐、低脂肪健康食物，还能有效地减轻环境污染对人体的损害，同时蔬菜还对各种疾病起预防作用。

（一）甘蓝类蔬菜

如青花菜、花菜、甘蓝、叶甘蓝、芥兰等含有吲哚类（13C）萝卜硫素、异硫氰酸盐、类胡萝卜素、维生素C等，对辅助治疗肿瘤、心血管病有较好的作用，特别是青花菜。

（二）葱蒜类蔬菜

有丰富的二丙烯化合物、甲基硫化物等多种功能植物化学物质，有利于防治心血管疾病，常食可预防癌症，还有消炎杀菌等作用。

（三）茄果类蔬菜

番茄中丰富的茄红素高抗氧化剂，能抗氧化，降低前列腺癌及心血管疾病的发病。茄子中含有多种生物碱，有抑癌、降低血脂、杀菌、通便作用。辣椒的果实因果皮含有辣椒素而有辣味，能增进食欲。辣椒中维生素C的含量在蔬菜中居第一位。小小一颗辣椒中，维生素A、B族维生素、维生素C、维生素E、维生素K、胡萝卜素、叶酸等维生素全都有。辣椒中所含丰富维生素、类胡萝卜素、辣椒多酚等，能增强血凝溶解，有天然阿司匹林之称。其次，辣椒中还含有钙、铁等矿物质及膳食纤维。

（四）豆类

如大豆、毛豆、黑豆等所含的类黄酮、异黄酮、蛋白酶抑制剂、肌醇、大豆皂甙、维生素B，对降低血胆固醇调节血糖，减低癌症发病及防治心血管、糖尿病有良好作用。

（五）芦笋

芦笋含有丰富的谷胱甘肽、叶酸，对防止新生儿脑神经管缺损，防肿瘤有良好作用。

（六）胡萝卜

胡萝卜含有丰富的类胡萝卜素及大量可溶性纤维素，有益于保护眼睛提高视力，可降低血胆固醇，可减少癌症与心血管病发病。

（七）芹菜

芹菜是一二年生草本植物。芹菜中含有芹菜油，蛋白质，无机盐和丰富的维生素。除做蔬菜外，中医认为其有止血，利尿，降血压等功能。

（八）黄瓜

黄瓜所含的蛋白酶有助于人对蛋白质的吸收。

二、防癌

蔬菜的抗癌功效一直是各国科学家研究的热点。

（一）花椰菜

早在1995年，美国生物学家就发现，花椰菜、花菜等十字花科蔬菜中含有的硫甙葡萄甙类化合物，能够诱导体内生成一种具有解毒作用的酶。经常食用，可预防胃癌、肺癌、食道癌的发生；而英国科学家则证实了西兰花有抗癌功效。

（二）番茄

番茄预防前列腺癌、乳腺癌。研究人员指出，番茄中的番茄红素能促进一些具有防癌、抗癌作用的细胞因子的分泌，激活淋巴细胞对癌细胞的杀伤作用。同时，研究表明，摄入适量的番茄红素还可降低前列腺癌、乳腺癌等癌症发病率，对胃癌、肺癌也有预防作用。

（三）红薯

红薯学名甘薯，可预防结肠癌、乳腺癌。科学家发现红薯中含有一种化学物质叫氢表雄酮，可以用于预防结肠癌和乳腺癌。

（四）胡萝卜

胡萝卜中的胡萝卜素，在人食后于体内可生成维生素A，具有稳定上皮细胞、阻止细胞过度增殖引起癌变的作用，能降低肺癌患病率。因胡萝卜素为脂溶性物质，生吃不易被吸收，宜用油烹调后食用。

（五）芹菜

芹菜含有丰富的纤维素，可促进胃肠蠕动，减少致癌物质在消化道中的滞留时间，减弱了致癌物对机体的侵害。

（六）大白菜、南瓜

大白菜、南瓜含微量元素钼，可阻止体内致癌物质亚硝胺的合成。南瓜还含有分解亚硝胺的酶。

（七）蘑菇

蘑菇具有低热能、高蛋白、高纤维素的特点。蘑菇所含的纤维素能吸收胆固醇和防止便秘，使场内有害物质能及早排出体外，对防止高胆固醇血症、便秘和癌症，有一定效果。

三、瘦身

（一）黄瓜

黄瓜中含有的丙醇二酸，有助于抑制各种食物中的碳水化合物在体内转化为脂肪。

（二）白萝卜

白萝卜含有辛辣成分芥子油，促进脂肪新陈代谢，可避免脂肪在皮下堆积。

（三）椰菜

椰菜又名花椰菜，含丰富高纤维成分，配合番茄、洋葱、青椒等蔬菜，可煲成瘦身汤，人体肚子饿的时候很管用，低卡路里又饱肚。

（四）芦笋

芦笋含有丰富维生素A及维生素C，用来做沙拉是个不错的材料，也可闲时煲熟做一杯芦笋羹，看电视听歌时可当小食充饥，健康又不增肥。

（五）竹笋

低脂、低醣、多粗纤维的竹笋可防止便秘，但有胃溃疡者不要多吃。

（六）茄子

有科学研究指出茄子在一顿正餐中可发挥阻止吸收脂肪的作用，同时含维生素A、维生素B及维生素C，对减肥人士是一种好吃又有益食物。

（七）扁豆

若配合绿叶菜食用，可以加快身体的新陈代谢。

（八）冬瓜

冬瓜含有丰富的蛋白质、粗纤维、钙、磷、铁、胡萝卜素等等。内含丙醇二酸，可阻止体内脂肪堆积。肥胖者大多水分过多。冬瓜还可利尿，每天用冬瓜适量烧汤喝可以减肥。

（九）芹菜

芹菜含有维生素A及维生素C，但大部分为水分及纤维素，所以热量很低，吃多了不怕胖。

（十）绿豆芽

绿豆芽含磷、铁、大量水分，可防止脂肪在皮下形成。现代人多缺少纤维素，所以多吃绿豆芽对健康有益。炒时加入一点醋，以防维生素B流失，又可加强减肥作用。

（十一）菠菜

菠菜因为它可以促进血液循环，这样就可以令距离心脏最远的一双腿，都吸收到足够的养分，平衡新陈代谢，有排毒瘦身的效果。

（十二）西芹

西芹一方面含有大量的钙质，可以补"脚骨力"，另一方面亦含有钾，可减少身体的水分积聚。

（十三）白菜

白菜含有大量的水分，营养丰富，减肥效果快速，不反弹。

四、美肤

真正的美丽往往是吃出来的，特别是多吃一些蔬菜，可以改善你的肌肤状况，让你肌肤白皙水嫩。

（一）冬瓜

冬瓜是美容佳品，其美白肌肤效果显著。用冬瓜片每日擦摩面部或用冬瓜瓤常常清洗面部，均可使面部皮肤细润滑净及减少黄褐斑。这可能与瓜瓤中含有组氨酸、尿酶及多种维生素、微量元素有关。

冬瓜历来还被视为瘦身上品，有"瘦身瓜"之美誉。现代医学界认为，冬瓜的瘦身作用主要是其中含有丰富的丙醇二酸成分，这种物质可抑制糖类物质转化为脂肪，从而防止人体内脂肪堆积而产生瘦身效果。《神农本草经》中说，冬瓜"令人好颜色，益气不饥，久服轻身耐老"。冬瓜含有葫芦巴碱和丙醇二酸，前者可加速人体新陈代谢，后者可阻止糖类转化成脂肪，从而起到减肥的作用。

（二）蘑菇

蘑菇营养丰富，富含蛋白质和维生素，脂肪低，无胆固醇。食用蘑菇会使女性雌激素分泌更旺盛，能防老抗衰，使肌肤艳丽。另外，蘑菇中含有人体难以消化的粗纤维、半粗纤维和木质素，可保持肠内水分平衡，还可吸收余下的胆固醇、糖分，将其排出体外，对预防便秘、肠癌、动脉硬化、糖尿病等都十分有利。

（三）黄瓜

黄瓜富含蛋白质、糖类、维生素B_2、维生素C、维生素E、胡萝卜素、尼克酸、钙、磷、铁等营养成分，同时黄瓜还含有丙醇二酸、葫芦素、柔软的细纤维等成分，能清洁美白肌肤，消除晒伤和雀斑，缓解皮肤过敏，是传统的养颜圣品。

黄瓜所含的黄瓜酸，能促进人体的新陈代谢，排出毒素。维生素C的含量比西瓜高5倍，能美白肌肤，保持肌肤弹性，抑制黑色素的形成。黄瓜还能抑制糖类物质转化为脂肪，对肺、胃、心、肝及排泄系统都非常有益。人在夏日里容易烦躁、口渴、喉痛或痰多，吃黄瓜有助于化解炎症。

（四）土豆

土豆即马铃薯含丰富的B族维生素及大量优质纤维素，还含有微量元素、蛋白质、脂肪和优质淀粉等营养元素。这些成分在抗老防病过程中有着重要的作用，能有效帮助女性身体排毒。其中所含丰富的维生素C让女性恢复美白肌肤。此外，土豆中的粗纤维还可以起到润肠通便的作用。

（五）胡萝卜

胡萝卜被誉为"皮肤食品"，能润泽肌肤。它所含的 β 胡萝卜素，可以抗氧化和美白肌肤，还可以清除肌肤的多余角质，对油腻痘痘一类肌肤也有镇静舒缓的功效。加少量蛋黄和蜂蜜有保湿润肤效果。另外，胡萝卜含有丰富的果胶物质，可与汞有毒金属物质结合，使人体中的有害成分得以排除，肌肤看起来更加细腻红润。

（六）白萝卜

中医认为，白萝卜可"利五脏、令人白净肌肉"。

白萝卜是一种常见的蔬菜，生食熟食均可，其味略带辛辣味。具有促进消化，增强食欲，加快胃肠蠕动和止咳化痰的作用。由于白萝卜含有丰富的维生素C，维生素C为抗氧化剂，能抑制黑色素合成，阻止脂肪氧化，防止脂褐质沉积。因此，常食白萝卜可使皮肤白净细腻。

（七）豌豆

多吃豌豆可以祛斑驻颜。《本草纲目》称豌豆具有"祛除黑斑，令面光泽"的功效。现代研究发现，豌豆含有丰富的维生素A原，这种物质可在体内转化为维生素A，而维生素A具有润泽皮肤的作用，尤其是从一般食物中摄取，不会产生毒副作用。吃豌豆还有消肿、舒展皮肤的功能，能拉紧眼睛周围的皱纹。

第五节　浙江省新昌县山地蔬菜生产发展历程

浙江省新昌县地处浙江中东部，曹娥江上游，总面积1 200平方千米，人口43.5万人，下辖13个镇乡、3个街道，是个"八山半水分半田"的山区县，县境内以低山丘陵台地为主，具有良好的自然生态环境，非常适宜各种农作物的生长。境内气候属亚热带季风气候区，温和湿润，四季分明，春夏季雨热同步，秋冬季光温互补，年平均气温在15~16℃，无霜期210~230天，年降水量在1 300~1 600毫米，常年日照在1 910小时左右。

新昌县山地蔬菜自古有之，但传统山地蔬菜是零星、粗放的，是山区农民自种自食的栽培形式。除了一些地处一定海拔高度的乡镇所在地，其周边具有规模不等的"城郊型"蔬菜基地外，真正意义上的山地蔬菜规模化生产始于20世纪80年代中期。纵观新昌山地蔬菜发展的历程，可以分为三个阶段。

一、开拓起步阶段（1983 - 2001 年）

1983—2001 年为开拓起步阶段，属于高山蔬菜种植推广时期。1983 年试种，1986 年种植面积从 45 亩*发展到 2001 年的 12 000 亩。

新昌是个山区县，境内青山叠翠，气候宜人，雨水充足，栽培山地蔬菜有着得天独厚的自然资源优势，既能使喜温的瓜果类蔬菜推迟上市，又能使喜凉的秋冬蔬菜提前上市，与平原地区蔬菜相比季节差优势十分明显；玄武岩风化发育而成的棕泥土又是新昌县具有显著特色的一大自然资源，县境内 33.5 万亩玄武岩台地十分适宜山地蔬菜栽培。

高山蔬菜始于 20 世纪 80 年代初，沙溪镇上蔡岙村利用山地气候优势，试种番茄、甜椒、茄子等品种，并获得成功，但由于受产销体制、运输条件限制的负面影响，5 年后种植中断。80 年代末至 90 年代初，小将镇五马片和长征乡部分农民先后受天台县石梁高山蔬菜的影响，试种了甜椒、豇豆等作物，并获得成功，所产的高山蔬菜备受消费者青睐。农民们惊喜地发现，自家餐桌上的家常菜，竟然也能赚大钱。由此，新昌县越来越多的农民开始了高山蔬菜种植。面对这种可喜的发展形势，县委、县政府因势利导，引导农民大力发展以茭白为主的高山蔬菜。1998 年以来，在农业上确立了"结构调优，效益调高，农民调富，经济调强"的指导思想，提出了"稳粮扩经，发展高山蔬菜"的总体思路，制订了高山蔬菜发展的"十五"和"十一五"规划，把高山蔬菜产业作为实现农业增效、农民增收的新兴亿元产业来培育，并把高山茭白确定作为主导产业，取得显著成效。

为了适应高山蔬菜种植规模扩大的需求，保证高山蔬菜能在产地正常销售，解决农户难卖的后顾之忧，回山镇政府于 1999 年和 2001 年在宅下丁村投资 35 万元，建成了占地 8 700 平方米的高山茭白产地市场，2006 年又了扩建 4 700 平方米，茭白市场共占地 13 400 平方米，满足了茭白的正常销售。同时为保证茭白产地市场经营秩序，在回山镇政府协调下，组建了茭白市场管理委员会。通过公安、工商、路政等有关部门共同努力，使茭白产地市场交易有序、多而不乱，并起到了茭白收购价信息指导作用，以保证茭白收购价高价位运行，提高了茭白种植效益，推动了茭白产业的稳定发展。长征乡政府 2000 年也在回竹山村建立了高山蔬菜产地市场，以后又以供销社为主体，投资 320 万元，在穿越回山台地腹地的常台高速公路的双彩道口边又建成了占地 13 000 平方米的浙东高山蔬菜批发市场，形成了高山蔬菜产地市场网络，大大方便了农民的投售和菜商的经营。

★1 亩 ≈ 667 平方米，15 亩 ≈ 1 公顷。

二、发展壮大阶段（2002—2006 年）

2002—2006 年为发展壮大阶段，高山蔬菜种植推广向山地蔬菜拓展。种植面积从 20 000 亩发展到 31 000 亩，其中 2003 年高山茭白面积 12 000 亩，荣获"中国高山茭白之乡"荣誉称号。

为适应高山蔬菜产业发展，县委、县府于 2002 年 8 月专门就进一步深化农技推广体制改革，建立适应社会主义市场经济需要的"三位一体"新型农业科技推广体制，从原经济特产站和农技推广中心抽调技术人员组建了新昌县蔬菜总站，成立后的蔬菜总站主要负责制订全县蔬菜生产发展规划；负责蔬菜新品种新技术的引进、试验示范和推广；负责蔬菜生产技术和质量标准的制订与实施，建设无公害蔬菜示范基地；指导蔬菜产业化经营，促进蔬菜产前、产中、产后一体化；指导、管理本专业的合作经济组织、专业协会的建设；组织申报和实施有关科研和技术推广项目。蔬菜总站的建立，使全县高山蔬菜技术推广工作提高到一个新的水平，更有利于高山蔬菜产业快速发展。

为增强新昌县高山蔬菜的研发能力，提高高山蔬菜生产科研水平，促使新昌县高山蔬菜产业向区域化、规模化、专业化、标准化方向发展。2005 年，在有关部门的批准下，组建了新昌县天姥山高山蔬菜研究所。该所成立后，针对新昌县高山茭白品种单一状况，促进茭白品种结构调整，延长高山茭白供应时间，于 2006 年引进茭白品种 10 个，对茭白品种进行结构调整，其中双季茭"浙茭 2 号"试种结果：秋茭亩产 1 300 千克，产值 3 000 元；春茭亩产 2 000 千克以上，产值 5 000 元以上，合计全年亩产值 8 000 元以上，延长了高山茭白的供应时间，即 6 月上旬至 11 月中旬，时长半年，为新昌县茭白产业增加了新的经济增长点，增强了新的活力，促进高山蔬菜产业可持续发展。

2006 年，浙江省农业厅在新昌县召开了全省蔬菜种植史上会议规模最大的"全省山地蔬菜工作会议"，首次在全国提出了发展山地蔬菜的战略方向，也把高山蔬菜列入了山地蔬菜的范畴，使得蔬菜种植类型的划分更加科学合理。

为摸索山地蔬菜高产高效种植技术，新昌县蔬菜总站和粮油总站合作以茭白为主要对象，组织农技人员展开了科技研究。首先承担了市级科研项目《丘陵山区优化种植制度研究》课题，在回山台地进行水稻改种茭白种植制度试验研究，研究结果表明，水稻改种茭白后每亩茭白收入高达 4 500 元，比种植水稻增效 5 倍；其次《无公害山地茭白控制上市期的栽培技术研究》项目被列入浙江省农技推广基金会绍兴执行部项目之一，通过对水分管理、定植期、种植密度进行综合调控，能有效地促进早孕茭，错开上市期，提高种茭效益。

　　为了确保山地蔬菜的品质，新昌县从2002年开始实施了绿色农产品行动计划，对全县山地蔬菜制订了无公害山地蔬菜基地的实施计划，计划包括无公害山地蔬菜生产体系、市场营销体系、质量安全体系建设等主要内容，对无公害山地蔬菜基地分年度进行分解，明确了目标。为确保绿色农产品行动顺利实施，一是完善了《无公害山地茭白栽培技术规范》和《无公害山地蔬菜黄瓜、茄子栽培技术规范》的地方标准。二是开展农产品质量安全监管专项活动，提高农产品质量安全水平。在山地蔬菜地区严禁使用高毒高残留农药，推广高效低毒低残留农药。围绕整顿农资市场经营秩序，加大农业执法力度，开展了"绿剑保农业"执法活动，源头上杜绝禁用农药和限用农药，对全县150家农资经营网点开展了全面清查，印制张贴《禁止销售和使用"两高"农药通告》1 000多份、《农作物病虫害彩色挂图》400多份，制作《最新国家禁用农药和限用农药名录》广告牌300块。同时，在山地蔬菜重点乡镇设立低毒、低残留果蔬无公害农药销售专柜80家。在农产品质量安全行动中，以山地蔬菜农产品生产用药为重点，严厉打击违法使用禁用农药和限用农药行为，围绕重点时节和产品，开展农产品监督抽查和督导检查。并对山地蔬菜上市产品按季节特点定期列入省、市、县农药残留例行检测对象，乡镇农业服务中心大批量采用快速检测农残，及时掌握山地蔬菜安全质量动态，县农业局不定期对全县山地蔬菜实行安全质量风险监测，确保山地蔬菜质量安全。

　　为加快山地蔬菜流通渠道的开拓，新昌县在建立产地市场的基础上，积极对接和开拓市场，2004年参加省农业厅组织的"浙沪山地蔬菜对接会"和上海市江桥市场组织的"山地茭白产销会"活动等，县府领导都亲自参加。到目前为止，新昌县在山地蔬菜主产区已建成10多个产地市场，因此新昌县山地蔬菜主产区已具备了较强的市场优势，建成了比较完整的市场体系和产业化经营体系，为新昌县山地蔬菜产业的快速发展提供强有力的保障。

　　10多年来，在各大中城市农贸市场产品抽检中，新昌县山地蔬菜产品均达到了无公害标准。"天姥山"牌山地蔬菜和"日日产"牌秀珍菇于2003年、2004年分别获得省级、国家级绿色农产品认证和无公害农产品基地认证；"天姥翁"秀珍菇基地于2004年、2005年分别获得了省级、国家级绿色农产品认证和无公害农产品基地认证；"回山"牌山地茭白于2004年、2005年分别获是了省级绿色农产品认证和无公害农产品基地认证；2006年"泉溪"牌芦笋和"来益"牌樱桃番茄获得了省级无公害农产品认证和基地认证。以后每年均有山地蔬菜作物获得省级无公害农产品认证和基地认证，每隔三年到期的无公害农产品认证和基地认证，均按自动申报换证。十几年来，有18家蔬菜专业合作社和生产企业的山地蔬菜农产品获得了省级无公害农产品认证和基地认证。获得农产品认证品种有：山地茭白、黄瓜、西瓜、樱桃番茄、茄子、四季豆、豌豆、芦笋、小京生嫩花生、秀珍菇、蘑菇等，累计获得基地认证面积有55 000亩。

与此同时，为了把品质优势提升为品牌优势，县政府还鼓励农民成立蔬菜专业合作组织，新昌县于2000年由儒岙供销社牵头，组建了天姥山农产品产销合作社，2001年组建了回山茭白专业合作社，2003年镜岭镇组建了白湖芦笋合作社，2004年组建了以宅下丁村茭白种植大户和茭白贩销大户为主的宅下丁茭白协会。到目前为止，蔬菜专业合作社已有100多家。专业合作组织不仅开展山地蔬菜的产前、产中、产后服务，开展技术培训，交流生产管理经验，及时发布产销信息，还推进山地蔬菜产业名牌战略，专业协会向国家商标局先后申请注册了"天姥山""天姥闺秀""天姥翁""回山""泉溪""来益"牌等6个山地蔬菜商标。同时，还十分注意山地蔬菜的包装开发，特别在产品销售过程中，注重产品包装，树立品牌形象，如"回山"茭白采用统一包装，使产品在流通中更加畅销，销售价格提高，从而提高了种植效益。"天姥山""天姥闺秀"山地蔬菜、"回山"茭白和"泉溪"芦笋、双彩黄瓜已先后多次荣获省农博会优质农产品金奖、银奖。"回山"茭白获浙江名牌产品。

三、巩固发展阶段（2007—2015年）

2007—2015年为巩固发展阶段，属山地蔬菜面积稳定，科技含量提高，种植效益增加。种植面积从32 000亩，发展到目前稳定在35 000亩。

为了促进农业产业的发展，县委、县政府专门印发了《关于加快农村经济社会发展的若干意见》，就加快农业结构调整、提升农业产业化经营水平等方面提出了20条建议。即2007—2012年，每年安排250万元用于培育特色优势主导产业，150万元用于发展农产品加工业，100万元用于支持搞活农产品流通，100万元用于农业科技攻关和成果推广。计划建设绿色农产品基地20万亩，对获得国家、省、市级绿色农产品认证和无公害农产品基地认证的分别给予奖励。2013年后，县委、县府每年在二三月专门印发《关于全县农业农村工作配套政策的通知》，就扎实推进全县农业农村各项工作，促进现代农业发展，推动农民增收、农村发展等方面制定了配套政策，特别是对现代农业园区建设、农业产业化、设施农业（钢管大棚、喷滴管、杀虫灯等）、科技创新、农产品质量与标准化生产、品牌建设补助标准均作了详细规定。这些措施的制定，为新昌县山地蔬菜产业的培育、市场和流通体系的建设、绿色农产品行动和农业标准化的实施提供了有力的保障。新昌县充分利用政策杠杆，鼓励农户大规模种植，并在回山镇宅下丁村一带建立了1 000亩山地茭白高产高效核心示范基地，起到了很好的示范和辐射作用。

同时，新昌县蔬菜总站以实施项目为抓手，提升山地蔬菜产业水平。《新昌县万亩无公害山地茭白高产高效基地》和《千亩无公害芦笋高效生产基地》被列入浙江省中南部山地蔬菜特色优势农产品基地和农业丰收计划竞赛活动项目。《山地蔬菜业提升项目》被列入中央财政现代农业发展专项资金项目浙江省蔬菜产业提升项目。《茭鸭共育种养模式研究》被列省重大科技专项《新型农作制度模式及集成配套技术研究与示范》子课题；《山地蔬菜优质安全多样化增效技术》等多个项目被列入省农业科研项目或科技推广项目和农业丰收计划项目。其中《山地蔬菜产业提升项目》在省财政厅组织的项目绩效评价结果中荣获浙江省评比第一名，被评为全省先进单位。《茭鸭共育种养模式》获浙江省十大生态循环农业模式优秀奖。《山地黄瓜套种四季豆种植模式》被浙江省农业厅列为现代农业增收致富100例之一，《山地蔬菜产业发展和关键技术研究应用》项目获2011—2013年国家农业部全国农牧渔业丰收二等奖。通过项目实施，使新昌县山地蔬菜产业得到提升，充分显现了山地蔬菜的区域和规模优势，经济效益明显提高。

为能让千家万户农民掌握山地蔬菜高产高效种植技术，新昌县蔬菜总站在总结多年经验基础上，编写了无公害山地蔬菜生产技术操作规程。还采取专业技术人员走下去的办法，经常性地组织科技专家服务团、科技超市、科技咨询、科技入户等活动，下村到田间地头进行技术指导，加强技术检查和监督。同时，在县质量技术监督局的大力支持下，先后制订和颁布了无公害山地甜椒、黄瓜、茄子、茭白4个地方标准，严格规定了无公害化栽培技术规程和农产品质量标准。标准的制订和颁布为新昌县山地蔬菜种植的地理环境、栽培管理、病虫防治、收获销售等方面提供了统一的科学标准，使山地蔬菜种植逐步走向统一规划、统一品种、统一种植、统一管理、统一病虫防治的标准化生产模式。

在科学技术支撑下，山地蔬菜的种植效益不断提升，涌现了山地蔬菜专业村。如回山镇宅下丁村是有名的茭白专业村，连续10多年种植面积均在450亩以上，占水田面积100%，2012年亩产值7 500元，总产值330万元，户均茭白收入1.43万元，人均茭白收入4 500元。如长征乡回竹山村、南云村，双彩乡双溪村是黄瓜专业村，户均黄瓜收入5 000元，人均黄瓜收入1 700元。如镜屏乡竹潭村是芦笋专业村，在白湖畈连片种植芦笋240亩，全部采用美国杂种一代新品种，应用设施栽培等先进适用新技术，总产量300吨，总产值250万元，每亩产值1万，比传统露地栽培增收5 000元；充分显现了山地蔬菜多样化增效技术优势。

2012年以来，完成省、市、县蔬菜质量抽检样品777批次，乡镇农业服务中心每年快速检测农残5 000批次，并开展了山地茭白、黄瓜、茄子、四季豆等作物质量安全风险监测，在20多个行政村，随机抽取200多批次，委托市检测中心进行检测，农残监测项目达59种，包括甲胺磷、克百威（呋喃丹）、氧化乐果、水胺硫磷、毒死蜱等5种常见高毒限用农药，全部合格，抽检单位涉及20多个蔬菜专业合作社和生产企业。同时，督促引导蔬菜专业合作社和生产企业落实主体责任，并现场检查农产品种的管理落实情况，有效解决山地蔬菜生产质量安全突出问题和隐患，保障山地蔬菜生产和消费安全。回山茭白专业合作社为确保茭白品种和质量安全，对茭白实行分级包装进超市，在新昌县内率先在蔬菜产品上采用二维码，建立产品质量追溯体系，在省果蔬精品展销会上连续两次荣获金奖。在生产技术上，重点推广蔬菜病虫害生物绿色防控技术，在茭白、黄瓜作物上应用频振式杀虫灯和性引诱剂诱杀茭白二化螟和斜纹夜蛾技术。同时开展"茭鸭共育种养模式"推广，每亩可节本增收1 182元。这些措施促进了无公害生产的稳定健康发展，有力地保障了山地蔬菜的质量安全。

新昌县委、县政府还通过举办"回山茭白节""双彩黄瓜风情周""镜岭芦笋节""儒岙山地蔬菜节"等活动，使新昌县山地蔬菜名扬省内外蔬菜市场，进一步提高了山地蔬菜的知名度。新昌县还鼓励千家万户农民进入市场，积极参与山地蔬菜的收购、销售，共闯山地蔬菜大市场，培育了一支由100多个贩销大户组成的营销队伍。近年来，年人均贩销山地蔬菜500吨以上，分别在杭州苋桥、萧山、宁波、台州、温州、上海、苏州等大中城市蔬菜批发市场设立山地蔬菜直销窗口，为山地蔬菜市场开拓发挥了积极作用。

在浙江全省山地蔬菜工作会议精神和县委、县政府优农政策引导下，新昌的山地蔬菜得到了快速发展，到2009年，全县山地蔬菜的种植规模已扩大到35 000亩，其中茭白面积13 000亩，并带动周边的磐安、天台等县市的茭白产业的发展。据2010—2015年统计，山地蔬菜面积年均稳定在35 000亩，年均总产量7.44万吨，年均总产值1.807亿元。山地蔬菜特色优势产业已培育成新昌县效益农业发展中继名茶产业之后的第二大亿元产业。

30多年来，新昌县立足山区实际，把发展山地蔬菜产业作为推进农业产业化，实现农业增效、农民增收、增强农业竞争力的重要抓手，探索出了一条适合新昌山区实际的效益现代农业发展路子，使以茭白为主的山地蔬菜成为新昌县山区农村的一大特色优势产业，为实现山地蔬菜生产区域化、产品绿色化、经营产业化、市场多元化，打下了扎实基础，使山地蔬菜特色优势产业真正成为造福新昌、致富农民、绿化大地的新兴绿色高效生态农业亿元产业。

第二章 主要山地蔬菜栽培技术

第一节 茭 白

茭白是禾本科多年宿根水生蔬菜，是人们喜爱的蔬菜食品之一。20世纪90年代中期，浙江新昌回山镇部分农民试种单季茭白，因栽培区域为海拔高度400米左右的台地，昼夜温差大，极端高温低，导致比平地单季茭提早孕茭1个月左右，上市期提前，加上品质优良，深受市场欢迎，产品享誉省内外。

一、生物学特性

（一）形态特征

茭白株高2.0~2.5米，叶片披针形，长100~160厘米。叶鞘长40~60厘米，叶鞘互相抱合，叶片与叶鞘相接处有三角形的叶枕，俗称"茭白眼"，此处组织较嫩，病菌容易侵入。茎有地下茎和地上茎之分，地上茎呈短缩状，部分埋入土中，其上发生多数分蘖；地下茎为匍匐茎，横生土中，其先端数节的芽向地上抽生分株，称为"游茭"。主茎及早期的分蘖，常自短缩茎上拔节，抽生花茎，但花茎因受黑粉菌的寄生和刺激，其先端数节畸形彭大充实，形成肥嫩的肉质茎，即食用的茭白。花茎便不能正常抽薹开花，冬季地上部分枯死，以根株留地里越冬。

（二）生长周期

茭白的生长期可分为以下4个时期。

1. 萌芽期

温度上升至5℃以上开始萌芽，萌芽适温15~20℃，自萌芽、出苗至长出4

片叶约需40天。

2. 分蘖期

从主茎开始分蘖到分蘖结束，需120~150天；分蘖适温20~30℃。

3. 孕茭期

从茎拔节至肉质茎充分膨大，需40~50天；主茎先孕茭，此后有效分蘖陆续孕茭；孕茭始温10℃，适温20~25℃，30℃以上、10℃以下不能孕茭。

4. 休眠期

茭白采收后，植株地上部全部枯死，植株进入休眠期。

二、品种选择

茭白品种有一熟茭和两熟茭之分，山地茭白应选择一熟茭，通常称秋茭或八月茭。

回山八月茭，为单季茭白品种，株高2.0米，株型较紧凑，分蘖较强。茭肉纺锤形，上端较尖，表皮洁白光滑，肉质白嫩，品质优良。茭肉单重100克，长18厘米。收获期为7月中旬到9月下旬。

在秋季茭白采收前，选取孕茭早、肉质茎洁肥嫩、主蘖茭采收一期、无灰茭、无病虫害、四周无雄茭的优良单株，作好标记作留种。

三、栽培技术

(一) 茭田选择及准备

茭田宜选择海拔高度400~500米，土地平整、水源充足的田块，具有凉爽水源的田块更佳。

为提高茭白产量，确保茭白品质，在翻耕前每亩施入腐熟有机肥3 000~5 000千克。然后翻耕、耙平，做到田平、泥烂、肥足。灌水2~3厘米。

(二) 种植季节及方法

1. 秋冬季种植

在10—11月将选好的种墩掘起，按3~4个分蘖分墩，带匍匐茎。按株行距40~120厘米定植，每亩种1 200墩左右，保证6 000株有效分蘖苗。定植深度以所带老薹管没土为率。

2. 春季种植

（1）育苗。于10—11月将选好的种墩连根挖起，把地上枯叶及薹管齐泥割去，向下选切2~3节（约20厘米）作为种茭进行扦插假植。假植的行距50厘米，株距15厘米，每隔5~6行留出80厘米的走道，假植深度以齐茭墩泥为度，并保持1~2厘米的浅水层。

（2）定植。在3月下旬至4月中旬，当茭苗高20厘米左右、水田土温10℃以上时，即可移苗定植。将育好的种墩连根挖起，用快刀顺着分蘖着生的趋势，按3~4个健全分蘖为一墩进行纵劈分墩，分墩要求带老茎，劈时尽量少伤及分蘖和新根。定植密度及方法与秋冬季同。

（三）栽培管理

1. 水位管理

茭田水位管理以"前期浅，中期深，后期浅"为原则。定植后的生长前期，保持3~5厘米的浅水位，有利于地温的提高，促进发根和分蘖；到6月下旬分蘖后期，水位加深到10~15厘米，以抑制无效分蘖的发生，由于7—8月温度高，深水位管理还有降低温度的效果，但要定期进行换水，防止土壤缺氧造成烂根；进入孕茭期，水位应加深到15~18厘米，但不能超过"茭白眼"，防止薹管伸长；孕茭后期，灌水宜略浅，以利采收；采收后，应回落到3~6厘米，茭田以浅水或湿润状态过冬，不能干旱。

2. 施肥管理

（1）提苗肥。茭苗定植7~10天成活后，每亩施人粪尿500千克或三元复合肥10~15千克催苗，如茭白的基肥足够，可适当减少施肥量。

（2）分蘖肥。在分蘖初期，每亩施人粪尿1 000千克或三元复合肥20~30千克，促进有效分蘖的发生和植株的生长；如没有施提苗肥，应适当提前追施分蘖肥。

（3）调节肥。在分蘖盛期的6—7月，应视植株的长势情况进行追肥，一般每亩施三元复合肥10~15千克；如植株生长强健，可免施。

（4）催茭肥。当新茭有10%~20%的分蘖苗假茎已变扁，开始孕茭，此时，应重施催茭肥，促进肉质茎膨大，提高产量。一般每亩施腐熟人粪尿2 500~3 000千克或施三元复合肥30~40千克。催茭肥要适时施入，过早，植株尚未孕茭，易引起徒长，使孕茭推迟；过迟，则赶不上孕期对肥料的需要，影响产量。

3. 中耕耘田，摘除黄叶

茭白定植成活后，根据田土和杂草情况，做好耘田工作。为保护好分蘖苗，耘田时由近渐远进行。耘田以无杂草、泥不过实、田土平整为准。在6月下旬的分蘖后期，株丛拥挤，应及时摘除植株基部的老叶、黄叶，使田间通风透光，降低株间温度，促进早孕茭，剥下的黄叶踏入田土中，作为肥料。这两步工作一般进行2~3次。

4. 老茭田管理

种植后第2年老茭墩管理。

（1）田间清理。在采收当年种植的茭白时，发现灰茭和雄茭植株，随时做好标记，采收结束后连根挖掉。冬季放干田水，齐泥割去枯叶。

（2）补、疏、压茭墩。第二年春季补满缺株，对根茎密集，分蘖拥挤的茭墩，当苗高40厘米左右时将细弱分蘖疏去，同时向根际压一块泥，使蘖芽向四周散开，以改善营养状况和株间通风透光。

5. 采收

山地茭白一般在6月中旬开始孕茭，7月中旬至9月下旬采收。不同的气候条件，特别是气温高低，会影响山地茭白的孕茭时间和采收期。茭白开始孕茭时，基部老叶逐渐枯黄，心叶短缩不再抽长，假茎中部开始膨大变扁；茭株中心3片叶鞘的茭白眼相互靠近，此时为孕茭中期，当假茎露出1~2厘米宽洁白的茭肉时为采收的最适时期。一般从孕茭到采收需14~18天。采收过早，肉质茎未充分膨大，产量低；采收过迟，茭肉变青，质量下降，且易变成灰茭。所以，进入采收期后，应每隔3~4天收1次。一般每亩产带壳茭白2000千克左右。

第二节　黄　瓜

黄瓜是葫芦科甜瓜属一年生攀缘性草本植物，其嫩果清脆可口，营养丰富，是我国栽培面积最大、种植范围最广的主要蔬菜作物之一。新昌县地处浙江省东部山区，部分山区台地海拔在400米以上，利用山区昼夜温差大和不易受涝等自然资源优势，积极发展山地黄瓜生产，已形成相当规模的种植面积，成为山地蔬菜主要作物之一，采收期在7月中旬至9月中旬，具有品质优良和产量高两大优势。

一、生物学特性

（一）形态特性

茎、枝伸长，有棱沟，被白色的糙硬毛。卷须细，不分枝，具白色柔毛。

叶柄稍粗糙，有糙硬毛，长10~16厘米；叶片宽卵状心形，膜质，长、宽均7~20厘米，两面甚粗糙，被糙硬毛，3~5个角或浅裂，裂片三角形，有齿，有时边缘有缘毛，先端急尖或渐尖，基部弯缺半圆形，宽2~3厘米，深2~2.5厘米，有时基部向后靠合。雌雄同株。

雄花常数朵在叶腋簇生；花梗纤细，长0.5~1.5厘米，被微柔毛；花萼筒狭钟状或近圆筒状，长8~10毫米，密被白色的长柔毛，花萼裂片钻形，开展，与花萼筒近等长；花冠黄白色，长约2厘米，花冠裂片长圆状披针形，急尖；雄蕊3，花丝近无，花药长3~4毫米，药隔伸出，长约1毫米。

雌花单生或稀簇生；花梗粗壮，被柔毛，长1~2厘米；子房纺锤形，粗糙，有小刺状突起。果实长圆形或圆柱形，长10~30厘米，熟时黄绿色，表面粗糙，有具刺尖的瘤状突起，极稀近于平滑。种子小，狭卵形，白色，无边缘，两端近急尖，长5~10毫米。花果期夏季。

（二）生长习性

1. 温度

黄瓜喜温暖，不耐寒冷。生育适温为10~32℃。一般白天25~32℃，夜间15~18℃生长最好；最适宜地温为20~25℃，最低为15℃左右。最适宜的昼夜温差10~15℃。黄瓜高温35℃时光合作用不良，45℃出现高温障碍，低温-2~0℃冻死，如果低温炼苗可承受短期3℃的低温。

2. 光照

对日照的长短要求不严格，已成为日照中性植物，其光饱和点为5.5万勒克斯，光补偿点为1 500勒克斯，多数品种在8~11小时的短日照条件下，生长良好。

3. 水分

黄瓜产量高，需水量大。适宜土壤湿度为60%~90%，幼苗期水分不宜过多，土壤湿度60%~70%，结果期必须供给充足的水分，土壤湿度80%~90%。黄瓜适宜的空气相对湿度为60%~90%，空气相对湿度过大很容易发病，造成减产。

4. 土壤

黄瓜喜湿而不耐涝、喜肥而不耐肥，宜选择富含有机质的肥沃土壤。一般适宜pH值5.5~7.2的土壤，但以pH值为6.5最好。

二、品种选择

选用生长势强、耐热、抗病、优质高产的中晚熟品种为宜。目前可选用的品种有津优1号、津优4号、津优40号、津春4号、中农8号等。

（一）津优1号

植株紧凑、长势强、叶深绿色，耐低温、弱光能力强，主蔓结瓜为主，第一雌花着生在第三四节、瓜条顺直、长36厘米左右，单瓜重250克左右，瓜色深绿、有光泽、瘤显著密生白刺，果肉浅绿色、质脆、无苦味、品质优。具有双亲抗性、抗枯萎病、霜霉病和白粉病，稳产性能好。

（二）津优 4 号

中早熟，春茬从播种至采收65天左右，采收期60~70天。植株生长势强，叶色深绿，主蔓、侧蔓均可结瓜。春茬第一雌花着生在第六节左右，雌花节率25%左右。瓜条顺直，长棒型，长28厘米左右，单瓜重150克左右，瓜把短，瓜皮深绿色，瘤显著，密生白刺，果肉绿白色、质脆，畸型瓜率小于15%，商品性优。抗霜霉病、白粉病和枯萎病，耐热性强，可在夏季34~36℃高温条件下正常发育。

（三）津优 40 号

生长势强，叶片较大，抗高温，一般亩产达6 000千克左右。该品种成瓜性好，瓜长33厘米，横径3厘米，单瓜重180克，瓜色深绿，刺瘤中等，瓜条顺直、畸形瓜率低，尤其是光泽极好，外观漂亮，果肉绿色、口感脆嫩、味甜。抗黄瓜霜霉病、白粉病、枯萎病、病毒病。

（四）津春 4 号

植株生长势强，分枝多、叶片较大、较厚、深绿色。主蔓结瓜为主，主侧蔓均有结瓜能力，且有回头瓜。瓜条棍棒型、瓜色绿、白刺、瘤明显。瓜条长30~50厘米，单瓜重200克左右。抗霜霉病、白粉病、枯萎病。

（五）中农 8 号

中农8号为普通花型一代杂种，植株长势强，生长速度快，株高220厘米以上，叶色深绿，分枝较多，主侧蔓结瓜，第一雌花着生在主蔓4~6节，以后每隔3~5节出现一雌花。瓜长25~30厘米，瓜色深绿均匀一致，富有光泽，果面无黄色条纹，瓜把短，心腔小，瘤小，刺密，白刺，质脆，味甜，无苦味，风味清香，品质佳。

三、栽培技术

（一）土壤和播种期选择

1. 土壤选择

为有利于山地黄瓜生长，应选择海拔高度在400米左右、土壤有机含量高、耕层深厚、土层疏松肥沃、阳光充足、pH值6~7及排水条件较好的平缓山地。

2. 播种时间

播种时间安排在5月下旬至7月上旬为宜。

(二) 育苗

1. 播种前处理

播种前晒种 1~2 天，用 55℃ 温水浸种，搅动至 45℃ 时浸泡 1 小时，再用 10% 磷酸三钠液浸种 1 小时，然后换温水浸种 4 小时。

2. 播种

采用 32 孔或 50 孔穴盘育苗。播种前要将育苗基质用 80% 多菌灵可湿性粉剂 1 000 倍液消毒，喷洒适量水，手捏基质成形，以基质不散不渗水为标准。基质装盘要松紧适宜。每孔点播一粒，播种后覆盖厚度为 1 厘米左右的育苗覆盖料，然后放入专用育苗棚内，苗床温度保持在 25℃ 左右。

3. 苗期管理

出苗 70% 左右时揭除地膜，齐苗后用 58% 甲霜灵锰锌可湿性粉剂 1 000 倍液预防立枯病和猝倒病；用 10% 高效氯氰菊酯 2 000 倍液、楠宝（40% 啶虫脒）5 000 倍液防治黄守瓜（萤火虫）和蚜虫。

(三) 整地施肥

1. 肥料管理

选择 3 年以上未种过瓜果类的沙壤土或壤土。于定植前 10 天左右深耕土壤，结合深耕每亩撒施生石灰 80~100 千克，并加一些低毒杀虫杀菌剂，以减少地下害虫及土传病害为害。每亩施商品有机肥 1 000 千克、钙镁磷肥 50 千克、复合肥（N15-P15-K15）50 千克作基肥，为了提高植株的抗性，还可施锌肥 2 千克、硼肥 1 千克。

2. 整地作畦

黄瓜采用双行种植，要求做成 1.4~1.5 米宽的种植畦（连沟），沟深 30 厘米。

(四) 适时定植

山地黄瓜有两种栽培方式：一是育苗移栽，二是直播。

1. 育苗移栽

当幼苗子叶充分展开，长至一心一叶时即可定植。定植选择晴天上午进行，要求带药入大田，选用茎基粗壮、叶色浓绿、无病虫害的壮苗，打穴放苗，带小土块移栽。栽后浇定根水，利于成活。每畦种两行，株距 30 厘米左右，每亩载 2 200 株。

2. 直播

每穴播 2 粒种子，播后用细土（约 1 厘米厚）盖好，进行喷水，在畦面上覆盖一层稻草，再用黑色遮阳网覆盖，以降温保湿。当 1/3 种子出苗时，应及时掀去畦面上的稻草和遮阳网，以利出苗。待幼苗长至2片真叶时定苗，每穴留1株健壮苗。

（五）田间管理

1. 中耕除草

黄瓜缓苗或定苗后及时中耕除草，用稻草等覆盖畦面，既可降温、保肥水、又可防草害，有利于山地黄瓜优质高产。

2. 水肥管理

黄瓜进入结瓜期和盛瓜期，需水量增加，要根据长势、天气等因素调整浇水间隔，每次浇小水，选择在晴天上午进行。

施肥要按照前轻后重，少量多次的原则，即在生长前期少施，结瓜盛期多施重施。结瓜初期，结合浇水追1次肥，每亩穴施尿素4~6千克。结瓜盛期叶面喷施0.3%~0.5%磷酸二氢钾和0.5%~1.0%尿素溶液2~3次。

3. 搭架绑蔓与整枝

当黄瓜长至5~6片真叶、开始吐丝抽蔓时要及时搭架。搭架采用"人"字架，高度2.5米左右。瓜苗一般每隔3~4张叶片绑蔓1次，用稻草或塑料绳将蔓与小竹按"8"字型方法捆绑，松紧适度，以免影响瓜蔓生长。因山地黄瓜种植季节多台风暴雨，搭架和绑蔓尤为重要。

山地黄瓜以主蔓结瓜为主，根瓜要及时采摘，以免影响植株生长和前期产量。当主蔓长到架顶、25~30片叶时摘心，侧枝留1叶1瓜摘心。及时摘除畸形瓜、病叶和老叶，利于田间通风透光，以减轻病虫害发生。

（六）适时采收

适时采收根瓜，及时分批采收成熟的黄瓜，以免影响植株后续生长，确保商品瓜品质。采收最好在清晨进行，选择大小适中，粗细均匀，顶花带刺，脆嫩多汁的黄瓜。采收时用剪刀或小刀割断果柄，以免挫伤瓜蔓，并将瓜轻放，防止碰伤腐烂。山地黄瓜在定植后30~40天便可开始采收上市。

第三节　西　瓜

西瓜为夏季之水果，果肉味甜，能降温去暑。新昌县地处浙江省东部山区，部分山区台地海拔高度在400米以上，其丰富的玄武岩台地资源和夏季垂直气候差异显著、昼夜温差大和不易受涝的特殊环境条件，十分适宜西瓜产业的发展。

一、生物学特性

(一) 形态特征

一年生蔓生藤本；茎、枝粗壮，具明显的棱沟，被长而密的白色或淡黄褐色长柔毛。卷须较粗壮，具短柔毛，叶柄粗，长3~12厘米，粗0.2~0.4厘米，具不明显的沟纹，密被柔毛；叶片纸质，轮廓三角状卵形，带白绿色，长8~20厘米，宽5~15厘米，两面具短硬毛，脉上和背面较多，3深裂，中裂片较长，倒卵形、长圆状披针形或披针形，顶端急尖或渐尖，裂片又羽状或二重羽状浅裂或深裂，边缘波状或有疏齿，末次裂片通常有少数浅锯齿，先端钝圆，叶片基部心形，有时形成半圆形的弯缺，弯缺宽1~2厘米，深0.5~0.8厘米。

雌雄同株。雌、雄花均单生于叶腋。雄花花梗长3~4厘米，密被黄褐色长柔毛；花萼筒宽钟形，密被长柔毛，花萼裂片狭披针形，与花萼筒近等长，长2~3毫米；花冠淡黄色，径2.5~3厘米，外面带绿色，被长柔毛，裂片卵状长圆形，长1~1.5厘米，宽0.5~0.8厘米，顶端钝或稍尖，脉黄褐色，被毛；雄蕊3，近离生，1枚1室，2枚2室，花丝短，药室折曲。雌花花萼和花冠与雄花同；子房卵形，长0.5~0.8厘米，宽0.4厘米，密被长柔毛，花柱长4~5毫米，柱头3，肾形。

果实大型，近于球形或椭圆形，肉质，多汁，果皮光滑，色泽及纹饰各式。种子多数，卵形，黑色、红色，有时为白色、黄色、淡绿色或有斑纹，两面平滑，基部钝圆，通常边缘稍拱起，长1~1.5厘米，宽0.5~0.8厘米，厚1~2毫米。

(二) 生长习性

1. 温度

西瓜喜温暖、干燥的气候、不耐寒，生长发育的最适温度24~30℃，根系生长发育的最适温度30~32℃，根毛发生的最低温度14℃。西瓜在生长发育过程中需要较大的昼夜温差，较大的昼夜温差能培育高品质西瓜。

2. 水分

西瓜耐旱、不耐湿，阴雨天多时，湿度过大，易感病，产量低，品质差。

3. 光照

西瓜喜光照，在日照充足的条件下，产量高，品质好。

4. 养分

西瓜生育期长，产量高，因此需要大量养分。每生产100千克西瓜约需吸收氮190克、磷92克，钾136克，但不同生育期对养分的吸收量有明显的差异，在发芽期占0.01%，幼苗期占0.54%，抽蔓期占14.6%，结果期是西瓜吸收养分最旺盛的时期，占总养分量的84.8%，因此，西瓜随着植株的生长，需肥量逐渐增加，到果实旺盛生长时，达到最大值。

5. 土壤

西瓜适应性强，以土质疏松，土层深厚，排水良好的砂质土最佳。喜弱酸性，pH值5~7。

二、品种选择

选用高产优质、长势较强、耐湿抗病、易坐果耐运输的中熟品种为宜，如浙蜜2号，浙蜜3号，浙蜜4号，浙蜜5号、西农8号，早佳8424等。

（一）浙蜜2号

中熟。果实发育期35天左右。植株长势强，较易坐果。果实高圆形，果面较光滑，果皮墨绿色带暗条纹。瓤色玫瑰红，肉质松脆，汁多，中心含糖量11%~12%。抗病，耐湿，耐旱，耐贮运。单果重5~6千克。

（二）浙蜜3号

中熟偏早。果实发育期32~35天。植株长势稳健，易坐果。果实高圆形，果面光滑，底色深绿，间有墨绿色隐条纹。瓤红色，肉质细脆，鲜甜爽口。中心含糖量11%~12%。抗病，耐湿。单瓜重5~6千克。

（三）浙蜜4号

中晚熟。全生育期105~110天，主蔓8~10节显现第一雌花，雌花开放至果实成熟约38天，果形椭圆形，果形较大，单瓜平均重8~10千克，大的可达12千克以上，皮色墨绿色又不明显的隐条纹，皮厚1.0~1.2厘米，瓜瓤红色，中心含糖量10.5%~11%。生长势较为旺盛，抗病性强。果皮坚韧，耐贮运。

（四）浙蜜5号

杂交种，植株长势稳健，坐果性好。果实圆形，皮厚约1厘米，皮深绿色覆墨绿色隐条纹，单果重5~6千克。果肉红色，肉质脆爽，汁水多。开花至成熟32天，肥水不足时，果形偏小；中心可溶性固形物含量12%，边缘9%，糖度梯度小，品质佳，较耐贮运，平均单瓜重5~6千克。耐旱、耐湿性强，较抗枯萎病和炭疽病。

（五）西农8号

中晚熟。全生育期95~100天，主蔓长2.8米左右，掌状裂叶、浓绿色，雌雄同株异花，第一雌花着生节位7~8节，雌花间隔3~5节，开花到果实成熟约36

天，果实椭圆形，果皮淡绿色、上覆深绿色条带，果皮厚1.1厘米，瓤红色，果实含糖量9.6%左右。较耐旱、耐湿，不易产生畸形瓜，高抗枯萎病，抗炭疽病。

（六）早佳8424

杂交一代早熟西瓜。开花至果实成熟28~45天，生长势中等，外形美观，坐果性好。果实圆形，平均单瓜重3~4千克，瓜皮绿色底覆盖有青黑色条斑，皮厚0.8~1厘米，红瓤，质脆口感极佳，中心含糖量12%，边缘9%左右，品质佳，不耐贮运。

三、栽培技术

（一）播种育苗

1. 播种时间

播种时间安排在3月下旬至6月上旬为宜。

2. 催芽

催芽前晒种1~2天，用55℃温水浸种，搅动至45℃浸泡1小时，再用10%磷酸三钠液浸种1小时，然后换温水浸种4小时，甩干种子表皮水分后用湿布包好，置于温度在28~32℃环境中催芽，25~30小时可露白，待有80%种子萌芽即可进行播种。

3. 播种方法

采用32孔或50孔穴盘育苗。播种前要将育苗基质用80%多菌灵可湿性粉剂1 000倍液消毒，喷洒适量水，手捏基质成形，以基质不散不渗水为标准。基质装盘要松紧适宜。每孔点播一粒，播种后覆盖厚度为1厘米左右的育苗覆盖料，并在育苗盘上盖一层地膜，然后放入专用育苗棚内，苗床温度保持在25℃左右。

4. 苗期管理

出苗70%左右时揭除地膜，齐苗后用58%甲霜灵锰锌可湿性粉剂1 000倍液预防立枯病和猝倒病；用10%高效氯氰菊酯2 000倍液、楠宝（40%啶虫脒）5 000倍液防治黄守瓜（萤火虫）和蚜虫。

苗期的生长适温以白天25℃、夜间16~18℃为宜。一般选择早晚浇水，适当控制浇水次数，做到营养土不发白不浇水，每次浇水要浇透。苗期要注意防治猝倒病、立枯病和早疫病，发现病株应立即拔除，并用58%甲霜灵·代森锰锌（瑞毒霉锰锌）可湿性粉剂600倍液喷雾，同时在病株周围洒50%多菌灵原粉以防止病情蔓延，另外要注意苗床的适当通风，防止过湿。为防止幼苗徒长，可根据苗情配制矮壮素水剂800~1 000倍液喷施。3叶1心后可以适当降低温度，控制水分，进行炼苗，但最低温度不能低于15℃。

（二）整地施肥

1. 肥料管理

选择3年以上未种过瓜果类的砂壤土或壤土，地势高燥、阳光充足、排灌方便、便于运输的地块，土壤pH值以5.6~6.7为最好。于定植前10天左右深耕土壤，结合深耕每亩撒施生石灰80~100千克，并加一些低毒杀虫杀菌剂，以减少地下害虫及土传病害为害。每亩施商品有机肥1 000千克、钙镁磷肥50千克、复合肥（N15-P15-K15）50千克作基肥，为了提高植株的抗性，还可施锌肥2千克、硼肥1千克。

2. 整地作畦

西瓜采用双行种植，要求畦宽3.5~4.0米（连沟），如上季需种小麦、油菜等，两边要各留0.5米作"瓜路"，中间种麦或油菜。垄面做成龟背形，提早覆盖地膜增温。开好操作沟，即两畦间30厘米宽，10~15厘米深，主要田间操作时用；排水沟，即田边沟及腰沟，要求开30厘米深。灌水沟，也称丰产沟，开在大行距中间，宽15~20厘米，深25~30厘米。

（三）适时定植

于4月下旬进行定植。畦面宽（连沟）4米，形成大行距为3.5米，小行距0.5米。每畦种两行，株距为0.5米，每亩栽650株左右。定植选择晴天上午进行，要求带药入大田，并挑选优质苗定植，打穴放苗，定植后浇定根水，利于成活。

（四）田间管理

1. 水肥管理

（1）出藤肥。在5~6叶期时穴施硫酸钾6千克，尿素7~10千克。

（2）预施结瓜肥。瓜藤30~40厘米长时，距植株基部50厘米处挖25厘米深，25厘米宽的沟，施入栏肥1 000千克、尿素10千克、复合肥15千克、硫酸钾15千克，有饼肥和缸砂的可在这次肥中施入。

（3）膨瓜肥。要重施膨瓜肥，在西瓜座后如鸡蛋大时施。做到"先结先施，后结后施。连结连施。"每亩撒施或穴施尿素10千克，硫酸钾9千克，复合肥5千克，还可用0.1%~0.2%的磷酸二氢钾进行叶面喷施。

2. 整枝

结合施坐果肥。在畦面铺上一层麦秆（茅草），将瓜藤有目的地牵引向一方。当藤长到35厘米以上后每隔4~5节用土压一次藤，以防风和促进不定根生长。

采用三蔓式整枝方法，具体是：在西瓜主蔓至60厘米，留下两条生长势较

强的子蔓，而把基部其余的子蔓剪掉，呈三蔓式，主蔓中上部子蔓及两条子蔓
上的孙蔓，不能剪掉，使西瓜保持有足够的生长量和叶面积，以确保高产丰收。
一般在伸蔓期进行1~2次疏删。

3. 保花保果

以第二雌花（19~21节位）坐果为好，第三雌花为预备，为保证第二雌花坐
果，必须进行人工辅助授粉，提高坐果率。人工授粉，宜在7：00~9：00进行。
并且在花期喷0.2%硼砂1~2次。需对长势过旺的要进行压头和插竹签。为防止
畸形果的发生，幼果期垫草。果实膨大期以草盖瓜，防止日灼，提高商品率。

（五）适时采收

适时采收，以晴日傍晚为宜，剪留果位前2片叶，以确保西瓜的商品质量。
注意掌握以下几点。

一是每批瓜坐果后及时做好标记，采收时按批采收（浙蜜2号为35天左右）。

二是看外形，一般皮色老，纹路清晰，底色黄是熟瓜，反之生瓜。

三是看座瓜部位的前后节卷须是否焦枯，焦枯是熟瓜。

四是弹音。左手托瓜，右手轻轻拍击。音色浑浊感觉颤动的为熟瓜。如发
扑扑闷音，表明成熟过度。

五是按压听音。取西瓜置于耳旁，用拇指按压，西瓜如有沙沙声则多为熟
瓜。如瓜皮坚硬，按压无声为生瓜。

第四节　丝　瓜

丝瓜是葫芦科丝瓜属一年生攀缘性草本植物，是喜温且耐热的蔬菜。其口
味清爽可口、营养丰富，且具有一定的药用价值。山地丝瓜一般在7—10月上
市，主要供应夏秋季蔬菜市场，此时正逢蔬菜淡季，价格稳定，能获到较好的
经济效益。新昌县地处浙江省东部山区，利用山区昼夜温差大和不易受涝等自
然资源优势，现已形成一定规模的种植面积，具有品质优良和产量高等优势。

一、生物学特性

（一）形态特征

茎、枝粗糙，有棱沟，被微柔毛，枝具棱，光滑或棱上有粗毛，有卷须。
茎须粗壮，被短柔毛，通常2~4枝。单叶互生，有长柄，叶片掌状心形，长
8~30厘米，宽稍大于长，边缘有波状浅齿，两面均光滑无毛。叶柄粗糙，长

10~12厘米，具有不明显的沟，近无毛。叶片三角形或近圆形，长、宽10~20厘米，通常掌状5~7裂，裂片三角形，中间的较长，长8~12厘米，顶端急尖或渐尖，边缘有锯齿，基部深心形，弯缺深2~3厘米，宽2~2.5厘米，上面深绿色，粗糙，下面浅绿色，有短柔毛，脉掌状，具有白色的短柔毛。夏季叶腋开单性花。

雌雄同株，雄花为总状花序，先开，雌花单生，有长柄，花冠浅黄色。瓠果长圆柱形，下垂，一般长20~60厘米，最长可达1米余。种子扁矩卵形，长约1.5厘米，黑色。丝瓜根系强大。茎蔓性，五棱、绿色、主蔓和侧蔓生长都繁茂，茎节具分枝卷须，易生不定根。叶掌状或心脏形，被茸毛。雌雄异花同株，花冠黄色。子房下位，第一雌花发生后，多数茎节能发生雌花。

普通丝瓜的果实短圆柱形或长棒形，长可达20~100厘米或以上，横径3~10厘米，无棱，表面粗糙并有数条墨绿色纵沟。有棱丝瓜的果实棒形，长25~60厘米，横径5~7厘米，表皮绿色有皱纹，具7棱，绿色或墨绿色。

种子椭圆形，普通丝瓜种皮较薄而平滑，有翅状边缘，黑、白或灰白色；有棱丝瓜种皮厚而有皱纹，黑色。千粒重100~180克。

（二）生长习性

1. 光照

丝瓜为短日照作物，喜较强阳光，而且较耐弱光。在幼苗期，以短日照大温差处理之，利于雌花芽分化，可提早结果和丰产。整个生育期当中较短的日照、较高的温度、有利于茎叶生长发育，能维持营养生长健壮，有利于开花坐果、幼瓜发育和产量的提高。

2. 温度

丝瓜属喜温、耐热性作物，丝瓜生长发育的适宜温度为20~30℃，丝瓜种子发芽的适宜温度为28~30℃，在30~35℃时发芽迅速。

3. 水分

丝瓜喜湿、怕干旱，土壤湿度较高、含水量在70%以上时生长良好，低于50%时生长缓慢，空气湿度不宜小于60%。75%~85%时，生长速度快、结瓜多，短时间内空气湿度达到饱和时，仍可正常地生长发育。

4. 土壤

丝瓜是适应性较强、对土壤要求不严格的蔬菜作物，在各类土壤中，都能栽培。但是为获取高额产量，应选择土层厚、有机质含量高、透气性良好、保水保肥能力强的壤土、沙壤土为好。

二、品种选择

选用生长势强、耐热、抗病、优质高产的中晚熟品种为宜。根据新昌的气候和市场供需特点，目前普遍选用义乌白丝瓜、漫地丝瓜、春丝一号等。

（一）义乌白丝瓜

早熟，植株蔓生，蔓长7~8米，节间较短，叶色深绿，叶面蜡质层厚，较抗病虫，叶片为掌状五裂单叶，叶片长宽23~25厘米，花黄色。结瓜早，生长势强，茎粗，分枝多，主蔓第八节左右开始结瓜，一般要求在10节左右留瓜，结瓜性强，一般每隔二三节结一瓜，肥水条件好时，能每节出雌花，且连续2~4节结瓜，在炎热的盛夏仍然能正常结瓜。瓜长40厘米左右，横径3~5厘米，上下粗细均匀，单瓜重一般300~500克，商品嫩瓜外皮光滑雪白，瓜肉浅绿色，味甜质嫩，做汤味鲜美，没有普通丝瓜的硬皮和涩味，外皮薄而酥软，纤维少，有一种独特的香气。白丝瓜耐热、耐肥、耐渍。3—6月播种，持续采收期90天以上；如果采用冬季温室大棚进行生产，则可周年结瓜上市。

（二）漫地丝瓜

该品种具有商品性好、品质优、丰产等特点。主蔓7~8节开始着生雌花，主侧蔓均结果。瓜条长60~65厘米，瓜柄长10厘米左右，瓜条直径3.4厘米左右，瓜色绿色，瓜条较细长且表面有不明显的棱条突起，瓜皮较光滑。春季全生育期为160天左右，产量较高，春季栽培平均亩产为3 000千克以上。

（三）春丝一号

杂交一代丝瓜新组合，该组合具有早熟、高品性好、品质优、丰产等特点。主蔓6~7节开始着生雌花，主侧蔓均结果，雌花着生率高，基本上每节着生雌花。瓜条长40~50厘米，瓜条直径3.6厘米左右，瓜色淡绿，瓜皮光滑，瓜条上下粗细均匀，瓜条不易掉花。春季全生育期为160天左右，秋季全生育期为90天左右。产量较高，春季栽培平均亩产为3 300千克左右，秋季栽培平均亩产为1 500千克左右。

三、栽培技术

（一）土壤和播种期选择

1. 土壤选择

选择3年以上未种过瓜果类的砂壤土或壤土，土壤有机含量高、耕层深厚、土层疏松肥沃、阳光充足、pH值6~7及排水条件较好的平缓山地。

2. 播种时间

播种时间安排在3月上中旬至5月上中旬为宜。

（二）育苗

1. 播种前处理

播种前晒种1~2天，促进种子后熟，提高种子的发芽率。用55℃温水浸种，搅动至45℃浸泡1小时，再用10%磷酸三钠液浸种1小时，然后换温水浸种4小时。30℃恒温条件下催芽，待80%~85%的种子露白即可播。

2. 播种

采用32孔穴盘育苗。播前将育苗基质用80%多菌灵可湿性粉剂1 000倍液消毒，喷洒适量水，手捏基质成形，以基质不散不渗水为标准。基质装盘要松紧适宜。每孔点播一粒，播种后覆盖厚度为1~2厘米的育苗覆盖料，然后放入专用育苗棚内，在苗盘上面覆上一层地膜，以保墒增温，提高出苗率。

3. 苗期管理

苗床温度保持在25℃左右。丝瓜播种后7~10天即可出芽，出苗70%左右时揭除地膜，浇水宜安排在早上或晚上进行，做到见干见湿。齐苗后用58%甲霜灵锰锌可湿性粉剂1 000倍液预防立枯病和猝倒病；用10%高效氯氰菊酯2 000倍液、楠宝（40%啶虫脒）5 000倍液防治丝守瓜（萤火虫）和蚜虫。

（三）整地施肥

1. 肥料管理

于定植前10天左右深耕土壤，结合深耕每亩撒施生石灰80~100千克，并加一些低毒杀虫杀菌剂，以减少地下害虫及土传病害为害。每亩施商品有机肥2 000千克、钙镁磷肥50千克、复合肥（N15-P15-K15）50千克作基肥。

2. 整地作畦

要求深沟高畦，畦面宽1.2米，沟宽0.7米，沟深30厘米。

（四）适时定植

当幼苗长至3~4片真叶时即可定植。定植选择晴天上午进行，要求带药定植，选用茎基粗壮、叶色浓绿、无病虫害的壮苗。栽后浇定根水，利于成活。每畦种1行，株距40厘米左右，每亩栽700株。

（五）田间管理

1. 水肥管理

丝瓜喜肥，生长期长，蔓叶茂盛，具有能连续开花结果的特点。丝瓜全生育期需水较多，要保持土壤湿润，植株结瓜期和盛瓜期更要充足的水分，土壤相对湿度保持在80%~90%为宜。雨天应注意排水，以防畦面积水。

施肥要按照前轻后重，少量多次的原则，即在生长前期少施，结瓜盛期多施重施。定植成活后，每亩穴施15千克三元复合肥作提苗肥。随着植株生长和开花坐果，每隔10~15天追肥1次，每次每亩施复合肥10~15千克、尿素10千克、钾肥5千克。采收期应及时追肥，一般每采收2~3次，再追肥1次，每次穴施硫酸钾复合肥15千克、尿素10千克。

2. 搭架与理蔓

丝瓜分枝力强，主蔓和侧蔓都能结果。移栽后，当蔓长30厘米时插竹架，用毛竹和木头搭建高2米的棚架，使茎蔓有较适宜生长空间。插架后，不要马上引蔓，要适当窝藤、压蔓，有雌花出现时再向上引蔓，并使蔓均匀分布。主蔓1米以下的侧蔓及时摘除，1米以上可保留2~3条侧蔓。瓜藤上架后要经常理蔓，使瓜藤分布均匀，保证瓜藤通风、光照良好。为使瓜条顺直，提高丝瓜的商品性，须经常理瓜，避免幼瓜受卷须、棚架阻档，使之垂直悬挂于棚架内，并摘除发育不良的幼瓜。生长中后期，适当摘除基部的枯老叶和病叶，当蔓叶满架后注意整枝，间隔摘除部分叶片，或在蔓叶生长过密的位置摘叶，有利于通风透光及减少病虫害。

（六）适时采收

丝瓜以嫩瓜上市，一般从播种到初收需要50~65天，从开花至商品瓜成熟为9~12天。丝瓜嫩瓜必须适时采收，过早产量低，过晚瓜质易老化，品质变劣，还会影响下一茬坐瓜。采收宜于9：00前用剪刀齐果柄剪下。初收期隔1~2天采收1次，盛收期则每天采收1次。

第五节　瓠　瓜

瓠瓜，为葫芦科葫芦属一年生蔓性草本。中国自古就有栽培，嫩果可供食用，老后不能食用，是民间夏令常吃的佳肴。相对其他果蔬，营养价值较低。其食用部分为嫩果。其幼嫩的果皮及胎座柔嫩多汁，稍有甜味，去皮后全可食用；可炒食或煨汤。老熟后果皮硬化，胎座组织也干枯，不可食。

一、生物学特性

（一）形态特征

瓠瓜，别名葫芦、蒲瓜、夜开花等，葫芦科瓠瓜属的一个栽培种，一年生攀援草本，根系发达，水平分布，耐旱力中等。茎为蔓性，长可达3~4米，绿色，密被茸毛，分枝性强。单叶，互生，叶片呈心脏或近圆形，浅裂，上面有茸毛。雌雄异花同株，花单生，白色，多在夜间以及阳光微弱的傍晚或清晨开放，故有别名"夜开花"。雄花多生在主蔓的中、下部，雌花则多生在主蔓的上部。侧蔓从第一二节起就可着生雌花，故以侧蔓结果为主。瓠果，短圆柱、长圆柱或葫芦形，嫩果具有绿、淡绿斑纹，被茸毛。果肉白色，成熟时果肉变干，茸毛脱落，果皮坚硬，黄褐色。

（二）生长习性

瓠瓜为喜温植物。生长适温20~25℃。栽培时一般先育苗、然后定植到露地。不耐涝、旱，在多雨地区要注意排水，干旱时要及时灌溉。

瓠瓜喜温，小耐低温，种子在15℃开始发芽，在30~35℃发芽最快，生长和结果期的适温为20~25℃，15℃以下生长缓慢，10℃停止生长，5℃以下受害。能适应较高温度，在35℃左右仍能正常生长，也可以坐果，果实发育良好。

瓠瓜属于短日照植物，短日照有利于雌花形成，低温短日的促雌效果更好。开花对光照强度要求敏感，多在弱光的傍晚开花。瓠瓜在阳光充足情况下病害少，生长和结果良好且产量高。

瓠瓜对水分要求严格，不耐旱又不耐涝。结果期间要求较高的空气湿度。

瓠瓜不耐瘠薄，以富含腐殖质的保水保肥力强的土壤为宜。所需养分以氮素为主，配合适量的磷钾肥施用，这样才能提高产量和品质。

瓠瓜幼苗期以前根系生长比茎叶生长快，当第五六真叶开展后，茎叶生长加快。以后随着茎蔓生长，各个茎节的腋芽陆续活动，如任意生长，茎蔓不断伸长的同时，可发生许多子蔓，又随着子蔓的伸长，发生许多孙蔓等。环境条件适宜，可发生多级侧蔓，形成繁茂的蔓叶系统。

主蔓一般在第五六节开始发生雄花，以后各节都发生雄花，很少发生雌花或很高节位才发生。而子蔓在第一至第三节开始发生雌花。孙蔓发生雌花的节位更早，一般在第一节便发生，以后间隔数节发生1个雌花，偶有连续2~3节发生雌花或同节发生1对雌花。生长后期会发生两性花，但坐果率低。

二、品种选择

选择早熟、高产、优质，抗病虫能力较强的品种，如浙蒲2号、浙蒲6号、越蒲1号等。

（一）浙蒲2号

早熟，较耐低温弱光；长势中等，侧蔓结瓜为主，侧蔓第一节即可发生雌花；坐果性好，平均单株结6~7果；雌花开花至商品成熟8~12天；果实长棒形，上下端粗细较均匀，商品性好，商品果平均长度约40厘米，横径5厘米，果皮绿色，单果重约400克；肉质致密，质嫩味微甜，种子腔小，品质好。较抗病毒病和白粉病。

(二) 浙蒲6号

早熟，长势中等，叶形较小，侧蔓结瓜，侧蔓第1节即可发生雌花，雌花开花至商品成熟8~12天；坐果性好，平均单株结瓜6~7条；果实长棒形，上下粗细均匀，脐部钝圆，商品瓜平均长度约36厘米，横径约5厘米，果皮青绿色，单果重约400克；肉质致密，质嫩味微甜，种子腔小，品质好，商品瓜率88%。耐低温弱光性和耐盐性强于浙蒲2号；春栽植株后期衰败时期稍晚于浙蒲2号。

(三) 越蒲1号

全生育期春季170天左右，秋季95天左右；从播种到始收春季95~105天，秋季45~50天。植株长势旺盛，侧蔓第2~3节发生雌花，秋季雌花发生节位略高，从授粉到商品瓜采收12~14天。瓜条棒形，粗细比较均匀，脐部较平，果肩微凸，瓜长25~35厘米，直径5~7厘米，皮色淡绿，茸毛较密，单瓜重350~500克，肉质致密，口感佳。

三、栽培技术

(一) 播种育苗

1. 播种

春季大棚设施栽培于12月下旬至1月上旬播种，山地露地栽培于3月上中旬至5月上旬直播为宜。

2. 浸种催芽

播前晴天晒种半天，播种前先用55℃温水浸种15分钟，边浸边搅拌到30℃，再浸3~5小时，浸种过程中要经常搓洗种子和换水，然后把浸好的种子用10%的磷酸三钠溶液泡20分钟，捞出用清水洗净，用湿布包裹放入催芽箱，露白后播种。

3. 穴盘育苗

使用32孔或50孔穴盘育苗，选用瓜类专用育苗基质或将泥炭与珍珠岩等比例混合。将基质用水拌匀，水量不可过大，以手抓起成团，又挤不出水为宜。基质装盘要压实，又要松紧适度。

4. 苗期管理

从播种到移栽，白天温度应掌握"二高二低"的原则，即播种到出苗要求高温30~35℃，出苗到真叶展开降低温度到20~22℃，真叶生长期最适温度为28℃，移栽前7天降低温度到20~22℃，齐苗后夜间最低气温保持在15℃以上。苗床内水分掌握"前促后控"，表土不发白不浇水。

（二）定植

苗龄40天左右，4~5片真叶可定植。选择地势高燥、排水良好的沙质田块，定植前要精细整地，做成宽1.5米的高畦（连沟），沟宽30厘米、深20~25厘米。春季栽培一般每亩施腐熟有机肥2 500千克，复合肥40千克，过磷酸钙40千克。定植前7天，搭建大棚，每畦铺设滴管1~2根，然后覆盖地膜。定植前施1次肥，喷1次多菌灵或百菌清，带肥带药移栽。每畦种1行，株距30~40厘米，每亩定植1 000~1 200株。山地直播每亩用种量250克，每穴播2粒，如覆盖地膜，在种子破土后及时破膜，并用土压实破膜口，以防高温烫伤秧苗。

（三）田间管理

1. 肥水管理

定植后追肥应根据植株生长势而定，一般第一次追肥在第1次摘心后，每亩施复合肥5千克，第二次在第一档瓜结瓜时每亩施复合肥8~10千克，以后每采2~3次瓜追肥1次，追肥量为复合肥8~10千克。追肥可以在两株之间穴施，也可以离植株根系15厘米处条施。

2. 搭架引蔓

苗高40~50厘米时搭架引蔓，春季保护地早熟栽培，为提高前期效益，在4片真片时喷施一次150毫克/升乙烯利，一周后再喷一次，以促进早开雌花，注意留足授花株。

3. 保花保果

无雄花时可用早瓜灵等药液辅助坐瓜，浓度1支早瓜灵（2毫升）加0.5~0.75千克清水涂瓜柄或浸瓜，随着温度的升高降低使用浓度。有雄花时最好采用人工授粉，可在16：00左右开始，一般1朵雄花可授3~5朵雌花。

4. 整枝摘叶

植株高1米时，下部侧枝全部剪除，当主蔓结瓜后，上留5~6叶（此时主蔓长至架顶）时打顶，顶叶下留2~3个侧枝，其余侧枝全部剪除。同时，摘除下部黄叶、病叶、多余的雄花及果实上的花瓣。当侧枝有雌花时进行点花，当侧枝瓜拇指大小时进行疏果，留2条侧枝瓜，同时侧枝结瓜后留2~3叶摘心；同时及时摘除主蔓瓜，利于第二批瓜生长。

5. 疏果

疏去病果、畸形果、多余果，每株全生育期可留瓜8~9条。第一二批瓜每株留2条，第三批后每株可留瓜2~3条。

（四）采收

瓠瓜开花后12~15天即可采收，不要采收过早，以免影响品质。

第六节　茄　子

茄子作为重要的茄果类蔬菜作物之一，已在各地大面积栽培。新昌县地处浙江省东部山区，山地资源丰富，生态环境良好，部分山地海拔在500米以上，利用山区昼夜温差大和不易受涝等自然资源优势，积极发展山地茄子生产，已形成相当规模的种植面积，是山地蔬菜主要作物之一，具有品种优良和产量高等优势。

一、生物学特性

（一）形态特征

茄为茄科茄属植物，直立分枝草本至亚灌木，高可达1米，小枝，叶柄及花梗均被6~8分枝，平贴或具短柄的星状绒毛，小枝多为紫色，渐老则毛被逐渐脱落。

叶大，卵形至长圆状卵形，长8~18厘米或更长，宽5~11厘米或更宽，先端钝，基部不相等，边缘浅波状或深波状圆裂，上面被3~7分枝短而平贴的星状绒毛，下面密被7~8分枝较长而平贴的星状绒毛，侧脉每边4~5条，在上面疏被星状绒毛，在下面则较密，中脉的毛被与侧脉的相同，叶柄长2~4.5厘米。

能孕花单生，花柄长1~1.8厘米，毛被较密，花后常下垂，不孕花蝎尾状与能孕花并出；萼近钟形，直径约2.5厘米或稍大，外面密被与花梗相似的星状绒毛及小皮刺，皮刺长约3毫米，萼裂片披针形，先端锐尖，内面疏被星状绒毛，花冠辐状，外面星状毛被较密，内面仅裂片先端疏被星状绒毛，花冠筒长约2毫米，冠檐长约2.1厘米，裂片三角形，长约1厘米；花丝长约2.5毫米，花药长约7.5毫米；子房圆形，顶端密被星状毛，花柱长4~7毫米，中部以下被星状绒毛，柱头浅裂。

此蔬菜因经长期栽培而变异极大，花的颜色及花的各部数目均有出入，一般有白花，紫花。果的形状大小变异极大。果的形状有长或圆，颜色有白、红、紫等。

(二) 生长习性

1. 温度

茄喜高温，种子发芽适温为25~30℃，幼苗期发育适温白天为25~30℃，夜间15~20℃，15℃以下生长缓慢，并引起落花。低于10℃时新陈代谢失调。

2. 光照

茄对光照时间强度要求都较高。在日照长、强度高的条件下，茄子生育旺盛，花芽质量好，果实产量高，着色佳。

3. 水分

茄形成以前需水量少，茄子迅速生长以后需要水多一些，对茄收获前后需水量最大，要充分满足水分需要。茄子喜水又怕水，土壤潮湿通气不良时，易引起沤根，空气湿度大容易发生病害。

4. 土壤

适于在富含有机质、保水保肥能力强的土壤中栽培。茄子对氮肥的要求较高，缺氮时延迟花芽分化，花数明显减少，尤其在开花盛期，如果氮不足，短柱花变多，植株发育也不好。在氮肥水平低的条件下，磷肥效果不太显著，后期对钾的吸收急剧增加。

二、品种选择

选择适宜山地栽培、生长势强、优质高产、耐热性好、抗病性强的茄子品种。由于新昌山地茄子主要供应江浙沪等地区城市，消费习惯主要以长条形、紫红皮品种为主，目前种植如浙茄1号、引茄1号、浙茄3号、杭茄1号、杭茄3号等为主。

(一) 浙茄1号

早熟品种。株型紧凑，生长势旺，株高100~120厘米，果形细长，果长30~38厘米，果粗2.4~2.8厘米，单果重60~70克，皮紫红色，果面光滑，皮薄，肉质细嫩，商品性好。该品种抗病性强，耐高温、耐涝。坐果率高，采收期长，再生能力强，产量高。

(二) 引茄1号

株型较直立紧凑，开展度40厘米×45厘米，适合密植，坐果率高，果长30~38厘米，果粗2.1~2.4厘米，单果重60~70克，持续采收期可长达4~5个月，产量高。生长势旺，再生能力强，春夏茬茄子采收结束后，剪去上部枝叶，秋季再生枝叶能力强，结果率高，再生茄产量极显著高于其他品种。抗病性强，前期耐低温弱光，根系发达。后期耐高温、耐涝性强。商品性好，商品率高。

（三）浙茄3号

早熟，生长势较强。株高约100厘米，开展度56厘米左右。叶片长、宽分别为24厘米和19厘米左右。第1花朵节位9~10节，结果性好，平均单株坐果数25个左右。果实长条形，尾部较尖，果皮紫红色，果面光滑、具光泽，商品果长31厘米左右、横径约2.8厘米，平均单果重130克左右，商品性好。抗黄萎病，中抗青枯病。

（四）杭茄1号

早熟，果实生长快，商品性好，品质优良。株高70厘米，开展度84厘米×70厘米，第一花朵着生于第10节上，果长35~38厘米，横径2.2厘米，果紫红色透亮，皮薄，肉色白，糯而嫩。适宜保护地栽培，也是理想的秋栽品种。

（五）杭茄3号

早熟、耐寒性好，果长可达40厘米以上，果皮淡紫色，肉质柔嫩，品质佳，抗性较强，适合作秋冬茄保护地栽培。

三、栽培技术

（一）播种育苗

1. 播种时间

根据山区气候特点，海拔高的地块可适当早播，海拔低的地块应适当晚播，结合市场需求，播种期比传统播种适当提前，一般播种时间安排在3月上中旬至4月中旬。

2. 种子处理

催芽前晒种1~2天，采用温汤浸种法，用55℃温水浸种，搅动至45℃浸泡1小时，再放入50%多菌灵可湿性粉剂500倍液中浸泡15~20分钟防治种子带菌，然后用10%磷酸三钠液浸种30分钟预防病毒病。种子消毒后要用清水彻底洗净药液，然后换温水浸种4~6小时，甩干种子表皮水分后用湿布包好，置于温度在28~32℃环境中催芽，每天用清水冲洗1次，经5~6天即可发芽，待有80%种子萌芽即可进行播种。

3. 播种方法

采用大棚设施育苗，以利于控制温湿度。每亩种植用种量20~25克，可以采用苗床育苗或穴盘育苗。

（1）苗床育苗。苗床地选用3~5年内未种过茄科作物、避风向阳、地势高燥、排水良好的田块，筑畦宽1.2米，播前整细耙平苗床。营养土配制应选用田园土与充分腐熟有机肥混合，有机肥比例不低于30%，然后加复合肥（N15-P15-K15）2千克，过筛混匀备用。苗床和营养土用绿亨1号、50%多菌灵可湿性粉剂与50%福美双可湿性粉剂按1∶1比例混合进行消毒。先浇透苗床，均匀撒播种子，播种量为每平方米10克，播后用木板轻压，使种子贴实土壤，覆盖0.5~1厘米厚营养土（以看不见种子为度），覆盖地膜，加盖小拱棚并盖棚膜保温。防止床土过干影响出苗率，待70%左右出苗及时揭去地膜。

（2）穴盘育苗。穴盘育苗不仅可减少土传病害的发生、出苗整齐、粗壮，而且一次成苗，无须分苗等操作。一般采用32孔或50孔穴盘育苗。播种前将育苗基质用80%多菌灵可湿性粉剂1 000倍液消毒，喷洒适量水，手捏基质成形，以基质不散不渗水为标准。基质装盘要松紧适宜。每孔点播一粒，播种后覆盖厚度为1厘米左右的育苗覆盖料，并在育苗盘上盖一层地膜，然后放入专用育苗棚内，温度保持在25℃左右。

4. 苗期管理

出苗70%左右时揭除地膜，齐苗及子叶展开后，结合根外追肥进行病害防治，用0.3%磷酸二氢钾加58%甲霜灵锰锌可湿性粉剂1 000倍液或用50%百菌清500倍液预防立枯病和猝倒病；用楠宝（20%啶虫脒）5 000倍液防治蚜虫。苗期的生长适温以白天20~25℃、夜间15~18℃为宜。一般选择早晚浇水，适当控制浇水次数，做到营养土不发白不浇水，每次浇水要浇透。苗期要注意防治猝倒病、立枯病和早疫病，发现病株应立即拔除，并用58%甲霜灵·代森锰锌（瑞毒霉锰锌）可湿性粉剂600倍液喷雾，同时在病株周围洒50%多菌灵原粉以防止病情蔓延。另外要注意苗床的适当通风，防止过湿，但最低温度不能低于15℃。

5. 分苗（假植）

苗床育苗需要分苗（假植）。秧苗有2~4片真叶时即可进行分苗（假植），移入营养钵。选择晴天下午进行分苗（假植），提前半小时浇1次透水，使秧苗根系带土。分苗（假植）时注意起苗动作要轻，以防伤苗。分苗（假植）后浇透水，随即覆盖小拱棚保湿3~5天，以利于缓苗。若气温过高可加盖遮阳网降温，棚内保持28℃左右，以促发新根。

缓苗后用0.2%尿素加0.3%磷酸二氢钾混合液进行根外追肥，保持土壤湿润。定植前5~7天喷施75%百菌清600~700倍液，做到带药移植。苗龄45~50天，株高20厘米，具6~8片真叶，即可移栽。

（二）整地施肥

1. 土壤选择

应选择3年内未种过茄科植物的沙壤土或壤土，阳光充足、土层疏松肥沃、耕层深厚、pH值6~7及排水条件较好的平缓山地。

2. 肥料管理

于定植前10天左右深耕土壤，结合深耕每亩撒施生石灰80~100千克，并加一些低毒杀虫杀菌剂，以减少地下害虫及土传病害为害。茄子生长期长，根系发达，需肥量大，要施足基肥。每亩施商品有机肥1 500千克、钙镁磷肥50千克、复合肥（N15-P15-K15）50千克作基肥，为了提高植株的抗性，还可施锌肥2千克、硼肥1千克。

3. 整地作畦

茄子采用双行种植，要求做成深沟高畦，沟深约25厘米，沟宽约30厘米，连沟畦宽1.5米，提早覆盖地膜增温。

（三）适时定植

5月中旬至6月中旬进行定植。选择茄子秧苗苗龄45~50天，具6~8片真叶，节间短、茎粗、无病虫害的壮苗带土定植。每畦种植2行，株距50~60厘米，行距70厘米，每亩栽1 500~1 800株。定植选择阴天或15：00后进行，要求带药入大田，打穴放苗，定植深度以子叶露出地面为宜，将定植孔压实封严。定植后浇定根水，可加适量农用链霉素、新植霉素或用77％可杀得可湿粉剂，利于成活。

（四）田间管理

1. 水肥管理

（1）水分管理。定植后3~4天浇1次缓苗水；门茄坐住后加强水分管理，结合追肥同时进行；茄子植株需水量大，遇旱时应及时浇水或灌浅沟水；采收期植株需水量最大，应每隔5天浇水1次。

（2）肥料管理。山地茄子在施足基肥的情况下，在植株生长前期，穴施尿素2~3次，每亩10~15千克；开花结果盛期，每隔10天左右施肥一次，每亩穴施复合肥料10~15千克加尿素5~8千克。结果后期，选晴天傍晚喷施0.3％磷酸二氢钾溶液或用0.18％爱多收6 000倍液，进行1~2次根外追肥，可防止早衰，增加后期产量。

2. 整枝摘叶

采用二杈整枝法，即只留主枝和第1朵花下第1叶腋的1个较粗壮的侧枝。

当门茄开花后，摘除门茄以下侧枝，并及时搭架。若整枝过早，不利于发根，过迟则会引起徒长，不利于提早坐果。整枝要在晴天进行，防止伤口感染病菌。整枝时距植株主干外10厘米处插立杆，将植株主干用细绳以"∞"型缚在架杆，以防倒伏。及时摘除要采收的茄子坐果位置以下的老叶、病叶。摘叶程度视天气、长势而定，阴雨天气、植株生长旺盛的可多摘，茎叶生长较差的应少摘。摘除的老、病、残叶，及时清理出园并进行深埋或烧毁。

3. 保花保果

茄子花期气温低于15℃、超过35℃或植株营养生长过旺等因素都易引起落花落果。应采用红茄灵、2，4-D点花保果，用毛笔将药水涂抹在花柄和花萼处，也可直接浸花。注意使用浓度（浓度高低与气温成反比，即高温时用低浓度，低温时用高浓度），并防止重复用药。点花需选择含苞待放的花朵，有利于提高坐果率。

（五）适时采收

山地茄子定植到采收50~60天，开花到采收15~20天，采摘期可从6月下旬至11月上旬。当茄子萼片边缘果面的白色环状带（茄眼睛）逐渐变得不明显，果实色泽鲜艳，富有光泽，此时为采收适期，要及时采摘。采收宜在上午进行，采收的果实注意防晒，并应立即分级包装上市。

第七节　小辣椒

新昌县地处山区，近年来凭借山区独特的气候条件和蔬菜大流通格局的日趋成熟，山地小辣椒种植面积逐年扩大，为山区农民增加了一条致富途径。

一、生物学特性

（一）形态特征

辣椒为茄科辣椒属一年生或有限多年生植物；高40~80厘米。茎近无毛或微生柔毛，分枝稍之字形折曲。叶互生，枝顶端节不伸长而成双生或簇生状，矩圆状卵形、卵形或卵状披针形，长4~13厘米，宽1.5~4厘米，全缘，顶端短渐尖或急尖，基部狭楔形；叶柄长4~7厘米。花单生，俯垂；花萼杯状，不显著5齿；花冠白色，裂片卵形；花药灰紫色。果梗较粗壮，俯垂；果实长指状，顶端渐尖且常弯曲，未成熟时绿色，成熟后成红色、橙色或紫红色，味辣。种子扁肾形，长3~5毫米，淡黄色。

（二）生长习性

辣椒生育初为发芽期，催芽播种后一般5~8天出土，15天左右出现第一片真叶，到花蕾显露为幼苗期。第一花穗到门椒坐主为开花期。坐果后到拔秧为结果期。辣椒适宜的温度在15~34℃。种子发芽适宜温度25~30℃，发芽需要5~7天，低于15℃或高于35℃时种子不发芽。

苗期要求温度较高，白天25~30℃，夜晚15~18℃最好，幼苗不耐低温，要注意防寒。辣椒如果在35℃时会造成落花落果。

辣椒对条件水分要求严格，它即不耐旱也不耐涝，喜欢比较干爽的空气条件。

二、品种选择

选择耐热、抗病、丰产、品质优、商品性好的小辣椒品种，如杭州小鸡爪 × 吉林长椒、蓝园之星等。

（一）杭州小鸡爪 × 吉林长椒

早熟。株高70厘米，开展度60~70厘米，分枝力强，主茎第8节着生一朵花。果长12~14厘米，横径1.5厘米，肉质较厚。嫩果浅绿色，辣味中等，品质优。耐寒性强，适于保护地栽培，

（二）蓝园之星

早中熟。株高78厘米左右，冠幅75厘米，株型紧凑，分枝力强，挂果率高，果实膨大快。果翠绿色，果长16~18厘米，横径约1.5厘米，蒂长，果形长顺畅，色泽艳丽，红果鲜艳。耐贮运。

（三）弄口早椒

早熟，株高70厘米，开展度75~80厘米。青熟果淡绿色，辣味中等，采收嫩果基本不辣，品质优良。加工成辣椒粉，辣味鲜而浓，因此可用作红辣椒生产。

（四）杭椒2号

早熟，采收期长，果实生长快、条形好、商品性好；株高70厘米，开展度80厘米；果实细长，商品果采收时纵径8~10厘米，横径1.2厘米内，单果重7~12克。

（五）杭椒7号

早熟，果实生长快，商品性好，果长在13~15厘米，横径1.5厘米，淡绿色，嫩果微辣，适合保护地和山地辣椒栽培。与弄口早椒相比，在产量、抗病性等方面有明显优势。

（六）浙椒1号

早熟，植株生长势较强，株高64厘米左右，开展度60~65厘米，分枝性强，连续结果性强，果实为羊角形，青熟果绿争，纵径12~14厘米，横径1.0~1.2厘米，平均单果重约10克，果面光滑，果形直，微辣；抗病毒病和疫病。

三、栽培技术

（一）地块选择

夏秋季小辣椒应选择海拔高度在400米以上，土壤肥沃、排灌良好，前茬未种过茄子、番茄、马铃薯等茄科作物的地块种植。

（二）播种及培育壮苗

1. 播种期

根据目标上市期选择播种期。山地小辣椒夏秋季种植从播种到初收约80天。如果目标上市期是7—8月，播种期以4月上中旬至5月上旬为宜。

2. 用种量

按每亩种植2 500~2 800株计算，每亩用种量25克。

3. 种子处理

播种前将种子浸入55~60℃温开水中，不断搅拌15~20分钟，沥干水分后播种。

4. 播种育苗

（1）传统播种育苗方法。

①苗床准备：种植每亩辣椒需播种苗床30平方米，播种前施入150千克充分腐熟农家肥、3千克复合肥，均匀翻耕后，整地作畦。

②播种：先将苗床浇透水，把种子与过筛的细焦泥灰拌匀，目的是使播种更均匀。播后覆盖一层0.5厘米左右厚的焦泥灰，盖上1厘米左右厚的稻草，搭小拱棚盖上薄膜，保湿防雨，确保齐苗。

（2）基质穴盘播种育苗方法。有条件的农户或生产企业可采用基质穴盘育苗方法。用2份草炭、1份蛭石、1份珍珠岩均匀混合而成基本基质，在基本基质中按1立方米加入2.5千克复合肥和20千克充分腐熟的鸡粪，再次均匀混合，配成育苗用基质。小辣椒育苗穴盘宜选用50孔或32孔。

将配制好的基质装入穴盘中，并稍加压实。然后在孔穴中央压出0.5厘米深的播种穴。将处理过的种子播入播种穴中，每穴播2粒种子，然后盖上基质或蛭石，最后用清水均匀浇透。其他操作流程与传统播种方法相同。

有条件的，最好搭建大棚育苗设施。

5. 苗期管理

当种子有70%出苗后及时揭去覆盖物，以利幼苗生长。播种至齐苗阶段，注意做好盖膜和揭膜工作，防止高温伤苗。齐苗后进行间苗1~2次，使幼苗保持适当的生长空间。育苗期间正处于气温回升和多雨季节，因此要认真做好水分管理。从生产实践看，苗床适当偏干有利于幼苗健壮生长，不易产生徒长苗。苗期一般不进行追肥。培育壮苗是苗期管理的主要目标。基质穴盘育苗，不但要做好间苗工作，同时要做好补苗工作，补苗后浇一次水。

6. 苗期病害防治

苗期病害主要有猝倒病、立枯病等，发病初期用64%杀毒矾500倍液或用多菌灵600倍液等农药喷雾预防，每5~7天喷1次，连喷2次。

（三）适时定植

定植前7天左右每亩施生石灰100千克，整地作畦，畦宽90~100厘米，沟宽40厘米，畦中间开15~20厘米深沟，每亩施入充分腐熟的有机肥1 500~2 000千克、优质复合肥75千克，翻土作畦，畦面略呈龟背形。当苗5~6片真叶时定植，如晴天定植，应选择16：00后进行。起苗前苗床浇足水，起苗时尽量多带土少伤根。定植株距35~40厘米，每亩2 500~2 800株，定植后即浇定根水，定根水中加入甲基硫菌灵或多菌灵500倍液，可减少病害发生。

（四）大田管理

1. 追肥管理

定植活棵后，结合浅中耕施适量复合肥作提苗肥，切忌过多施，以免引起肥害。在植株开花结果初期，视苗情追肥，如果施肥过量，容易造成植株徒长、落花落果。结果盛期，需肥量较大，一般每采收6~7次追肥1次，每次每亩施用复合肥10千克左右。整个生长阶段不用纯氮肥作追肥。

2. 畦面铺草

定植活棵后及时做好畦面铺草工作。畦面铺草有利于土壤保湿、降低地温、减少杂草为害、提高商品性等。从多年的生产实践看，畦面铺草是一项稳产降本的有效管理措施。

3. 其他管理

小辣椒盛产期处于高温干旱，台风暴雨等灾害天气多发的夏秋季节，给生产安全带来风险，因此必须做好抗旱、抗涝、加固植株、防病等工作。

（五）采收

夏季气温高，小辣椒生长快。要求每天及时采摘。小辣椒采摘宜在下午露水干后进行。采摘要严格掌握质量，及时摘除病果和畸形果。

第八节　樱桃番茄

樱桃番茄是番茄栽培亚种中的一个变种，常被称为圣女果或小番茄。其果型较小，似樱桃大小，近圆形或椭圆形。品质好，味鲜美，糖度及维生素C含量大大高于普通番茄，具有生津止渴、健胃消食、清热解毒、凉血平肝，补血养血和增进食欲的功效。可治口渴，食欲不振。是一种高档蔬菜，倍受消费者青睐，经济价值较高。

一、生物学特性

（一）形态特征

樱桃番茄根系发达，再生能力强，侧根发生多，大部分分布于土表30厘米的土层内。植株生长强健，有茎蔓自封顶的，品种较少；有无限生长的，株高2米以上。

叶为奇数羽状复叶，小叶多而细。

果实鲜艳，有红、黄、绿等果色，直径1~3厘米，单果重一般为10~30克，果实以圆球型为主；种子比普通番茄小，心形。密被茸毛，千粒重1.2~1.5千克。

（二）生长习性

樱桃番茄生长发育的适宜温度为20~28℃，种子发芽期需要温度25~30℃，低于14℃发芽困难。幼苗期白天温度为20~25℃，夜间为10~15℃。开花坐果期，白天20~28℃，夜间15~20℃，低于15℃，生长发育缓慢，气温高于35℃时，植株生长缓慢，也会引起落花落果。果实发育期，一般白天为24~28℃，夜间为16~20℃，昼夜温差保持在8~10℃。

二、品种选择

一般选择产量高、耐热耐湿性强、无限生长类型中的品种。

（一）金珠

植株高大，叶微卷，叶色浓绿，早熟，播种后75天左右即可收获。坐果能力强，每穗可结果16~70个，双秆整枝时一株可结500个以上。果实呈圆形至高球形，果色橙黄亮丽，单果重16克左右，糖度可达10%，酸度低，风味甜美，果实稍硬，裂果少。

（二）圣女

植株高大，叶片较疏，耐病毒病、叶斑病、晚疫病。早熟，播种后75天左右即可收获。坐果能力强，每穗可结果15~60个，双秆整枝时一株可结500个以上。果实呈长球形（枣形），果色红亮，单果重14克左右，糖度可达8%~9%，略带酸味，风味鲜美，果肉多，种子少，果实比金珠硬，不易裂果。

（三）夏日阳光

杂交一代无限生长型，长势强，中熟，花序大，花量多，坐果能力强，产量高。单果重15~25克，外观呈黄色正圆球形，晶莹剔透，皮硬度适中，肉质较其他小番茄细嫩，口味清新而略带甜味，水分充足，可当水果鲜食，保鲜期长。抗黄萎病，枯萎病，感番茄黄化卷叶病，需加防范。耐低温能力弱，秋冬栽培需温室或大棚等保温防冻措施。

（四）黄妃

杂交一代无限生长型，长势强，中熟，花序大，花量多，坐果能力强，产量高。果圆球型，黄色，糖度高，口感极佳，单果重18克左右，整齐度好，成品率高；较抗黄萎病。

三、栽培技术

（一）育苗

1. 穴盘和基质

采用32孔或50孔穴盘育苗。应选择发芽率大于95%的子粒饱满、发芽整齐一致的种子播种。播前用温汤浸泡种子30分钟，捞出沥干水分后播种。播种前先将基质搅拌均匀，喷洒适量水，手捏基质成形，以基质不散不渗水为标准。基质装盘要松紧适宜。播种后覆盖厚度为1厘米左右的育苗覆盖料，然后放入专用育苗棚内。

2. 种子的准备和处理

樱桃番茄种子较细小，每亩用种量5~10克，用1%高锰酸钾液浸10分钟后，用清水冲洗并在温水中浸6小时，洗净种子，甩干水，用湿纱布保湿，于25℃左右催芽，露白后播种；也可用多菌灵等农药适量拌种后播种。

3. 苗期管理

苗期的生长适温以白天25℃、夜间16~18℃为宜。一般选择早晚浇水，适当控制浇水次数，做到营养土不发白不浇水，每次浇水要浇透。3叶1心后可以适当降低温度，控制水分，进行炼苗，但最低温度不能低于10℃。苗期要注意防治猝倒病、立枯病和早疫病，发现病株应立即拔除，并用58%甲霜灵·代森锰锌（瑞毒霉锰锌）可湿性粉剂600倍液喷雾，同时在病株周围洒50%多菌灵原粉以防止病情蔓延，另外要注意苗床的适当通风，防止过湿。

（二）春季樱桃番茄栽培

春季大棚樱桃番茄一般在11—12月播种，2月底至3月初定植，4月中旬至7月初采收。山地春季樱桃番茄一般在3月中下旬至4月中旬播种为宜。

1. 整地施基肥

樱桃番茄要求轮作，最好在3年内没有种过茄果类作物的土地，且要求排灌方便、通风良好、保肥水力强的微酸性土壤，砂土或红黄土必须多施有机肥和石灰改良，否则容易发生青枯病或生长不良。由于本地多雨，采用深沟高畦，一般畦宽（连沟）1.3~1.4米，8米（6米）宽的标准大棚作5条（4条）畦，畦向为南北纵长，植株光照充足均匀，整地时施足基肥。春季栽培一般要求施基肥每亩腐熟农家肥4 000~5 000千克、人粪尿1 000~1 500千克，过磷酸钙25千克或复合肥30千克。

2. 定植

定植前提早扣棚，施肥整地后铺好地膜，密闭烤棚，使10厘米深的土温稳定通过10℃以上。双行定植，株距40厘米，每亩栽2 500株左右。栽植深度以秧苗子叶刚露出地面为宜，定植深度因地下水位高低而定，地下水位高则宜浅，反之则宜深，可减少枯萎病的发生。定植后用湿土封严地膜孔，定植后随即浇清水肥，使根系与泥土密切贴合，然后用小拱棚覆盖。

3. 田间管理

（1）温湿度管理。定植初期密闭保温，不通风。缓苗后，白天气温保持在25℃左右，夜间保持在10℃以上。樱桃番茄生长期中正遇三月份的雨季和梅季，在下雨天要及时排水，做到雨停畦干。进入旺盛生长期，耗水量增加，视土壤墒情，及时排灌，要保持土壤湿度，不能忽干忽湿，如有条件最好应用滴管，以免产生裂果。

（2）追肥。移栽成活后及时中耕松土，促进缓苗。缓苗后不浇水，进行蹲苗，促进根系下扎。后期适当培土，促进不定根产生。追肥在第一穗果坐稳后进行，宜薄肥勤施，每10天亩追腐熟饼肥20千克，或施复合肥10千克。

（3）搭架和整枝。樱桃番茄一般搭篱架，有利于植株的透光和采收，苗高30~40厘米开始绑蔓，支架高2米。采用单杆整枝，仅留主枝，侧枝留1~2叶打顶，主枝不打顶。进入采果期后，果实采到哪一档位，就把基部老叶摘到该档位置。到植株生长中后期及时放蔓，每次放蔓的幅度可根据实际操作而定，一般下坠30厘米左右，以茎基部为中心盘成圆圈，使植株中上部能正常生长结果。

（4）疏花、疏果和防止落花。每一果穗一般只留30个果左右，为保证果实大小均匀，提高品质，一般先留40~50朵花，结果后留30个左右的果实。番茄开花结果期间，在环境条件或营养不良时，如早春温度过低，灌溉施肥不当，长期阴雨，光照不足，植株徒长，或病虫为害等原因，常会引起落花。对于温度过低或过高引起的落花，可用防落素25~50毫克/千克喷花。

4. 采收

櫻桃番茄的糖分含量比一般番茄高，过熟采收部分品种会出现裂果和烂果，从而影响果实的商品性。像"金珠"等较易裂果的品种要适当提前采收。"圣女"等不易裂果的品种如不作长途运输时可在转色成熟后采收，采收时不留果柄，采收后避免碰撞、挤压，以免机械损伤，采收后放置于阴凉通风处。

（三）秋季樱桃番茄栽培

秋季樱桃番茄一般7月播种，8月下旬定植，9—12月初采收。

1. 整地施基肥

秋季栽培基肥一般要求每亩施腐熟农家肥3 000~4 000千克、人粪尿1 000千克，过磷酸钙20千克或复合肥20千克。其他和春季栽培相同。

2. 定植

行距60厘米，株距30~35厘米，每亩栽3 500株左右。最好选阴雨天或傍晚定植。

3. 田间管理

（1）温湿度管理。定植后昼夜要通风，随着棚外温度的下降，逐渐减小通风量和时间，棚外温度降到15℃时放下围裙，停止放风。后期遇低温时，可在棚四周围草苫子保温，使白天控制在25℃左右，夜间控制在15℃以上。第一花序开花时，灌第一次水，一般15天左右灌一次，灌水后放风排湿。在秋番茄栽培过程中，要防止雨水进入棚内，尤其要做好开沟排水工作。

（2）追肥。秋季樱桃番茄栽培在缓苗后要中耕保墒，促进根系生长。第一穗果核桃大时，追肥在第一穗果坐稳后进行，宜薄肥勤施，每10天亩追施稀粪800~1 000千克，或复合肥10千克。

（3）疏花、疏果。秋季樱桃番茄栽培一般每穗留20个果左右，要及时做好疏花疏果工作。在生长后期，可用防落素25~50毫克/千克喷花。

第九节 豇 豆

豇豆别名豆角、长豆角、线豆角等，豆科豇豆属普通豇豆的一个亚种。

一、生物学特性

（一）形态特征

一年生缠绕、草质藤本或近直立草本，有时顶端缠绕状。茎近无毛。羽状复叶具3小叶；托叶披针形，长约1厘米，着生处下延成一短距，有线纹；小叶卵状菱形，长5~15厘米，宽4~6厘米，先端急尖，边全缘或近全缘，有时淡紫色，无毛。总状花序腋生，具长梗；花2~6朵聚生于花序的顶端，花梗间常有肉质密腺；花萼浅绿色，钟状，长6~10毫米，裂齿披针形；花冠黄白色而略带青紫，长约2厘米，各瓣均具瓣柄，旗瓣扁圆形，宽约2厘米，顶端微凹，基部稍有耳，翼瓣略呈三角形，龙骨瓣稍弯；子房线形，被毛。荚果下垂，直立或斜展，线形，长7.5~70厘米，宽6~10毫米，稍肉质而膨胀或坚实，有种子多颗；种子长椭圆形或圆柱形或稍肾形，长6~12毫米，黄白色、暗红色或其他颜色。花期5~8月。

叶为三出复叶，自叶腋抽生20~25厘米长的花梗，先端着生2~4对花，白、红、淡紫色或黄色，一般只结两荚，荚果细长，因品种而异，长30~70厘米，色泽有深绿、淡绿、红紫或赤斑等。

每荚含种子16~22粒，肾脏形，有红、黑、红褐、红白和黑白双色籽等，根系发达，根上生有粉红色根瘤。

（二）生长习性

豇豆对土壤适应性广，只要排水良好，土质疏松的田块均可栽植，豆荚柔嫩，结荚期要求肥水充足。豇豆是攀援植物，所以在幼苗长到30厘米以上时需要及时搭建高度约2米的架子，材料通常选用芦苇、细竹竿、细木条等，其顶部枝头具有缠绕攀爬习性，会自行向上攀爬。

1.温度

温度15~35℃，长豇豆种子的发芽率和花芽速度随温度的升高而提高，以25~30℃发芽率高，发芽快，且幼苗苗壮。幼苗成长以30~35℃为快，温度较高还促进花芽的分化发育。抽蔓至开花初期20~25℃生长良好。因此，开花结荚的适温为25~30℃，35℃以上和18℃以下都造成生育障碍。

2. 光照

大多数品种对日照长短要求不严格，在长短日照季节都能正常生长发育。光照强度影响光合产物的生产而影响植株体内碳氮代谢及其比例，从而影响花芽分化。温度较高，加强光周期反应，使花芽分化过程缩短，较低温度可以延缓光周期反应而延长花芽分化的时间。日照充足，光照较强，有利于植株生长开花正常，提高结荚率。

3. 水分

空气相对湿度70%~80%为适宜，高温低湿是落花落荚的主要原因。开花期大雨或长期阴雨也会明显降低结荚率。稍耐旱，但抽蔓以后特别是开花结荚期间宜保持田间最大持水量的60%~70%。

二、品种选择

选择优质、高产、抗病品种，如之豇106、彩蝶2号、浙翠3号等。

（一）之豇106

早中熟，始花节位低，叶色深，叶片小，嫩荚油绿色，条荚匀称，长65厘米以上，肉质致密，不鼓粒，耐贮运性好，商品性佳；耐热性强，高温季节能正常生长，植株不易早衰，全生育期80~100天，较抗病毒病和锈病。该品种综合抗性强、适应性广，鲜食加工外销兼宜。

（二）彩蝶2号

属早中熟品种，春季种植全生育期93~99天。该品种植株蔓生，生长势强，整齐一致。主侧蔓均可结荚，以主蔓结荚为主，分枝力中等，主蔓长250~300厘米。叶色深绿，阔卵圆形，始花节位4~5节，中上层结荚集中，连续结荚能力强。商品荚嫩绿色，荚长60~70厘米，荚粗0.83厘米，单荚重41克左右，豆荚整齐一致，商品性好。口感脆嫩、清香、风味好。种皮红褐色、肾形。

（三）浙翠3号

植株蔓生，生长势较强，分枝中等；第一花序节位第5~6节，花紫红色，三出复叶，小叶长12.1厘米、叶宽8.8厘米；每花序结荚2~4条，平均每株结荚18~20条，平均荚长65厘米，荚宽0.9厘米，平均单荚重29.8克，条荚粗细匀称，肉厚，肉质致密；荚色油绿，商品性好；种皮朱红色，长圆形，百粒重15克。中熟偏晚，全生育期119天，嫩荚采收期35天左右。田间表现煤霉病、锈病、白粉病发病较轻。

（四）春宝

中早熟，植株蔓生，生长势强，花浅紫色。叶片小，双荚率高，荚长约60厘米，荚厚0.83厘米，嫩荚绿色，有光泽，荚形美观，荚肉紧实，纤维少，味甜爽口，抗病性、抗逆性强。播种至初收，春植约50天，秋植40~45天，可延续采收40天。

（五）之豇60号

蔓生，中熟，宜秋季露地栽培，播种至始收需40~45天，花后9~12天采收，采收期20~35天，全生育期65~80天。植株生长势较强，不易早衰；主侧蔓均可结荚，主蔓约第六节着生第一花序；单株结荚数8~10荚，每花序一般结2荚，平均单荚种子数17.1粒；商品荚绿色，平均荚长63.3厘米，平均单荚重26.7克。田间表现抗病毒病和根腐病，耐连作性好。

（六）之豇108

中熟，蔓生，生长势较强，分枝较多。初荚部位略高，约第5节着生第1花序，单株结荚数8~10条，每花序可结2~3条，单荚种子数15~18粒。嫩荚油绿色，荚长约70厘米，平均单荚重26.5克，肉质致密，耐贮性好。根系强劲，抗逆性强，对病毒病、根腐病和锈病综合抗性好。

（七）帮达2号

中熟，植株生长势强。嫩荚白绿色，荚长70厘米左右，抗老化。抗逆性强，耐高温，对光照不敏感，适应性广，尤其适宜夏播伏缺上市，春夏两季栽培均适宜。

三、栽培技术

（一）地块选择

选择土层深厚、有机质多、疏松肥沃、排水良好、2~3年内未种过豆科作物的砂质壤土或壤土。

（二）施足基肥

结合整地每亩施腐熟有机肥2 000~2 500千克，复合肥25~30千克，钙镁磷肥或过磷酸钙30~40千克。作高畦，畦宽（连沟）1.4~1.5米，沟深15~20厘米。

（三）适期播种

3—7月均可播种。早熟栽培3月上旬育苗，4月移栽，行距0.7~0.75米、穴距0.25~0.3米，种两行，每穴3株为宜。4~7月直播栽培按每穴3~4粒下种，每亩需1.5千克，另备少量苗床播种育苗作补苗用。

无论春播或夏播，应用地膜对发根和护根有利，能提高产量。

（四）田间管理

1. 及时插架

架材不得小于2.3米，植株抽蔓，应立即插架，以免秧互缠，影响结荚。架材长短与畦宽相对应，2.5米以上架材需加宽畦垄至1.6米，以免架行间通风不良。

2. 人工辅助缠蔓与打顶

豇豆枝蔓常受风雨影响，不能正常缠绕在架材上，选择晴天，于10：00后按逆时针方向人工辅助茎蔓缠绕上架，在生长过程中需人工吊蔓上架3~4次。满架后应及时打顶，因倒蔓后的茎间花序变短，只开花、不结荚，枝蔓继续生长会大量消耗营养而不利条荚发育。利用清晨茎嫩之时，以细竹抽打顶端枝蔓，需打顶2~3次。

3. 肥水管理

当幼苗2~3张真叶时，依苗情每亩需追施2.5~5千克尿素（或喷施0.5%磷酸二氢钾）。开花坐荚前以控水控肥为原则，座荚后每隔5~7天浇一小水，花荚盛期结合浇水每亩各追施复合肥25千克。

（五）及时采收

豇豆采收要及时，特别是基部的豇豆要及时采收甚至可提前1~2天。采收以早晨和上午为好，2~3天采收1次。采收时注意不要损伤后续花序，以便可再次开花结荚。

第十节　四季豆

四季豆是菜豆的别名，又叫芸豆，芸扁豆、豆角等，为一年生草本植物，有喜温而不耐热的习性，在低海拔地区难以越夏。新昌县地处浙江省东部山区，部分山区台地海拔在500米以上，利用丰富的山地资源和夏季垂直气候差异显著、积极发展山地四季豆生产，因其栽培适宜区少，季节差异等因素，常常出现商品紧缺现象，也因此受到消费者的喜爱。

一、生物学特性

（一）形态特征

四季豆根系较发达，但再生能力弱。苗期根的生长速度比地上部分快，成株的主根可深达地下80厘米，侧根到60~80厘米宽，主要吸收根分布在地表15~40厘米土层。

幼茎因品种不同而有差异，呈绿色、暗紫色和淡紫红色。成株的茎多为绿色，少数深紫红色。茎的生长习性有无限生长型和有限生长型两种类型。茎蔓生、半蔓生或矮生。

初生第1对真叶为对生单叶，近心脏形；第3片叶及以后的真叶为三出复叶，互生。小叶3，顶生小叶阔卵形或菱状卵形，长4~16厘米，宽3~11厘米，先端急尖，基部圆形或宽楔形，两面沿叶脉有疏柔毛，侧生小叶偏斜；托叶小，基部着生。

总状花序，腋生，比叶短，花生于总花梗的顶端，小苞片斜卵形，较萼长；萼钟形，萼齿4，有疏短柔毛；花冠白色、黄色，后变淡紫红色，长1.5~2厘米。花梗自叶腋抽生，蝶形花。花冠白、黄、淡紫或紫等色。子房一室，内含多个胚珠。为典型的自花授粉植物。

荚果条形，略膨胀，长10~15厘米，宽约1厘米，无毛；豆荚背腹两边沿有缝线，先端有尖长的喙。形状有宽或窄扁条形和长短圆棍形，或中间型，荚直生或弯曲。荚果长10~20厘米，形状直或稍弯曲，横断面圆形或扁圆形，表皮密被绒毛；嫩荚呈深浅不一的绿、黄、紫红（或有斑纹）等颜色，成熟时黄白至黄褐色。随着豆荚的发育，其背、腹面缝线处的维管束逐渐发达，中、内果皮的厚壁组织层数逐渐增多，鲜食品质因而降低。故嫩荚采收要力求适时。荚果供食用；种子含油，入药，有清凉利尿、消肿之效。

种子球形或矩圆形，白色、褐色、蓝黑或绛红色，光亮，有花斑，长约1.5厘米。

着生在豆荚内靠近腹缝线的胎座上。种子数因品种和荚的着生为主而异。通常含种子4~8粒，种子肾形，有红、白、黄、黑及斑纹等颜色；千粒重0.25~0.7千克。

（二）生长习性

四季豆喜温暖不耐霜冻。种子发芽的温度范围是20~30℃，低于10℃或高于40℃不能发芽。幼苗对温度的变化敏感，短期处于2~3℃低温开始失绿，0℃时受冻害。

四季豆为短日照植物，但不同品种对光周期的反应不同，可分为3类：一是光周期敏感型，二是光周期不敏感型，三是光周期中度敏感型。

菜豆根系发达，侧根多，较耐旱而不耐涝。种子发芽需要吸足水分，但水分过多、土壤缺氧时，种子容易腐烂。植株生长期适宜的田间持水量为最大持水量的60%~70%，开花期对水分的要求严格，其适宜的空气相对湿度为65%~80%。

四季豆最适宜在土层深厚、松软、腐殖质多排水良好的土壤栽培。沙壤土、壤土和一般黏土都能生长，不宜在低湿地好人重黏土中栽培。适宜的pH值为6~7，不宜过酸或过碱。四季豆对氮、钾吸收多，磷较少，还需要一定的钙肥。

二、品种选择

选用高产优质、长势较强、耐热抗病，坐果率高，商品性好的品种为宜，一般选择种植红花品种，如红花青荚、浙芸3号等品种。

(一) 红花青荚

早熟。叶片中等，节节有荚，荚长30厘米，播种后50天采收，嫩荚美观顺直，近圆形绿色，无筋、无纤维，不鼓籽，商品性好。特耐寒、抗病，产量丰高。

(二) 浙芸3号

植株蔓生，生长势较强，平均单株分枝数1.9个左右；三出复叶长和宽分别为11厘米和13厘米左右；花紫红色，主蔓第六节左右着生第一花序；每花序结荚2~4荚，单株结荚35荚左右；豆荚较直，商品嫩荚浅绿色，荚长、宽、厚分别为18厘米、1.1厘米和0.8厘米左右，平均单荚重约11克。耐热性较强。种子褐色，平均单荚种子数约9粒，种子千粒重260克左右。

(三) 川红架豆

生长势强，播种到采收嫩荚45~55天，植株蔓生，花紫红色，第一花序着生于3~5节处，每花序结3~4条荚。豆荚长棍形近扁圆，嫩荚绿色，肉厚，嫩荚长17厘米左右，商品性好。

(四) 珍珠架豆

早熟品种，生长势强，植株蔓生，茎紫红，结荚率高，嫩荚浅绿色，圆棍形，荚长14~18厘米、径直0.9~1.0厘长，黑籽，每荚有种子5~9粒，纤维少，产量高。

(五) 浙芸5号

植株蔓生、生长势强，花紫红色，嫩荚浅绿色，扁圆形，一般荚长18厘米，宽1.2厘米，厚1.0厘米，结荚率高。种子褐色，肾形，有光泽，较早熟，品质优，耐热性较好。

(六) 绿龙架豆

中早熟，植株蔓生，分枝力强，长势旺盛。嫩荚扁条状，鲜绿色，荚长28厘米左右，宽1.8厘米左右，质地脆嫩，无筋，嫩荚及时采收品质极佳。结荚率高，丰产性好，并具有耐寒、耐热、抗病毒病、叶霉病等特点。

三、栽培技术

(一) 土壤和播种期选择

1. 土壤选择

为有利于山地四季豆生长，应选择海拔高度350米以上、土壤有机含量高、耕层深厚、土层疏松肥沃、阳光充足、pH值6~7及田地排水条件较好的水田或平缓山地。

2. 播种时间

播种时间安排在4月中旬至8月上旬为宜。

(二) 整地施肥

1. 肥料管理

选择3年以上未种过豆类的沙壤土或壤土，土层疏松肥沃、深厚、保水保肥力强、通透性好、便于排灌及中性土壤。土壤pH值以6.2~7.0为最好。于定植前10天左右深耕土壤，结合深耕每亩撒施生石灰80~100千克，并加一些低毒杀虫杀菌剂，不仅能增加土壤中的钙素，还有利于减少地下害虫及土传病害为害。山地四季豆栽培要增施磷、钾肥及施足基肥。亩施商品有机肥1 000千克，钙镁磷肥50千克，硼肥1千克，复合肥（N15-P15-K15）50千克作基肥。

2. 整地作畦

四季豆采用双行种植，为提高排水性能可作深沟高畦，沟深25~30厘米，畦宽（连沟）1.4米、畦面宽0.9~1米。

(三) 播种

播种前晒种1~2天消毒灭菌，并使用多菌灵拌种。如果在炎热高温夏季过早播种较易引起落花落荚，反之，气温较低播种会使后期质量及产量受到影响。以直播为主，选择籽粒饱满匀称的种子，每亩用种1~1.25千克。每畦穴距25~30厘米，行距60~70厘米，播种2行，每穴播种子3~4粒。播种后采取浇水抗旱及盖草等方法保证出苗，全苗及壮苗，保证四季豆能够高产。

(四) 栽培管理

1. 查苗追肥

从播种到露出真叶，需7~10天，期间要及时查苗和补苗并且做好间苗，一般每穴留健苗2株。选择在晴天傍晚或阴天补苗移栽，选用无病害或胚轴粗壮的苗带土移栽，及时对移栽后的苗浇水，有利于新苗成活。根据苗情在2片真叶时选用481天然芸薹素等喷施壮苗。

2. 中耕除草与培土

播种后10天左右进行第1次除草培土，爬蔓之前进行第2次除草培土。中耕要以不伤根系为度。为降低土壤温度和水分蒸发量，可在畦面铺杂草或稻草。

3. 搭架引蔓

四季豆"甩蔓"前应及时搭架，以搭成"人"字架为宜，并将1根竹竿横扎交叉处，起到牢固支架的作用。并按逆时针方向引蔓使藤蔓在架上生长。

4. 摘叶与打顶

当四季豆蔓长到2米以上，可主蔓打顶来促进早发侧枝生长及开花结荚。为减轻病虫灾害和提高通风透光，应及时摘除老叶和病叶并集中深埋或烧毁。

5. 肥水管理

四季豆追肥要遵循少施氮肥多施磷肥、钾肥，花前期少施，开花结荚期重施及少量多次的原则。苗期、抽蔓期每亩要追施硫酸钾3千克、尿素5千克。用0.2%的磷酸二氢钾结合病虫防治进行叶面肥喷施。在水分管理方面，畦面保持湿润，防止高温干旱为害影响株苗生长。在开花结荚期增大水量，提高结荚率及产品质量。阴雨天或暴雨天后应及时开沟排水，防止出现旱涝，从而造成四季豆根系不良，严重会导致死亡。

6. 植株调整

四季豆属于喜光作物，应及时摘除黄叶、病叶及老叶，防止落花落荚，保证植株通风透光，实现提高产量目的。植株生长到架顶及时摘除主蔓生长点，有利于促进中上部的侧芽迅速成长和下部豆荚成熟，提高产量。

(五) 适时采收

作为嫩荚食用的四季豆，一般花后8~10天采收，每天采收1次，既可保证豆荚鲜嫩，粗纤维少，豆荚品质及商品性，又可减少植株养分消耗过多而引起落花落荚，从而提高坐荚和商品率。一般每亩产量可达1 000~2 000千克。在败蓬后要及时清园，清除枯蔓落叶，集中烧毁，减少虫源。

第十一节　马铃薯

马铃薯，别名土豆，洋芋艿，是一种适应广、生育期短、产量高、用途多的粮、菜、饲料兼用经济农作物。而且营养十分丰富，块茎中含有淀粉和多种蛋白质、糖类、矿物质及维生素，还具有缓急止痛，通利大便作用。近年来随着稻田免耕、稻草全程覆盖种植马铃薯新技术的推广应用，马铃薯种植面积大幅度增加。

一、生物学特性

(一) 形态特征

草本，须根系。地上茎呈菱形，有毛。初生叶为单叶，全缘。随植株的生长，逐渐形成奇数不相等的羽状复叶。小叶常大小相间，长10~20厘米；叶柄长2.5~5厘米；小叶，6~8对，卵形至长圆形，最大者长可达6厘米，宽达3.2厘米，最小者长宽均不及1厘米，先端尖，基部稍不相等，全缘，两面均被白色疏柔毛，侧脉每边6~7条，先端略弯。

伞房花序顶生，后侧生，花白色或蓝紫色；萼钟形，直径约1厘米，外面被疏柔毛，5裂，裂片披针形，先端长渐尖；花冠辐状，直径2.5~3厘米，花冠筒隐于萼内，长约2毫米，冠檐长约1.5厘米，裂片5，三角形，长约5毫米；雄蕊长约6毫米，花药长为花丝长度的5倍；子房卵圆形，无毛，花柱长约8毫米。

果实为茎块状，扁圆形或球形，无毛或被疏柔毛。茎分地上茎和地下茎两部分。长圆形，直径3~10厘米，外皮白色，淡红色或紫色。薯皮的颜色为白、黄、粉红、红、紫色和黑色，薯肉为白、淡黄、黄色、黑色、青色、紫色及黑紫色。

(二) 生长习性

1. 休眠期

马铃薯收获以后，放到适宜发芽的环境中而长时间不能发芽，属于生理性自然休眠，是一种对不良环境的适应性。块茎休眠始于匍匐茎尖端停止极性生长和块茎开始膨大的时刻。休眠期的长短关系到块茎的贮藏性，关系到播种后能否及时出苗，因而关系到产量的高低。马铃薯休眠期的长短受贮藏温度影响很大，在26℃左右的条件下，因品种的不同，休眠期从1个月左右至3个月以上不等。在温度为0~4℃的条件下，马铃薯可长期保持休眠。马铃薯的休眠过程，受酶的活动方向决定，与环境条件密切关联。

2. 发芽期

马铃薯的生长从块茎上的芽萌发开始，块茎只有解除了休眠，才有芽和苗的明显生长。从芽萌生至出苗是发芽期，进行主茎第一段的生长。发芽期生长的中心在芽的伸长、发根和形成匍匐茎，营养和水分主要靠种薯，按茎叶和根的顺序供给。生长的速度和好坏，受制于种薯和发芽需要的环境条件。生长所占时间就因品种休眠特性、栽培季节和技术措施不同而长短不一，从1个月到几个月不等。

3. 幼苗期

从出苗到第六叶或第八叶展平，即完成1个叶序的生长，称为"团棵"，是主茎第二段生长，为马铃薯的幼苗期。幼苗期经过的时间较短，不论春作或秋作只有短短半个月。

4. 发棵期

从团棵到第十二或第十六叶展开，早熟品种以第一花序开花；晚熟品种以第二花序开花，为马铃薯的发棵期，为时1个月左右，是主茎第三段的生长。发棵期主茎开始急剧拔高，占总高度50%左右；主茎叶已全部建成，并有分枝及分枝叶的扩展。根系继续扩大，块茎膨大到鸽蛋大小，发棵期有个生长中心转折阶段，转折阶段的终点以茎叶干物质量与块茎干物质量之比达到平衡为标准。

5. 结薯期

即块茎的形成期。发棵期完成后，便进入以块茎生长为主的结薯期。此期茎叶生长日益减少，基部叶片开始转黄和枯落，植株各部分的有机养分不断向块茎输送，块茎随之加快膨大，尤其在开花期后10天膨大最快。结薯期的长短受制于气候条件、病害和品种熟性等，一般为30~50天。

二、品种选择

(一) 费乌瑞它

株高60厘米左右，株型直立，分枝少，茎紫褐色。复叶大，叶绿色，生长势强。花冠蓝紫色，花药橙黄色，易天然结果，浆果大，有种子。块茎长椭圆形，块大而整齐，芽眼少而浅，皮淡黄色，表皮光滑，肉质深黄色，块茎口味好。淀粉含量在12%~14%。块茎结薯早而集中，商品性好。从出苗到收获为60天，种薯休眠期短，块茎结薯浅，对光敏感，易产生绿薯。植株对A病毒病和癌肿病免疫，较抗卷叶病毒病，不抗环腐病和青枯病，易感晚疫病。因植株矮小，应适当密植，一般每亩种植4 500~5 000株为宜。

（二）中薯3号

早熟品种。株高65厘米左右，株型直立，分枝数少，枝叶繁茂、生长势强，单株主茎数3个左右；茎绿色，叶绿色，匍匐茎短、结薯集中，块茎椭圆形，淡黄皮淡黄肉，表皮光滑，大而整齐，芽眼少而浅，商品薯率90%左右。从出苗到收获为65天左右，品质优，淀粉含量在12.7%左右。植株不抗晚疫病，抗马铃薯轻花叶病毒病PVX、中抗重花叶病毒病。

（三）兴佳2号

早熟、鲜食加工兼用。出苗至成熟68天。株高65厘米左右，花冠白色，生长势强，枝叶繁茂，结薯集中，较抗晚疫病，块茎长椭圆形黄皮黄肉。表皮光滑，芽眼浅，单株结薯6~8个，大中薯率85%以上，淀粉含量15%。

（四）东农303

植株直立，茎秆粗壮，株高45厘米左右，开展度40厘米×50厘米，分枝中等，叶绿色，花白色。结薯集中，且部位高，易于采收。薯块外观好，卵圆形，表皮光滑，淡黄色，芽眼浅，肉黄色。薯块大而整齐，商品率高，长6~8厘米，横径5~6厘米，单株结薯6~7个，单株产薯400克左右。春播，每亩产薯1 800~2 000千克，秋播，每亩产薯900~1 000千克。早熟，播种至初收85~90天，地膜覆盖栽培，4月中旬即可采收。秋播，11月可采收。高抗花叶病毒病，轻感卷叶病毒病和青枯病。耐湿性较强，除旱地外，也适宜水田种植。品质优，食味佳。

三、栽培技术

当前生产上一般马铃薯的栽培主要有稻田免耕、稻草全程覆盖种植法和传统土壤覆盖种植两种方式，以春季种植为主，秋季种植较少。

（一）稻田免耕、稻草全程覆盖种植

1. 田块选择

稻草全程覆盖种植马铃薯以选择上年未种植过茄科作物（马铃薯），耕层深厚、土壤肥沃、排水良好，带中性或微酸性的稻田为宜。水稻收割时稻桩不能太高，一般以不超过10~15厘米。

2. 种薯准备

（1）切块要求。切块质量不应小于25克。每个切块上带1~2个芽眼。切口距芽眼保持1厘米以上。

（2）切块方法。根据种薯大小和芽眼分布情况切块。种薯为小薯的不切块，

50~70克的中薯可从顶部到尾部纵切成2块；70~100克的中薯切成3块，方法是先从基部切下带2个芽眼的1块，剩余部分纵切为2块；100~120克的大薯可纵切为4块；大于120克的大薯，可以从种薯的尾部开始，按芽眼排列顺序螺旋形向顶部斜切，最后将顶部一分为二。

（3）刀具消毒。切块时遇病薯，应将其销毁，同时消毒切刀。消毒方法是用火烧烤切刀，或用75%酒精或用1%高锰酸钾溶液浸泡切刀10~15分钟。

（4）薯块消毒。种薯切块后应用1%的高锰酸钾或用1%石灰水溶液浸种1~2分钟，或用50%多菌灵可湿性粉剂300倍液浸5分钟消毒，捞出晾干，也可用草木灰拌种。

（5）催芽方法。尚处休眠或芽刚萌动的，需在播前10~20天催芽，根据条件可采用如下。

①温室大棚内催芽：在大棚内砖砌一方池，大小视种薯数量而定，在池内先铺一层湿沙，然后铺一层薯块，再铺一层湿沙，这样可连铺3~5层薯块，最后上面盖上草苫或麻袋保湿。

②室内催芽：按10~15厘米厚将薯块摊在地面上，用湿麻袋或湿草苫盖严。

③赤霉素浸种催芽：切块用5~10毫克/千克的赤霉素溶液浸泡15分钟，整薯用10~20毫克/千克赤霉素溶液浸泡10~30分钟，脱毒微薯用20毫克/千克赤霉素溶液浸泡30分钟。浸泡捞出后，阴凉避雨处，种薯以30~40千克为一堆，上覆湿沙，再以湿麻袋或湿草苫保湿。硫脲浸种催芽：1%硫脲溶液浸种1小时，取出后放入湿沙中催芽。

（6）催芽期管理。湿、温度催芽时，所用沙子应先拌湿，再盖种，不能用干沙子盖种后再浇水，沙子湿度以用手握不出水为宜。催芽期间，只要沙子不很干，不要浇水。催芽温度保持在15~20℃。每隔5~7天检查一次，挑出芽长1.5~2.0厘米的薯块进行绿化，同时拣出烂薯。

（7）绿化幼芽（练芽）。当芽长达1.5~2.0厘米时，将薯块置于室内散射光下使芽变绿。幼芽变绿后即可播种。

3. 田块准备

在播种前10~15天，人工清除田间大草及其他杂物。在播种前7天，开好纵、横及围沟等三沟，填平因农事操作留下的坑洼。免耕开畦，畦面宽（连沟）100~120厘米，沟宽20~30厘米，沟深15~20厘米。开沟的泥土敲碎铺在畦中间，使畦面成弓背形。

4. 播种

（1）播种时间。播种适期为1月上旬至2月上旬。

（2）摆种方法。马铃薯种植为单穴单薯。宜采用薯芽侧向摆种，或薯块切口向上摆种，使种薯芽部接近或接触土壤。

（3）播种密度。播种密度应根据土壤肥力和品种不同而定，每畦种3行，行距30~35厘米，株距25~30厘米，每亩为3 500~5 000株。播种时，边行种薯离沟20厘米左右。

5. 施肥

宜一次性施足肥料，一般不施追肥，每亩施高浓度含钾量高复合肥75~100千克。有条件的，可施腐熟有机肥1 000~1 500千克，再施高浓度复合肥40~60千克。腐熟有机肥可满畦撒施，复合肥宜条施于种薯行中间，复合肥与种薯保持5厘米以上距离，不要让化肥直接接触到薯种，以免烧灼烂种。生长后期缺肥的，可喷施0.2%磷酸二氢钾或0.5%的尿素液1~2次。

6. 盖草

摆种施肥后，将稻草整齐均匀覆盖在畦面上，稻草覆盖的厚度以8~10厘米（即轻轻拍实，压而不实的厚度）最为宜，稻草要求整齐，不要用相互交错缠绕在一起的稻草，稻草杂乱容易出现"卡苗"现象，且不容易盖均匀。一般用3~4亩田的稻草可覆盖1亩薯田。如果草盖得太厚，会阻碍出苗；过薄，可使光透入结薯层，增加绿薯率。稻草应在整个畦面上平铺、到边，不留缝隙，也不要顺行垄铺，以免结薯层透光。为防止稻草被风吹走，宜将覆盖的稻草轻轻压实后，再将敲细的沟土均匀撒压在稻草上。若提前播种需要加盖地膜防寒。

7. 管理

播种后通常不需除草、追肥、灌溉和防止病虫害。马铃薯摆种后若土壤特别干燥（如秋播、春旱等），可采用浇水或沟灌等方法，使畦面潮湿。如采用沟灌的方法以沟深2/3，灌半天为好，切不可大水漫灌，造成畦面积水使稻草上浮。如遇大雨或连续阴雨天要及时排水，不要让田间积水。特别是春播马铃薯到生长后期，由于降雨量的增加，田间一定要注意排涝。畦面、沟中积水很容易造成薯块腐烂、变质，从而影响产量和品质。马铃薯生长前期土壤可稍干燥，进入结薯期后土壤水分以保持湿润状态为好。特别是块茎膨大期，对水分非常敏感，此时缺水，产量会降低一半左右。结薯期缺水还会使块茎表皮细胞木栓化，当遇到降雨时，块茎又恢复生长，形成次生块茎，发生畸形薯，严重影响其商品价值

（二）传统土壤覆盖种植

1. 施足基肥

马铃薯的基肥要占总用肥量的60%~70%，一般每亩施有肥机1 000~1 500千克。基肥应结合作畦施于10厘米以下的土层中，以利于植株吸收和疏松结薯

层。播种时，每亩用高含钾复合肥施与种薯保持5厘米以上距离20~25千克作种肥，使出苗迅速而整齐，促苗健壮生长。

2. 中耕培土

中耕能使结薯层土壤疏松通气，利于根系生长、匍匐茎伸长和块茎膨大。并结合培土，培土厚度不超过5~10厘米，以增厚结薯层，避免薯块外露，产生绿薯，降低品质。

3. 追肥

马铃薯从播种到出苗时间较长，出苗后，要及早用少量氮肥作追施芽苗肥，以促进幼苗迅速生长。现蕾期结合培土追施一次结薯肥，以钾肥为主，配合氮肥，施肥量视植株长势长相而定。开花以后，一般不再施肥。其他栽培技术参照稻田免耕、稻草全程覆盖种植。

（三）秋播、秋延后播栽培要点

近年来，秋播马铃薯因其经济效益较好，引起了许多蔬菜户的重视。马铃薯秋播可在8月底至9月中旬可播种，基本栽培技术与春播相同，但要主意如下几点：一是遇到高温时不要播种，高温会影响马铃薯的出苗和引起腐烂。二是秋播种薯要进行赤霉素浸种催芽处理，处理方法见前述。三是秋播马铃薯由于长势较弱，密度可适当增加。四是要主意对白粉虱、蚜虫的防治。四是选择适用秋播的高产品种如中薯3号、兴佳2号。

如果要求鲜薯在元旦或春节上市，可采用秋延后播种，播种期可推迟到9月中下旬。并在气温下降到10℃左右时搭建小拱棚盖膜，这样既可使马铃薯正常生长，又可使薯块成熟后防止雨水侵入和冻害而引起腐烂。秋延后播马铃薯一般从12月开始可一直采收到3月上旬，经济效益可成倍增加。

第十二节　芦　笋

芦笋又名石刁柏，为天门冬科天门冬属（芦笋属）多年生草本植物。新昌县种植芦笋始于20世纪80年代，曾是白芦笋罐头出口的生产基地，90年代转为种植绿芦笋，21世纪初引进设施栽培技术，2009年后种植面积达1 500亩，全部采用无公害设施栽培技术，年均商品芦笋总产量2 000余吨，年均总产值2 000余万元。

无公害芦笋设施栽培与常规露地栽培相比具有明显优势：一是延长了采收期，春笋采收期可提早到春节前后2月初左右，秋笋可延迟于11月中旬，使产量增加20%~30%；二是提高了经济效益，春节前后上市，价格高，每千克最高价格可达30~50元，亩产值增加一倍多；三是减轻了病虫害，控制了茎枯病，减少了农药用量（采笋期不用药），真正达到芦笋优质、无公害；四是芦笋大棚栽培省工易管理，有利于芦笋的规模化生产和企业化经营。

一、生物学特性

（一）形态特征

1. 根

芦笋是深根性植物。大部分根群分布于1~2米，最长可达3米，根的侧向分布半径90~120厘米，最大可达1.5~1.9米，吸收能力极强。但大部分根群分布在30厘米以内的耕作层里。

芦笋为须根系，由肉质贮藏根和须状吸收根组成。肉质贮藏根由地下根状茎节发生，多数分布在距地表30厘米的土层内，寿命长，只要不损伤生长点，每年可以不断向前延伸，一般可达2米左右，起固定植株和贮藏茎叶同化养分的作用。肉质贮藏根上发生须状吸收根。须状吸收根寿命短，在高温、干旱、土壤返盐或酸碱不适及水分过多、空气不足等不良条件下，随时都会发生萎缩。

2. 茎

芦笋的嫩茎为产品器官，嫩茎产生的数量及质量取决于鳞芽的数量及发育的状况。而鳞芽的数量和质量取决于地下茎的发育状态，鳞芽发育生长，嫩茎形成，依赖于肉质根中积累的养分。但肉质根贮藏养分的多寡取决于上年地上部枝叶生长的时间及繁茂程度。由此可见，芦笋栽培的关键在于培育繁茂的植株，创造良好的土壤及营养条件，促进根群良好的生长，积累丰富的养料，保证鳞芽健壮生长。

芦笋的茎分为地下根状茎、鳞芽和地上茎三部分。地下根状茎是短缩的变态茎，多水平生长。当分枝密集后，新生分枝向上生长，使根盘上升。肉质贮藏根着生在根状茎上。根状茎有许多节，节上的芽被鳞片包着，故称鳞芽。根状茎的先端鳞芽多聚生，形成鳞芽群，鳞芽萌发形成鳞茎产品器官或地上植株。地上茎是肉质茎，其嫩茎就是产品。

地下茎的发育及特点：地下茎发生于根与茎的连接处，在土中沿水平方向延伸。生长速度极为缓慢（年生长3~5厘米），成为极其短缩的变态茎。节间极短，各节有鳞片状的变态叶和芽。地下茎先端的芽密集成群，称为鳞芽群。这些鳞芽会萌发成地上茎，是产量构成的基本因素。

地上茎的形成：由种子萌芽或鳞芽发育产生。鳞芽萌生地上茎，在幼嫩时采收即得到产品器官芦笋，任其自然生长即成为高大的地上部植株。主茎和分枝中均含有叶绿素，可进行光合作用。

3. 叶

芦笋的叶分真叶和拟叶两种。真叶是一种退化了的叶片，着生在地上茎的节上，呈三角形薄膜状的鳞片。拟叶是一种变态枝，簇生，针状。

4. 花、果实、种子

芦笋雌雄异株，虫媒花，花小，钟形，萼片及花瓣各6枚。花每1~4朵腋生，绿黄色；花梗长8~12(~14)毫米，关节位于上部或近中部；雄花：花被长5~6毫米；花丝中部以下贴生于花被片上；雌花较小，花被长约3毫米。浆果直径7~8毫米，熟时红色，有2~3颗种子。花期5—6月，果期9—10月。

5. 性别

芦笋为雌雄异株。雌雄株在性状上有较大差异。雄株：植株矮，分枝多，开花早，发生茎多，幼茎单重小，但产量高。雌株：植株高大，分枝稀，开花迟，发生茎很少，幼茎粗大，总产量略低。生产上以培养雄株为多。

(二) 生长习性

1. 温度

芦笋对温度的适应性很强，既耐寒，又耐热。芦笋种子的发芽始温为5℃，适温为25~30℃，高于30℃，发芽率、发芽势明显下降。用种子繁殖可连续生长10年以上。春季地温回升到5℃以上时，鳞芽开始萌动；10℃以上嫩茎开始伸长；15~17℃最适于嫩芽形成；25℃以上嫩芽细弱，鳞片开散，组织老化；30℃嫩芽伸长最快；35~37℃植株生长受抑制，甚至枯萎进入夏眠。芦笋光合作用的适宜温度是15~20℃。温度过高，光合强度大大减弱，呼吸作用加强，光合生产率降低。

芦笋每年萌生新茎2~3次或更多。一般以春季萌生的嫩茎供食用，其生长依靠根中前一年贮藏的养分供应。嫩茎的生长与产量的形成，与前一年成茎数和枝叶的繁茂程度成正相关。随植株年龄增长，发生的嫩茎数和产量逐年增多。随着根状茎不断发枝，株丛发育趋向衰败，地上茎日益细小，嫩茎产量和质量也逐渐下降。一般定植后的4~10年为盛产期。

2. 土壤

芦笋适于富含有机质的砂壤土，在土壤疏松、土层深厚、保肥保水、透气性良好的肥沃土壤上，生长良好。芦笋能耐轻度盐碱，但土壤含盐量超过0.2%时，植株发育受到明显影响，吸收根萎缩，茎叶细弱，逐渐枯死。芦笋对土壤酸碱度的适应性较强，凡pH值为5.5~7.8的土壤均可栽培；而以pH值6~6.7最为适宜。

3. 水分

芦笋蒸腾量小，根系发达，比较耐旱。但在采笋期过于干旱，必然导致嫩茎细弱，生长芽回缩，严重减产。芦笋极不耐涝，积水会导致根腐而死亡。故栽植地块应高燥，雨季注意排水。

二、品种选择

选择植株高大、抗病性强、笋茎粗壮、产量高、品质优、商品性佳的芦笋品种，如格兰德（Grande）、阿特拉斯（Atlas）、阿波罗（Apollo）等品种。

（一）格兰德（Grande）

为双交杂交一代种，属于中熟品种，绿白兼用。株型高大，长势旺，第一分枝位53.2厘米。嫩茎比较粗大，抽茎多，丰产性强，平均单茎重23.6~27.6克，笋尖锥形略带紫色，鳞片抱合紧凑，在夏季高温条件下也不易散头。对茎枯病、褐斑病抗性中等，对镰刀菌属的病菌和锈病具有较高的耐性，不感染芦笋2号潜伏病毒。

（二）阿特拉斯（Atlas）

双交杂交一代品种，属于中熟品种。该品种适应性广泛，嫩茎比较粗，丰产性好，平均单茎重24.5~24.8克，笋尖圆锥行鳞片抱合紧凑，嫩茎基部和头部略带紫色，笋体为深绿色，鳞片紧贴于笋体，使整个嫩茎外形非常平滑。对芦笋茎枯病的抗性中等，对镰刀菌属的病菌具有较高的耐性，高抗芦笋锈病，不感染芦笋2号潜伏病毒。

（三）阿波罗（Apollo）

无性杂交一代杂交种。嫩茎肥大适中，平均茎粗1.79厘米，整齐，质地细嫩，纤维含量少。第一分枝高度56厘米，嫩茎圆柱形，顶端微细。鳞芽包裹的非常紧密，笋尖光滑美观，在较高温下，散头率也较低。嫩茎颜色深绿，笋尖鳞芽上端和笋的出土部分颜色微微发紫，笋尖圆形，包裹紧密。外形与品质均佳，抗病能力较强，不易染病，对叶枯病、锈病高抗，对根腐病、茎枯病、有较高的耐病性。高耐镰刀菌及锈菌，对石刁柏潜伏病毒Ⅱ有免疫力。

三、栽培技术

（一）培育壮苗

露地一年分三期播种，而大棚可四季播种，一般苗龄为2个月左右，可直播育苗和营养体育苗，培育壮苗。

1. 种子处理

先将种子清洗，然用40~50℃的温水浸泡，反复搓擦，除去表面蜡质层，再用25~30℃的温水浸2~3天，每天早晚各换一次水。浸种后沥干保湿在25~30℃条件下催芽，待部分露白时播种。

2. 苗期管理

播后适当浇水，并覆盖稻草，保持床土湿润，以利出苗，20%幼苗出土即可揭草，要防止揭草过迟伤苗。春播小拱棚出苗70%以上，要及时通风换气，特别晴天中午要揭膜降温，膜内温度不得高于30℃，以防高温烧苗。气温超过20℃时，应及时揭膜，加强光照，锻炼壮苗。夏秋季齐苗后应揭去阴棚。苗高10厘米及时中耕除草追肥，前期5~7天，中后期10~15天各浇施一次加有40%多·锰锌可湿性粉剂（芦笋青）600倍的淡肥水，保证壮苗，营养钵育苗每钵保留壮苗1株。

（二）栽培密度合理

芦笋宜单行种植。根据大棚跨度，一般6米棚种四畦，行距1.5米，株距35厘米；8米棚则种五畦，行距1.6米，株距30厘米。棚内母株要及时整枝、疏枝和打顶，既提高光合效能，又增强通风透气，避免发生病害，培育优良的植株群体。

（三）适期留养母茎

1. 提前清园消毒，留养秋母茎

露地一般于9月上中旬进行，而大棚栽培于8月25日左右，将部分枯黄的母株清除，彻底清园，用40%多·锰锌可湿性粉剂浇洒畦面消毒。选择晴好天气，将直径1厘米以上、无病虫斑、生长健壮的嫩茎作为母茎，每棵盘留养母茎20根左右，做到母茎粗壮、无病，分布均匀。

2. 适时留养春母茎

大棚比露地早一个月留养春母茎。3月底4月初进行土壤消毒，再适量留养春母茎。一般二年生芦笋留2~3根，三年生留3~4根，四年生以上留5~6根，棵盘大的可适当多留。

（四）施肥

1. 施足基肥

足量的有机肥是芦笋高产的基础，尤其是大棚栽培，同时应慎用化肥。根据芦笋生长发育不同时期全年施3次肥，第一次冬腊肥，即在12月中下旬冬季清园后，每亩沟施腐熟有机肥1 000千克，或施有机复合肥50千克加三元复合

肥30千克；第二次夏笋肥，春母茎留养成株后，4月下旬，每亩沟施腐熟有机肥1 000千克，三元复合肥15千克或有机复合肥50~100千克；第三次重施秋发肥，于8月底至9月上旬每亩施腐熟栏肥3 000千克，三元复合肥30千克，或有机复合肥100~150千克。

2. 合理追肥

大棚采冬春笋期一般不施。夏笋采收期一般在5月下旬开始，前期隔20天，后期隔15天左右，每亩施有机复合肥30千克。

在秋母茎留养后，视植株长势追肥。一般隔15天左右施一次追肥，每亩施有机复合肥20~30千克，中后期隔7~10天喷一次1 500倍的绿丰宝营养液，延长植株绿叶期，提高光合效能。同时可以结合滴灌或肥水同灌（水肥一体化）施于芦笋棵盘。

（五）大棚覆膜管理

1. 提早覆膜

为了充分发挥大棚栽培的潜在效益，应适当提早覆膜，一般于11月中下旬盖膜，提早覆膜可促进芦笋冬季出土，供应春节市场。12月下旬植株枯黄后，进行一次彻底的清园和土壤消毒。

2. 湿度管理

盖膜前施足肥水，最好是雨后土壤潮湿再盖膜。如遇连晴久旱，则要在傍晚沟灌跑马水，切不可漫灌，以免棚内湿度过高引发芦笋病害。在以后的采收期，也应注意补水，最好使用滴灌灌水。

3. 温度管理

（1）三膜覆盖保温。一般采用大棚套中棚和小拱棚，起到较好的保温效果。如遇到气温低于−2~3℃时，须在棚两侧（或小拱棚上）加盖草帘防冻保温。

（2）通风降温。11月下旬盖膜，还会遇到个别高温天气，如中午气温达35℃以上，同应掀裙膜通风降温。翌年春季遇高温也应及时通风降温。

（六）四季盖膜－避雨栽培

雨水是诱发芦笋茎枯病的主要因子。四季盖膜对芦笋生产十分有利，第一，芦笋避雨生长，减轻芦笋病害的发生，减少农药的用量，达到芦笋无污染、无农残；第二，在高温炎热的夏季，四季盖膜可隔热降温，因顶膜能避免阳光直射，又四周通风，棚内温度相对较低，有利于芦笋正常生长；第三，四季盖膜结合防虫网和滴灌技术，有利芦笋健壮生长，减少害虫为害，可大幅度减少农药用量，明显降低农药残留量，实现芦笋质量安全，和优质高产高效；第四，冬季盖膜，可使芦笋早采，实现春笋冬采，增产增收。

（七）采收与保鲜

当嫩茎长到商品高度25厘米左右时，沿地表下基部直接拔出，采收后放于阴凉处，及时分级包装待销售，数量多时，采收后6小时要完成预冷，一般采用冷库冷却空气预冷，控制1~5℃。贮存新鲜芦笋要采用泡沫箱或塑料箱等盛具嫩茎直立放置，以控制温度0~1℃，相对湿度90%~95%为宜；运输期间温度为1~2天在1~5℃，2~3天在1~2℃；以保证芦笋嫩茎新鲜。

第十三节　苦荬菜

苦荬菜又叫苦麻菜、苦苣等，为菊科莴苣属以食用嫩叶为主的一二年生草本植物栽培种。原为野生植物，经长期人工驯化、选育，现已成为新昌县广泛栽培的蔬菜品种之一。苦荬菜的嫩叶可生食、炒食、凉拌、做汤皆宜，近年又时兴剥茎梗皮炒食。苦荬菜营养价值高，其嫩茎叶中含蛋白质3%、脂肪1%，并含有多种维生素、17种氨基酸和钾、钙、磷、钠、铁、铜、镁、锌等微量元素，具有清热解毒、开胃健脾、清心明目、补虚止咳、凉血止血等功效。笔者通过多年的摸索，总结出一套苦荬菜设施高产优质栽培技术，上市时间可提早至春节上市，较露地栽培早3个月左右。

一、生物学特性

苦荬菜根系较浅，须根发达，主根短小；株高30~100厘米，茎中空，茎叶折断处含有乳白色汁液；叶片长20~50厘米，宽4~8厘米，互生，按叶片形状可分圆叶、尖叶和花叶3种类型；种子黑色，扁平、卵形或椭圆形。

苦荬菜喜温暖湿润气候，既耐寒又抗热。土壤温度5~6℃时，种子即可萌发，15℃以上生长加快，25~35℃时生长最快。夏季35~40℃高温条件下，水肥供应充足，生长旺盛，产量极高；成株也可抵抗-5℃低温。苦荬菜需水分较多，但不耐积水。各种土壤均可种植，耐轻度盐碱。

二、品种选择

苦荬菜属于野生蔬菜，均采用自繁留种。现有栽培的苦荬菜主要有2种类型：一是披针形，不分裂；二是披针形，羽状深裂。

三、栽培技术

（一）土壤和播种期选择

1. 土壤选择

苦荬菜耐旱，对土壤要求不严格，各类土壤均可种植，但不宜连作。应选择向阳、地势较高的菜园地、缓坡地、台地，以土质疏松、肥沃，排水良好的砂壤土为最佳。

2. 播种育苗

苦荬菜设施大棚栽培以11—12月播种为佳。播前应晒种一天，提高发芽率。因苦荬菜种子细小，需掺入4倍沙土，然后均匀撒入苗床，覆土0.5~1厘米，浇足水分，播种后4~6天再浇一次水，保持田间湿度；苗长到2~3片真叶时间苗，去弱苗留壮苗。休眠期已经结束的种子，播种后3~4天便可以出苗。育苗移栽每亩大田需种量0.2~0.5千克。

（二）整地施肥

1. 肥料管理

苦荬菜根系较浅，故不需深耕。于定植前一周左右翻耕土壤，同时每亩撒施生石灰60~80千克，并加一些低毒杀虫杀菌剂，不仅能增加土壤中的钙素，还有利于减少地下害虫及土传病害为害。苦荬菜生长快、收割次数多、产量高，因而需肥较多。播前要施足底肥，每亩施腐熟有机肥2 000~3 000千克，缺磷土壤需增施过磷酸钙20~30千克，尿素10~15千克。

2. 整地作畦

苦荬菜不宜连作，应与豆类、茄果类、薯类等作物轮作。要求精细整地，耕深在20厘米以上，整平耙细，开沟作畦，按畦宽连沟140~150厘米作畦，跨度为6米的标准大棚作4畦，跨度为8米的大棚作5畦，铺设滴灌带，并覆盖银黑双色地膜，沟宽20~30厘米，深20厘米，以利于排水。

（三）移栽定植

播种后20天左右，当幼苗长至4~5片真叶时即可进行移栽。定植前苗床喷施一次杀菌杀虫混合液，带药移栽。按行距35厘米、株距35厘米左右，每畦定植4行，每亩定植4 500~4 700株。定植选择晴天上午进行，打穴放苗，定植后浇定根水，利于成活。

（四）栽培管理

苦荬菜定植成活后进行追肥。生长期间要注意浇水，前期浇水2~3次。雨季要及时排除渍水，以防烂根。苦荬菜以食叶为主，需氮较多。整个生长期追肥3~4次，施速效性氮肥，或进行叶面追肥，喷施0.5%的尿素溶液。以促进叶片生长，提高产量和质量。

（五）适时采收

苦荬菜产量高，当株高40厘米左右时，即可采收嫩叶食用，即每次每株只掰下外叶5~6片后，再让其生长，以待下次采收。每次采收的间隔为7天左右。每亩产量高达6 000~7 500千克。

（六）留种、采种

选择植株生长势较好、无病虫害的作为种株。苦荬菜花期长达20余天，种子成熟不一致，应于晴天随时采收，也可等大部分种子成熟时收割。置于避风向阳处晾晒3~5天后，敲打脱粒即可，每亩产种子25千克左右。

第十四节　双季鲜食小京生嫩花生

新昌小京生花生，是豆科落花生属一年生蔓生型草本植物，俗称小红毛花生、小洋生，是新昌地方传统名优特产。这是全国稀有的炒食花生品种，具有外形小巧玲珑、壳薄色黄白、面带光泽，果实香而带甜、油而不腻、松脆爽口、色、香、味俱佳的特点。该品种于明清时期引进，至今已有上百年的历史，清朝时期曾列为贡品，民国初期就驰名于祖国内地和港澳地区。1984年在全国炒食花生质量评比中获第一名，1985年10月在全国农产品展销会上质量列全国前茅，1998年以来分别被评为浙江省农业名牌产品、浙江省优质农产品金奖、中国国际农业博览会名牌产品等。1999年以来，新昌县先后成立了"新昌县小京生花生协会"，注册了"新昌小京生"证明商标，制订和颁布了《无公害小京生花生》省级地方标准，被国家质监总局列入《地理标志产品》品种。目前，年种植面积2.5万亩左右，以地膜覆盖种植收获老果为主，年产量3 500吨。近些年来，随着人们生活水平的提高，对食品乳嫩化提出了要求，而新昌小京生嫩花生鲜食具有香、甜、糯的特点，色、香、味、形俱佳，因此以嫩花生为收获对象的栽培技术也相应地得到了研究。

鲜食小京生嫩花生双季栽培，是指一年内在同一田块连续种植两季小京生嫩花生，亩产值7 000~8 000元，是一项新的高产高效种植模式，具有良好的应用前景。

一、生物学特性

小京生花生为蔓生型，传统栽培株高35~50厘米，分枝长度75厘米左右，有效分枝数20个以上。真叶一般为2对小叶组成，为偶数羽状复叶。叶形呈椭圆形，叶片边缘和叶柄茸毛较多。叶色一般浅绿色，新叶为黄绿色。

开花习性具无限开花结荚习性，一般在5:00~7:00开花，花的颜色为橘黄色，泥面上的扎针为淡紫色。

荚果果壳呈金黄色泽，果形细长、条直、匀称，中间腰部稍细，腰脐明显，腰脐线呈倾斜40°角左右；果尖呈鸡嘴型；表面麻眼浅而光滑，质地细腻、果壳薄而松脆。传统栽培结荚范围直径35~45厘米，单株结果数20个以上，以双荚果为主。百果重95~135克，出仁率65%~75%。果仁呈长椭圆型，种皮粉红色，百仁重56~65克。

小京生传统露地栽培全生育期160~170天，为迟熟品种。主要安排两种茬口种植：一是冬季休闲，次年4月中下旬播种，6月初始花，8月底终花，10月上旬收获。这一茬口花生一般分期开花扎针结果，6月梅季开始所扎针结的果，叫"梅子"；7月至8月上旬开花扎针结的果，叫"伏子"；8月中下旬开花扎针结的果为"秋子"，秋子的嫩子比率高，多不饱满。二是麦茬花生，一般在麦收后5月底播种，6月底始花，9月上中旬终花，10月中下旬收获，麦茬花生由于播种迟，无"梅子"。目前随着种植效益的提高，菜用嫩花生的增加，茬口呈现多样化格局。

小京生花生较抗旱、抗病、耐瘠薄，但怕积水，适宜于排水良好的疏松砂质壤土或轻石质黏土中生长。以玄武岩台地发育成的红黏土、棕泥土种植质量最佳。据测定，玄武岩台地红黏土的有机质含量1.54%，全氮0.09%，速效磷2.25毫克/千克、速效钾112毫克/千克，pH值5.6~6.0，阳离子代换量9.57毫克当量/100克干土；棕泥土有机质含量为0.50%、全氮0.09%、速效磷为6.05毫克/千克、速效钾为75.8毫克/千克，pH值为6.5~7.2，它的阳离子的代换量为28.28毫克当量/100克干土。绍兴市这类土壤集中分布于新嵊地区，是小京生优质高产的适生区。据新昌县气象站历年统计，4—10月平均温度，分别是16℃、20.6℃、24.3℃、28.7℃、27.9、23.6℃和18.1℃，适合小京生花生出苗、分枝、开花、扎针和结果的需要。年降雨量1 300毫米左右，主要集中为3—4月的春雨、5—6月的梅雨和9月的台风雨，而7—8月一般均有不同程度的伏秋旱，雨量少，气温高，地面蒸发量大，给小京生花生的开花扎针荚果发育带来很大的影响，是小京生花生难以高产的主要限制因子。因此，推行地膜覆盖，适时提早播种，争取在伏旱前多结"梅子"；保持结荚层土壤温湿度衡定，增结

"伏子""秋子"，是提高小京生花生产量的关键措施。

二、品种选择

小京生属豆科作物，是花生中的优良品种。其特点是壳薄光泽，香而带甜，油而不腻，松脆爽口，色香味俱佳。经测定，小京生果仁，含蛋白质27%，脂肪48%，营养价值比鸡蛋、牛奶还高。

三、栽培技术

（一）土壤选择

小京生系迟熟品种，双季栽培季节极为紧张。在地膜覆盖栽培情况下，需活动积温4 900℃以上。主要适宜在海拔100米以下的新昌三江两岸河谷盆地的沙性土壤上发展种植。

花生为地上开花、地下结果的豆科作物，忌连作，因此从高产出发要选择土层深厚，肥力中上，质地疏松，透气性好，排灌方便，以及年度间实行水旱轮作，或利用冬闲时期进行过渍水处理的土壤。

（二）水旱轮作

小京生忌连作，为缩短轮作年限及实现高产量，年度间要求严格实行"冬作－水稻－小京生－小京生"的水旱轮作方式。

第一季花生收获后，要迅速及时清理田间的茎秆、残膜。季节、土壤、水利等条件允许时，对土壤进行连续60小时以上的浸渍水处理，再排干水种植第二季。利用高温水浸削减花生土传病菌的侵染能力，淹灭地下害虫，稀释和淋洗花生自毒物质。当只有季节条件允许时，则要求让土壤在烈日下暴晒4~5天，其间进行多次翻动。

（三）整地覆膜

整地质量直接影响盖膜的质量和花生产量，因此要特别强调精细整地。

地膜覆盖是小京生花生双季种植必须采用的高产技术之一，主要是延长季节、增加积温、促进生育。具体要求是：前期提高土温，促进早期营养生长；中后期保持土壤水分，改善土壤理化性状，促进荚果生长发育。

如土壤杂草较多，要在播种后地膜覆盖前喷施除草剂封面。一般每亩用50%乙草胺乳油100毫升对水50千克，均匀喷施畦面。

（四）合理施肥

一般要求每亩施500千克以上腐熟有机肥、10~15千克高浓度复合肥、

25~50千克生石灰和0.5~1千克工业硼砂作为基肥。其中复合肥宜作种肥（不能与种子直接接触），第二季特别强调增加腐熟有机肥用量。

（五）适期播种

在单纯地膜覆盖情况下，一般正常年景以3月下旬播种为宜，过早可能影响出苗，过迟则可能影响第二季花生的收成。为提高花生播种时的土壤温度，要求提前覆盖地膜后播种。第二季宜先播种出苗后，再覆盖地膜，以减少高温对正常出苗造成影响，播种期不得迟于7月底。为争季节，提倡浸种催芽后播种。

（六）合理密植

第一季以行株距50厘米×30厘米，每亩4 500丛为宜。进入盛花期后开始封行时，若植株生长很旺盛有徒长趋势，立即喷施多效唑抑制生长，每亩用量为15%多效唑60~80克对水50~60千克。

第二季营养生长量远不及第一季，要增加密植，把行株距缩小到33厘米×30厘米，密度调高到每亩6 500丛以上，以充分发挥群体生产潜力。如营养生长期徒长明显，仍可应用低浓度多效唑抑制徒长。

（七）适时收获

一般在进入开花期后60天左右，根据果实充实成熟及市场需求情况，及时尽早分批收获，第一季在7月底前收获完毕；第二季最迟在降霜前收获完毕，一般地上部茎叶不死亡，地下花生能保持鲜活。

第十五节　甜玉米

甜玉米是禾本科属中的一个栽培亚种，以未熟果穗胚乳甜质籽粒为产品的一年生草本植物。是具有特殊风味和品质的幼嫩玉米，也称水果玉米，和普通玉米相比它具有甜、嫩、香等特点，因而得到广大消费者的喜爱，种植效益较好，种植面积逐年扩大，具有良好的发展前景。

一、生物学特性

（一）形态特征

1. 茎秆

玉米的秆直立，通常不分枝，高1~2.5米，基部各节具气生支柱根。须根系，除胚根外，还从茎节上长出节根：从地下节根长出的称为地下节根，一般

4~7层；从地上茎节长出的节根又称支持根、气生根，一般2~3层。主要分布在0~30厘米土层中，最深可达150~200厘米。茎直径2~4厘米，有节和节间，茎内充满髓，地上有8~20节，地下有3~7节，节间侧沟下方的节上着生腋芽，基部节间的顺芽可长成分枝。

2. 叶

全株一般有叶15~22片，叶身宽而长。叶鞘具横脉；叶舌膜质，长约2毫米，薄而短。叶片扁平宽大，线状披针形，剑形，互生，基部圆形呈耳状，无毛或具疣柔毛，中脉粗壮，明显，边缘微粗糙呈波状皱纹，正面有茸毛，叶片数与节数对等，叶片长80~150厘米，宽6~15厘米，叶路坚硬，有茸毛。叶窄而大，边缘波状，于茎的两侧互生。

3. 花

雌雄同株异花。雄穗开花一般比雌花吐丝早3~5天。雄花生于植株的顶端，为圆锥花序，分主轴与侧枝。雌花生于植株中部的叶腋内，为肉穗花序，外有苞叶，果穗中心有穗轴，充满髓质。小穗成对纵向排列，每一果穗有8~24行。花柱丝状，顶端分叉，称花丝，长20~30厘米。

4. 果实

颖果球形或扁球形，成熟后露出颖片和稃片之外，其大小随生长条件不同产生差异，一般长5~10毫米，宽略过于其长，胚长为颖果的1/2~2/3。花果期秋季。玉米雌花小穗成对纵列后发育成两排籽粒。谷穗外被多层变态叶包裹，称作包皮。所以玉米的列数一般为偶数列。

（二）生长习性

1. 温度

玉米是喜温作物，全生育期要求较高的温度。玉米生物学有效温度为10℃。种子发芽要求6~10℃，低于10℃发芽慢，16~21℃发芽旺盛，发芽最适温度为28~35℃，40℃以上停止发芽。苗期能耐短期-2~3℃的依温。拔节期要求15~27℃，开花期要求25~26℃，灌浆期要求20~24℃。

2. 光照

玉米是短日照植物，在短日照（每日8~10小时）条件下可以开花结实。光谱成分对玉米的发育影响很大，据研究白天蓝色等短波光玉米发育快，而早晨或晚上以红色等长波光发育快。玉米为C4植物，具有较强的光合能力，光的饱和点高。

3. 水分

玉米的植株高，叶面积大，因此需水量也较多。玉米生长期间最适降水量为410~640毫米，干旱影响玉米的产量和品质。而降水过多，影响光照，增加病害，倒伏和杂草为害，也影响玉米产量和品质的提高。玉米有强大的根系，能充分利壤中的水分。在温度高，空气干燥时，叶片向上卷曲，减少蒸腾面积，使水分吸收与蒸腾适当平衡。

4. 土壤

玉米对土壤要求不十分严格。土质疏松，土质深厚，有机质丰富的黑钙土、栗钙土和砂质壤土，pH值在6~8范围内都可以种植玉米。玉米从抽雄前10天到抽雄后25~30天是玉米干物质积累最快、吸肥最多的阶段，这个阶段吸收占总吸肥量70%~75%的氮、60%~70%的磷和65%的钾。

二、品种选择

选择适应性强、果穗均匀、品相好、特色明显的优质甜玉米品种。目前主要品种有先甜5号、金玉甜1号等。

（一）先甜5号

全生育期78~79天，株高217~248厘米，穗位高57~76厘米，穗长18.7~20.2厘米，穗粗4.7~5.4厘米，秃顶长1.2~2.2厘米。果穗圆筒，籽粒黄色，单苞鲜重296~438克，千粒重339~415克，出籽率72.61%，一级果穗率87.48%。植株整齐、壮旺，株型半紧凑，前中期生长势极强，叶色浓绿，后期保绿度好，抗病性和抗倒性强，适应性广。果穗粗大，穗型美观，籽粒饱满，甜度较高，果皮较薄，适口性较好。

（二）金玉甜1号

该品种生育期88.4天，株高206.7厘米，穗位高71.5厘米，穗长19.4厘米，穗粗4.8厘米，秃尖长1.6厘米。果穗长筒形，籽粒黄白相间，排列整齐。穗行数13.5行，行粒数36.1粒，鲜千粒重327.7克，单穗鲜重246.4克。感大、小斑病，高感茎腐病，感玉米螟。

三、栽培技术

（一）种子处理

尽量购买包衣种子，可以防治地下害虫及苗期的病害，播种时除去瘪粒、霉粒、破碎粒及杂质，防止田间缺苗、缺穗，影响产量。若不是包衣种子，可用15%粉锈宁等拌种药剂防病害，用高巧、辛硫磷等杀虫剂拌种，以防治地下害虫。播种前适当晒种，能提高发芽率，增强发芽势。

（二）适期播种

为了提早上市，防止集中上市和错开上市高峰，可以根据市场调节播期，早播可以采用大棚育苗移栽、地膜覆盖播种等方式，也可以二者结合。露地栽培，春季适播期为地温稳定在10℃以上，出苗期最好在当地的晚霜期过后。一般春播在3月中旬至4月上旬，设施栽培的可根据栽培条件提早到1月下旬至2月中旬；夏播在6月上、中旬，秋播在7月下旬至8月上旬为宜。

（三）合理密植

从生产实践看，一般每亩2 500~3 000株为宜，实际播种量可根据品种特性确定。播种方式可采用宽窄行种植，宽行80厘米，窄行50厘米。同时适时穴盘备苗，备苗应根据大田播种时间，调整备苗的播种时间，防止补苗时移栽导致玉米弱苗，保证玉米田块的整齐度。

（四）适当浅播

甜玉米种子的籽粒秕瘦，自身营养不足，幼芽顶土能力差，幼苗比较瘦弱，为了保证全苗，在播前精细整地，足墒下种，适当浅播，一般掌握播种深度为3厘米左右。

（五）田间管理

1. 田块选择

玉米在沙壤、壤土、黏土上均可生长，土壤pH值6.5~7.0最适，耐盐碱能力差。种植时宜选择土质肥沃、有机质含量高、排灌条件良好、土壤通透性好、保水保肥性能好的地块种植。

2. 种植要求

甜玉米对品质要求较高，为防止混杂，最好连片种植或隔离种植，以免影响果穗的品质和品相。隔离种植办法主要有空间隔离和时间隔离两种，空间隔离是种植玉米时，一般要求在其四周种植200米以上的其他作物作隔离带，防止其他玉米品种花粉传入田间，保证产品纯度；时间隔离主要利用错期播种或者育苗播种等错开品种间的花期，一般要求生育期相同的品种播期上间隔15天以上，也可先播早熟品种，后播晚熟品种，或者采取地膜覆盖、育苗移栽等措施，实现品种间避开花期。

3. 肥料管理

为提高甜玉米品质，整地时应施足底肥，增施有机肥，配方施肥。首先要施足底肥，每亩底施腐熟有机肥300~400千克、复合肥30~40千克，并施用适量的锌、硼等微肥；其次视苗追施拔节肥，即当玉米长到5叶期追施尿素；最后在大喇叭口时期重施攻穗肥，保证甜玉米穗大质优。甜玉米生长期较短，生长期内要求温暖多雨，如果在大喇叭、抽穗、扬花和灌浆期遇旱，可适当浇水以保证其生长需要。

4. 其他措施

甜玉米由于自身品种特性及种植时基肥较足，植株容易出现分蘖较多的情况，应在苗期及时去除分蘖。且部分品种具有多穗性，为提高果穗商品性状，每株要求只留单穗，发育确实好的可留两穗，其余果穗尽早除去。中耕培土最好在小喇叭口期进行，将株行间的土壤培在根部，以防倒伏。

（六）适时采收

甜玉米由于是采收嫩穗，且对品质要求高，适宜采收期短，采收过早，干物质和各种营养成分不足，营养价值低，采收过晚，表皮变硬，口感变差。甜玉米品种的收获最佳期只有1~2天。一般玉米穗苞叶开始发黄、花丝变黑，用手指挤压玉米粒，玉米粒凹陷仅有少量乳浆溢出为适宜采收期。根据不同品种春播在授粉后18~23天时收获，秋播20~25天时收获。同时可分批采收，采收后不宜久放，最好做到当天采当天销售，如需远距离销售，必须采取一定的保鲜措施，如及时速冻，以免糖分转化，水分蒸发，造成鲜度和品质下降，降低其商品性。

第三章　山地蔬菜栽培防控新技术

第一节　避雨设施栽培

避雨设施栽培是以避雨为目的，将薄膜材料覆盖在作物上方的一种新的栽培方式，是介于大棚栽培和露地栽培之间的一种类型，具有投资少、效益高等优点。

一、避雨栽培的优点

夏季具有气温高、暴雨频繁，有时有台风影响等特点，这样的天气条件对蔬菜生长非常不利。为了创造一个相对适合蔬菜生长发育的环境，在夏季蔬菜栽培上，进行避雨设施栽培，即利用大棚骨架覆盖遮阳网、防虫网进行覆盖栽培，达到避雨、降温、防病、改善品质、增加产量和防止水土流失等目的。

二、避雨栽培的蔬菜种类

避雨栽培的蔬菜种类，主要是喜冷凉的白菜、芹菜、芫荽、青菜等；同时，部分喜温蔬菜在春延后栽培时，也需要避雨条件，如番茄春延后栽培就属于这种情况；还有如夏黄瓜、夏瓠瓜、夏西甜瓜栽培，如能采用避雨栽培，则效果也非常理想，有时这些蔬菜在夏季只能采用避雨栽培。

三、避雨遮荫栽培的效果

采用避雨遮荫栽培，可以起到以下几方面的效果。

（一）改善环境条件

夏季是台风暴雨较为集中的时节，大雨所产生的冲刷力对蔬菜的生长非常不利，种子和幼苗被冲毁，肥料和土壤的流失，根系裸露，土壤板结。薄膜和遮阳网等的覆盖能有效地防止、减少或降低上述现象的发生。同时，薄膜和遮阳网还遮挡了夏季强烈的阳光，起到了遮荫降温的作用，改善了局部的小气候，使得蔬菜能较为正常的生长发育。

（二）减轻病虫为害

由于避免了雨水的冲刷和浸泡，依靠雨水或土壤传播的病害就不易蔓延，使得病害的发生就大为减轻。同时，一些生理性的病害，如日灼病和裂果等也不易发生。银灰色遮阳网的避蚜作用可降低病毒病的发生，防虫网覆盖基本可避免当季虫害的为害。

（三）提高产量，改善品质

因小气候得到改善，蔬菜的生长发育比较正常，加上病害发生减少，产量及品质都得到了明显的提高和改善。同时减少了以前栽培中因遇雨临时搭建遮雨棚、补播种和补苗，以及喷农药防治病虫害等大量工作，省工省本，提高工效。

四、避雨设施栽培的技术要点

（一）设施准备

利用大棚原有的骨架，在架的顶部盖上塑料旧薄膜，或者再盖上遮阳网和防虫网，防虫网可全棚覆盖或作围裙，有条件者可安装喷灌设施。

（二）播种

越夏避雨栽培的播种时间大致在6—8月，由于天气逐渐炎热，水分蒸发越来越多，播种的方法要视天气条件和作物种类决定直播或育苗。一般在7月中旬以前可采用育苗移栽的方法，而7月下旬开始因育苗移栽成活困难，可直播的蔬菜提倡直播，直播有时采用套种于前作之中。若采用直播的蔬菜必须在播种前施足有机肥作底肥，以利土壤的保水保肥。

（三）田间管理

夏季温度高，蔬菜生长速度快，田间管理应及时。此时，栽培技术措施应围绕避雨降温、减轻病害为中心。所以，肥水等管理也有别于冬、春季栽培。

第二节 网膜覆盖栽培

采用防虫网和农膜相结合的覆盖方式，即棚架顶盖农膜，四周围设防虫网，称作网膜覆盖栽培。网膜覆盖，避免了雨水对土壤的冲刷，既可保护土壤团粒结构、降低土壤湿度，又能起到防虫隔离的作用；尤其在连续阴雨或暴雨天气，可明显降低棚内湿度，减轻软腐病的发生。但遇晴热天气，应注意防止棚内高温为害。网膜覆盖，可利用前茬夏菜栽培的旧膜，降低成本。

网膜结合覆盖栽培主要应用于山地茄果类、瓜类、豆类等蔬菜生产及育苗。采用网膜覆盖栽培夏秋西、甜瓜及豇豆等豆类蔬菜，防虫效果明显，可减轻蚜虫传播病毒病的为害，大大降低病毒病发生率，栽培成功率大幅度提高。采用22目银灰色防虫网覆盖栽培豇豆，喷药次数和农药用量减少，产量产值明显增加，不仅可避免农药污染，还能有效解决连续采收蔬菜农药使用安全间隔期控制难题。

一、大棚膜选择

目前，大棚种类见表3-1，主要推广应用功能性棚膜，如EVA多功能薄膜等，其使用寿命、保温性、无滴性等方面有明显改进。

表3-1　农用薄膜主要使用性能

类别	产品	原料	薄膜厚度（毫米）	使用期限	薄膜特性	主要用途
棚膜	普通棚膜	高压低密度聚乙烯		3~6个月		覆盖小棚、做大棚边膜
	防老化薄膜	防老化剂+高压低密度聚乙烯			耐老化	
	多功能薄膜	防老化剂+红外阻隔剂+无滴剂+高压低密度聚乙烯	0.04~0.12	1~2年	耐老化、保温、无水滴	大棚顶部覆盖
	EVA多功能薄膜	防老化剂+红外阻隔剂+无滴剂+高压低密度聚乙烯+EVA树脂			耐老化、无水滴、高保温	
地膜	普通地膜	高压低密度聚乙烯	0.01~0.015	1个生产周期		畦面覆盖
	超薄地膜	线性聚乙烯	0.004~0.006		强度较高	

二、遮阳网选择

遮阳网是采用耐老化聚乙烯拉丝编织而成的，具有遮荫降温作用的网状覆盖物。遮阳网一般为黑色，也有绿色、银灰色等，主要用于夏秋高温季节的蔬菜育苗和栽培遮荫降温，覆盖后降温效果比较明显。在阳光直射条件下使用遮阳网，可使地面温度下降5~10℃、网内空间气温下降2~3℃，同时兼有缓解暴雨冲刷的作用。遮阳网也可用于冬季覆盖保温防冻。银灰色遮阳网还具有避蚜作用，防止虫媒病害传播，尤其是对阻止害虫迁移起到一定的作用。

遮阳网一般每一个密区为25毫米，编8根、10根、12根、14根和16根，产品规格见表3-2。

遮阳网的宽度规格有90厘米、150厘米、160厘米、200厘米、220厘米、250厘米。使用以12根和14根两种规格为主，宽度以160~250厘米为宜，每平方米质量45~49克，使用寿命为3~5年。

表3-2　遮阳网规格分类及遮光率（％）

规格	黑色网	银灰色网
SIW8	20~30	20~25
SIW10	25~45	25~40
SIW12	35~55	35~45
SIW14	45~65	40~55

三、防虫网选择

防虫网是采用聚乙烯拉丝编织而成的白色网状物，塑料细丝通过防老化处理，使用寿命可达2年以上。防虫网目多少、大小与防虫、通风效果有关，目数少，孔径大，防虫效果差，但通风效果好；目数多，孔径小，防虫效果好，但通风效果受影响，棚内温、湿度也会相应提高。因此，选择防虫网时要兼顾防虫和通风效果，生产上常用规格为20~30目，但防止烟粉虱等个体较小的害虫，宜先用40目以上的矩形防虫网。防虫网主要用于蔬菜防虫隔离栽培、无病虫育苗及脱毒苗培育，可采用全网覆盖或网膜结合覆盖方式。

第三节　穴盘育苗

育苗是蔬菜栽培的重要环节，优质壮苗为蔬菜丰产优质栽培提供良好的基础。传统的育苗方式采用床土播种育苗，定植时起苗裸根种植，根系损伤大，缓苗期长，主要用于移栽容易成活的白菜、甘蓝类等蔬菜。20世纪80年代推广营养钵育苗，采用直径6~10厘米的营养钵，主要用于茄果类、瓜类培育长龄大苗，进行早熟栽培。随着蔬菜种植面积的扩大，蔬菜土传病害日趋严重，如果营养土消毒不彻底，土传病害极容易通过营养土传播蔓延。因此，营养钵育苗已不适应当前蔬菜规模化生产的需要。

穴盘育苗是多孔穴盘中以草炭、蛭石、珍珠岩等混合轻型材料为育苗基质进行精量播种，通常一穴一粒，一次性成苗，是一项快速培育优质壮苗的新型蔬菜育苗技术。蔬菜穴盘育苗技术于1985年引入我国，20世纪90年代得到快速推广，发展穴盘育苗，在改革优化蔬菜瓜果育苗方式、提高育苗效率和抗灾能力、控制土壤病害传播、提升现代专业化育苗生产水平等方面均具有重要意义。

一、技术特点

穴盘育苗采用商品育苗基质一次装盘，无需配制营养土，既适合集约化育苗，又能用于分户生产，与传统的营养钵育苗相比，基质穴盘育苗具有显著的优越性。

穴盘育苗优点：简化工序，提高育苗效率；提高成苗率，节省成本；控制病虫害传播；适合规模化、专业化生产。穴盘育苗与传统育苗方式相比：播种后出苗快，幼苗整齐，成苗率高，节省种子量；苗龄短，幼苗素质好；根系发达、完整，移栽时伤根少，缓苗快，收获期提前；苗床面积小，管理方便，便于运输；不用泥土，基质通过消毒处理，苗期病虫害少。

二、穴盘选择

育苗穴盘按材质不同可分为聚苯泡沫穴盘和塑料穴盘，其中塑料穴盘的应用更为广泛。塑料穴盘一般有黑色、灰色和白色，多数种植者选择使用黑色盘，吸光性好，更有利于种苗根部发育。穴盘的尺寸一般为54厘米×28厘米，规格有32孔、50孔、72孔、128孔、200孔等。穴格体积大的装基质多，其水分、养分蓄积量大，水分调节能力强，通透性好，有利于幼苗根系发育，但同时可能育苗数量少，而且成本会增加。

蔬菜种植户可根据不同蔬菜的育苗特点选用穴盘。瓜类如西瓜、冬瓜、甜瓜、黄瓜育苗时多采用50孔或72孔；南瓜、番茄、茄子、辣椒采用32孔或50孔；油菜、生菜、甘蓝、青花菜育苗应选用128孔；芹菜育苗大多选用128孔或200孔。此外，使用过的穴盘可能会感染残留一些病原菌、虫卵，所以一定要进行清洗、消毒。方法是先清除苗盘中的残留基质，用清水冲洗干净（比较顽固的附着物用刷子刷净）、晾干，并用多菌灵500倍液浸泡12小时或用高锰酸钾1 000倍液浸泡30分钟消毒，还可用甲醛溶液、漂白粉溶液进行消毒。消过毒的穴盘在使用前必须彻底洗净晾干。

三、适用的蔬菜种类

综合考虑生产成本、投入费用、配套设施和栽培管理要求等因素，以下几类蔬菜适合采用穴盘育苗技术。

（一）十字花科蔬菜

包括西兰花、花椰菜、甘蓝和大白菜等，在夏秋高温季节采用穴盘育苗移栽优势明显，省工省本、增产增效。

（二）瓜类蔬菜

瓜类蔬菜种类多，全年适宜播种期较长，可充分利用育苗设施，分期分批进行。目前浙江省西甜瓜种植和瓜类嫁接换根育苗等已普遍采用穴盘育苗。

（三）茄果类蔬菜

夏秋番茄等蔬菜采用穴盘育苗具有抗台风灾害等优势，但由于穴盘育苗不能像营养钵育苗采取移钵控苗等措施，定植期的弹性相对较小，在定植阶段如遇低温、阴雨等不良天气而推迟种植时，容易引起秧苗徒长，所以对苗龄的控制要求较为严格。茄果类嫁接换根育苗普遍采用穴盘育苗。

（四）其他蔬菜

早春低温期的毛豆等育苗，可采用穴盘育苗移栽，有利于齐苗壮苗。芹菜、莴苣（包括生菜）、芦笋等也适合穴盘育苗。

四、播种育苗

（一）种子处理

为了防止出苗不整齐，通常要对种子进行预处理，即精选、温汤浸种、药剂浸（拌）种、搓洗、催芽等，种子经过处理后再播种。

（二）科学播种

1. 装盘

先将基质拌匀，调节含水量55%~60%。然后将基质装到穴盘中，尽量保持原有物理性状，用刮板从穴盘一方与盘面垂直刮向另一方，使每穴中都装满基质，而且各个格室清晰可见。

2. 压盘

用相同的空穴盘垂直放在装满基质的穴盘上，两手平放在空穴盘上轻轻下压，最好一盘一压，保证播种深浅一致、出苗整齐。

3. 播种

将种子点在压好穴的盘中，在每个孔穴中心点放1粒，种子要平放。注意多播几盘备用。

4. 覆盖

播种后覆盖原基质，用刮板从盘中的一头刮到另一头，使基质面与盘面相平。

5. 苗床准备

除夏季苗床要求遮阳挡雨外，冬春季育苗都要在避风向阳的大棚内进行。大棚内苗床面要耧平，地面覆盖一层旧薄膜或地膜，在地膜上摆放穴盘。

6. 浇水、盖膜

穴盘摆好后，用带细孔喷头的喷壶喷透水（忌大水浇灌，以免将种子冲出穴盘），然后盖一层地膜，利于保水、出苗整齐。

五、苗期管理

（一）温湿度调控

种子发芽期需要较高的温度和湿度。温度一般保持白天23~25℃，夜间15~18℃，相对湿度维持95%~100%。当种子露头时，应及时揭去地膜。种子以芽后下胚轴开始伸长，顶芽突破基质，上胚轴伸长，子叶展开，根系、茎干及子叶开始进入发育状态。幼苗子叶展开的下胚轴长度以0.5厘米较为理想，1厘米以上则易导致徒长，所以下胚轴伸长期必须严格控制温度、湿度、光照等，相对湿度降到80%，及时揭盖遮阳网，并注意棚内的通风、透光、降温。夜间在许可的温度范围内尽量降温，加大昼夜温差，以利壮苗。

（二）水肥调节

幼苗真叶生长发育阶段的管理重点是水分，应避免基质忽干忽湿。浇水掌握"干湿交替"原则，即一次浇透，待基质转干时再浇第二次水。浇水一般选在正午前，16：00后若幼苗无萎蔫现象则不必浇水，以降低夜间湿度，减缓茎节伸长。注意阴雨天日照不足且湿度高时不宜浇水；穴盘边缘苗易失水，必要时应进行人工补水。在整个育苗过程中无需再施肥。此外，定植前要限制给水，以幼苗不发生萎蔫、不影响正常发育为宜。还要将种苗置于较低温度下（适当降低3~5℃，维持4~5天）进行炼苗，以增强幼苗抗逆性，提高定植后成活率。

六、穴盘育苗的矮化

蔬菜穴盘育苗地上部及地下部受空间限制，往往造成生长形态徒长细弱，为穴盘育苗生产品质上最大的缺点，也是无法全面取代土播苗的主要原因，所以如何生产矮壮的穴盘苗是目前努力追求的方向。一般可利用控制光线、温度、水分等方式来矮化秧苗。

（一）光照

植物形态与光照有关，植物自种子萌发后若处于黑暗中生长，易形成黄化苗，其上胚轴细长、子叶卷曲无法平展且无法形成叶绿素，植物接受光照后，则叶绿素形成，叶片生长发育，且光照会抑制节间的伸长，故植物在弱光下节间伸长而徒长，在强光下节间为短缩。不同光质亦会影响植物茎的生长，能量高、波长较短的红光会抑制茎的生长，红光与远红光影响节间的长度。因此，在穴盘育苗生产上，要考虑成本，不宜人工补光，但在温室覆盖材质上，必须选择透光率高的材料。

（二）温度

夜间的高温易造成种苗的徒长。因此，在植物的许可温度范围内，尽量降低夜温，加大昼夜温差，有利于培养壮苗。

（三）水分

适当的限制供水可有效矮化植株并且使植物组织紧密，将叶片水分控制在轻微的缺水下，使茎部细胞伸长受阻，但光合作用仍正常进行，这样便有较多的养分蓄积至根部，用于根部的生长，可缩短地上部的节间长度，增加根部比例，对穴盘苗移植后恢复生长极为有利。

（四）常用生长调节剂

有矮壮素、多效唑、烯效唑等。另外，农药粉锈宁的矮化效果也好，但不宜应于瓜类，否则易产生药害。矮壮素的使用浓度是100~300毫克/千克，多效唑一般使用5~15毫克/千克，烯效唑的使用浓度是多效唑的1/2。

七、穴盘苗的炼苗

穴盘苗由播种至幼苗养成的过程中水分或养分几乎充分供应，且在保护设施内幼苗生长良好。当穴盘苗达到出圃标准，经定植至无设施条件保护的田间，面对各种生长逆境，如干旱、高温、低温等，往往造成种苗品质下降，定植成活率差。因此，如何经过适当处理使穴盘苗在移植、定植后迅速生长，穴盘种苗的炼苗就显得非常重要。

穴盘苗在供水充裕的环境下生长，地上部发达，有较大的叶面积，但在移植后，田间日光直晒及风的吹袭下叶片蒸散速率快，容易发生缺水情况，使幼苗叶片脱落以减少水分损失，并伴随光合作用减少而影响幼苗恢复生长能力。若出圃定植前进行适当控水，则植物叶片角质层增厚或脂质累积，可以反射太阳辐射，减少叶片温度上升，减少叶片水分蒸散，以增加对缺水的适应力。

　　夏季高温季节，采用荫棚育苗或在有降温的设施内育苗，使种苗的生长处于相对优越的环境条件下，这样一旦定植于露地，则难以适应田间的酷热和强光，出圃前应增加光照，尽量创造与田间比较一致的环境，使其适应，可以减少损失。冬季大棚育苗，大棚内环境条件比较适宜蔬菜的生长，种苗从外观上看，质量非常优良，但定植后难以适应外界的严寒，容易出现冻害和冷害，成活率也大大降低。因此，在出圃前必须炼苗，将种苗置于较低的温度环境下3~5天，可以起到理想的效果。

八、常见问题及解决方法

（一）不发芽

　　原因及解决方法分述如下。

　　一是水分过多，导致介质缺氧，种子腐烂，解决方法是选择合格可靠的介质，根据种子发芽条件的要求供给适宜的水分。

　　二是种子萌动后缺水，导致胚根死亡，解决方法是同上。易发生于西瓜。

　　三是种子被老鼠吃掉。这易发生于瓜类的育苗，注意防鼠。

　　四是拆包后未播完的种子，储存不当。种子应保存在低温干燥的地方，尤其是干燥条件，比低温更重要。一般情况在室温下保存，如干燥条件好，也可以保存较长时间。

（二）发芽率低

　　原因及解决方法分述如下。

　　一是水分过多或介质黏性重，引起介质氧气不足。解决方法是选择合格可靠的介质，根据种子发芽条件的要求供给适宜的水分。

　　二是水分较少或介质砂性重，发芽水分不足。选择保水性好的基质，根据种子发芽条件的要求供给适宜的水分。

　　三是发芽温度过高。应保证在适宜的温度下发芽。

　　四是发芽温度过低。这主要发生在冬季育苗，应做好增温措施。

　　五是施用基肥过多，引起盐分为害。应适当使用肥料，严格控制Ec。

（三）成苗率低

　　原因及解决方法分述如下。

　　一是病害。应进行基质消毒，种子处理，加强预防，经常观察，注意防治。

　　二是浇水过多，基质过湿，引起沤根死亡。注意浇水，干湿交替。

　　三是移出催芽室后湿度不够，引起"戴帽"。应保持合适的湿度。

四是虫害。应加强防治。

五是肥害、药害。应合理施肥、施药。

六是浇水时水流过大，使种苗倒伏死亡。应采用细喷头浇水。

七是除草剂残留。打过除草剂后应仔细清洗喷药工具。

八是浇水不及时，过干。注意浇水。

(四) 僵苗或小老苗

原因及解决方法分述如下。

一是早春温度低。保持适宜的温度。

二是生长调节剂使用不当。合理使用生长调节剂。

三是缺肥。注意施肥。

四是经常缺水。注意浇水。

五是喷药时施药工具矮壮素。多效唑等残留。打过矮壮素、多效唑后仔细清洗喷药工具。

(五) 徒长

原因及解决方法分述如下。

一是氮肥过多。平衡施肥。

二是挤苗。选择合适的穴盘规格。

三是光照不足。连阴雨天气应注意尽可能加强光照，并结合温度、水分供应以控制徒长。

四是水分过多、过湿。合理控制水分和湿度。

(六) 顶芽死亡

原因及解决方法有两条。

一是虫害如蓟马为害。注意防虫。

二是缺硼。增施硼肥。

(七) 叶色失常

原因及解决方法有三种可能。

一是缺氮引起的叶色偏淡。注意施肥。

二是缺钾会引起下部叶片黄化，易出现病斑，叶尖枯死，下部叶片脱落。增施钾肥。

三是缺铁会引起新叶黄化。补充铁肥，或施用叶面肥，增施全营养微量元素肥料。

第四节 节水灌溉

一、滴灌

滴灌是利用塑料管道将水通过直径约10毫米的毛管上的孔口或滴头送到作物根部进行局部灌溉。它是目前干旱缺水地区最有效的一种节水灌溉方式，水的利用率可达95％。滴灌较喷灌具有更高的节水增产效果，同时可以结合施肥，提高肥效一倍以上。可适用于果树、蔬菜、经济作物以及温室大棚灌溉，在干旱缺水的地方也可用于大田作物灌溉。其不足之处是滴头易结垢和堵塞，因此应对水源进行严格的过滤处理。

滴灌具有节水、节肥、省工、便于温湿度控制、有利保持土壤结构和改善产品质量、促进增产增效等优点。由于减少了大量灌溉用水，显著降低棚室内空气湿度，病害发生也受到相应抑制，农药施用量显著降低，可明显改善产品的质量。总之，较之传统灌溉方式，温室或大棚等设施园艺采用滴灌后，可大大提高产品产量，提早上市时间，并减少了水肥、农药和劳力等成本投入，经济效益和社会效益十分显著。

二、管灌

管灌是棚室生产中采用的另一种节水灌溉方式。就是用软管一端连接水源，另一端直接浇灌蔬菜植株。这样做避免了传统漫灌使灌溉用水在浇水的途中大量渗漏的缺点，节约了水资源，显著降低了棚内湿度，可有效抑制病害发生。

三、膜下暗灌

膜下暗灌就是棚室内所种蔬菜一律采取起垄栽培，在定植（播种）后接着用地膜将两垄覆盖，使两垄间形成空间，灌水时控制在膜下进行。这是早春或深冬棚室蔬菜保持地温、降低棚内湿度、控制病害发生的重要措施。在膜下进行暗灌时，一定要水流稳，不使水流冲出膜外和膜上，更要注意不能进行大水漫灌。另外，在膜下暗灌时还可随水流冲施液体化肥，减少有害气体的副作用。在操作中要保证膜下细流暗灌畅通，覆膜时，一定要绷紧和保证覆膜质量，使其膜下流水畅通无阻。

四、渗灌

渗灌是利用地下管道系统将灌溉水输入田间埋于地下一定深度的渗水管道，

借助土壤毛细管作用湿润土壤的浇水方法。渗灌具有以下优点：灌水后土壤仍保持疏松状态，不破坏土壤结构，不产生土壤表面板结，为作物提供良好的土壤水分状况；地表土壤湿度低，可减少地面蒸发；管道埋入地下，可减少占地，便于交通和田间作业，可同时进行灌水和农事活动；灌水量省，灌水效率高；能减少杂草生长和植物病虫害；渗灌系统流量小，压力低，故可减小动力消耗，节约能源。其主要缺点是：表层土壤湿度较差，不利于作物种子发芽和幼苗生长，也不利于浅根作物生长；投资高，施工复杂，且管理维修困难；一旦管道堵塞或破坏，难以检查和修理；易产生深层渗漏，特别对透水性较强的轻质土壤，更容易产生渗漏损失。因此，采用这种方法一定要根据当地设施投入和土壤结构等实际情况条件进行考虑。

五、微喷

微喷又称为微喷灌溉，是用很小的喷头（微喷头）将水喷洒在土壤表面。微喷头的工作压力与滴灌滴头差不多，它是在空中将水呈细雾散开。但是它比起滴灌而言，湿润面积大，水的流量要大一些，喷孔也更大一些；出流流速比滴灌滴头大得多，堵塞的可能性大大降低。

第五节　肥水同灌（水肥一体化管理）

一、肥水同灌的概念

肥水同灌（水肥一体化）技术是将灌溉与施肥融为一体的农业新技术。肥水同灌（水肥一体化）是借助压力系统（或地形自然落差），将可溶性固体或液体肥料，按土壤养分含量和作物种类的需肥规律和特点，配兑成的肥液与灌溉水一起，通过可控管道系统供水、供肥，使水肥相融后，通过管道和滴头形成滴灌、均匀、定时、定量，浸润作物根系发育生长区域，使主要根系土壤始终保持疏松和适宜的含水量，同时根据不同的作物的需肥特点，土壤环境和养分含量状况；作物不同生长期需水，需肥规律情况进行不同生育期的需求设计，把水分、养分定时定量，按比例直接提供给作物。

二、肥水同灌的技术要点

肥水同灌（水肥一体化）是一项综合技术，涉及到农田灌溉、作物栽培和土壤耕作等多方面，其主要技术要领须注意以下4方面。

(一) 滴灌系统

在设计方面，要根据地形、田块、单元、土壤质地、作物种植方式、水源特点等基本情况，设计管道系统的埋设深度、长度、灌区面积等。肥水同灌（水肥一体化）的灌水方式可采用管道灌溉、喷灌、微喷灌、泵加压滴灌、重力滴灌、渗灌、小管出流等。特别忌用大水漫灌，容易造成氮素损失，同时也降低水的利用率。

(二) 施肥系统

在田间要设计为定量施肥，包括蓄水池和混肥池的位置、容量、出口、施肥管道、分配器阀门、水泵肥泵等。

(三) 适宜肥料

肥料可选液态或固态肥料，如氨水、尿素、硫铵、硝铵、氯化钾、硫酸钾、硝酸钾、硫酸镁等肥料；固态以粉状或小块状为首选，要求水溶性强，含杂质少，一般不应该用颗粒状复合肥（包括中外产品）；如果用沼液或腐殖酸液肥，必须经过过滤，以免堵塞管道。

(四) 具体操作

1. 肥料溶解与混匀

施用液态肥料时不需要搅动或混合，一般固态肥料需要与水混合搅拌成液肥，必要时分离，避免出现沉淀等问题。

2. 施肥量控制

施肥时要掌握剂量，注入肥液的适宜浓度大约为灌溉流量的0.1%。例如灌溉流量为每亩50立方米，注入肥液大约为50千克；过量施用可能会使作物致死以及环境污染。

3. 灌溉施肥的程序

灌溉施肥的程序分3个阶段：第一阶段，选用不含肥的水湿润；第二阶段，施用肥料溶液灌溉；第三阶段，用不含肥的水清洗灌溉系统。

三、肥水同灌的实施效果

(一) 水肥均衡

传统的浇水和追肥方式，作物饿几天再撑几天，不能均匀地"吃喝"。而采用科学的灌溉方式，可以根据作物需水需肥规律随时供给，保证作物"吃得舒服，喝得痛快"。

（二）省工省时

传统的沟灌、施肥费工费时，非常麻烦。而使用滴灌，只需打开阀门，合上电闸，几乎不用工。

（三）节水省肥

滴灌水肥一体化，直接把作物所需要的肥料随水均匀的输送到植株的根部，作物"细酌慢饮"，大幅度地提高了肥料的利用率，可减少50%的肥料用量，水量也只有沟灌的30%~40%。

（四）减轻病害

大棚内作物很多病害是土传病害，随流水传播。如辣椒疫病、番茄枯萎病等，采用滴灌可以直接有效的控制土传病害的发生。滴灌能降低棚内的湿度，减轻病害的发生。

（五）控温调湿

冬季使用滴灌能控制浇水量，降低湿度，提高地温。传统沟灌会造成土壤板结、通透性差，作物根系处于缺氧状态，造成沤根现象，而使用滴灌则避免了因浇水过大而引起的作物沤根、黄叶等问题。

（六）增加产量，改善品质，提高经济效益

滴灌的工程投资（包括管路、施肥池、动力设备等）每亩约为1 000元，可以使用5年左右，每年节省的肥料和农药至少为700元，增产幅度可达30%以上。

第六节　农业防治

农业防治是指为防治蔬菜作物病虫害所采取的农业技术措施，以调整和改善蔬菜作物的生长环境，增强蔬菜作物对病虫的抵抗力，创造不利于病虫害生长发育或传播的条件，从而控制、避免或减轻病虫的为害。农业防治技术包括选用抗（耐）病虫品种、土壤（种子）处理、培育壮苗、合理轮作、嫁接换根、肥水调控、植株调整、清洁田园等等。这里着重介绍合理轮作、嫁接换根和土壤处理技术。

一、选用耐病抗虫品种

（一）抗病虫原理

抗病虫原理一般分两种，一种是机械抗病虫，也叫物理抗病虫，即抗病虫品种的作物表皮增厚，变硬，病虫不容易侵染和为害，或作物表面密生较长的

绒毛，主要害虫如蚜虫、粉虱等因口针短被绒毛托起不能取食为害，从而减少直接为害和传播病毒；另一种是通过育种方式将抗病虫或耐病虫的基因引入到抗病品种当中，使抗病品种对不同病害表现出一定的抗耐性。但是，抗病品种会随着种植年限的加长，病菌发生变化或抗性基因的改变，而使品种抗病性发生不同程度的变化。

（二）抗病品种

目前，在蔬菜生产中应用效果理想的抗病品种有以下一些种类。番茄抗根结线虫病系列品种：仙客5、仙客6、仙容8、秋展16等；番茄抗黄化曲叶病毒品种：浙粉702、浙杂301、浙粉701、浙杂501、金棚10号、飞天、光辉、阿库拉、忠诚、琳达、维拉、奥斯卡、斯科特、苏红9号等；抗西瓜枯萎病品种：苏星058、抗病苏蜜等。

二、轮作

（一）连作障碍

连作障碍表现在3个方面：一是表现为一些微量元素的稀缺。因为每次施入的肥料中有效成分基本都是已知的，例如氮、磷、钾等。而所种蔬菜所含的营养成分有几十甚至上百种，连续种植某一种蔬菜品种的情况下，土壤中一些微量元素自然就少了，蔬菜的正常生长就会受到影响。二是有毒有害物质的积累。蔬菜在生长的过程中要进行呼吸和排泄，而蔬菜主要通过根系排泄分泌物，这些排泄的物质对蔬菜是有害的甚至是有毒的，而长期种植某一类蔬菜，有毒有害物质就会逐年积累，就产生了对蔬菜生长不利的物质。三是土传病害病菌的积累。因长期单一种植某一类蔬菜，就特别容易为某种病菌提供适合它们的环境，这些病菌在这种舒适的环境里繁殖，数量越来越多，自然病害就越来越重。

（二）轮作原理

轮作必须遵循两条原理，一是尽可能选择亲缘关系远的不同科或不同大类的蔬菜进行轮作；二是从病虫发生为害考虑轮作的蔬菜要避免有相同的主要病虫，即选择病虫不喜欢为害的蔬菜进行轮作。

（三）合理轮作

蔬菜品种多，生长周期短，复种指数高，科学地安排茬口，进行合理的轮作换茬，可改善土壤的微环境，有效抑制病、虫、草的大发生，减轻其为害，恢复与提高土壤肥力，增加产量，改善品质。轮作是一项极其重要且十分有效的病虫害农业防治措施。

1. 不同蔬菜种类的合理轮作

不同蔬菜合理轮作，可使病菌和害虫失去寄主或改变生活环境，有效减轻或消灭病虫害。例如，葱蒜类后作种大白菜，可大大减轻软腐病的发生；瓜类、茄果类蔬菜与葱、蒜、叶菜等轮作，可明显减轻枯萎病、青枯病等土传病害的发生。

不同蔬菜对营养元素的需求量不同，在同一地块上连续种植某种蔬菜，就可能导致土壤中某些元素过度消耗，造成某些元素缺乏；同时，也可能使土壤中有些营养元素过剩，反过来影响蔬菜正常生长。不同种类的蔬菜实行合理轮作，能充分发挥扬长避短、拾遗补缺、互利互惠的作用。青菜、菠菜等叶菜类需要氮肥较多，番茄、辣椒、黄瓜等果菜类和马铃薯、芋芳等根茎类需要钾肥较多，它们之间合理轮作可以充分利用土壤中的各种养分。深根性的茄果类、豆类同浅根性的叶菜类、葱蒜类轮作，土壤中不同层次的肥料都能得到利用。豆类蔬菜有根瘤菌固氮，能提高土壤肥力，后茬可种植需氮较多的叶菜类蔬菜等。旱生蔬菜与水生蔬菜轮作，对克服连作障碍可起到事半功倍的效果。水生蔬菜（茭白、莲藕、水芹、慈姑、荸荠等）与其他旱生蔬菜轮作，能明显减轻连作障碍的发生，如茭白与豇豆轮作，豇豆土传病害可得到有效控制。

2. 菜稻轮作

蔬菜与水稻轮作，在减少蔬菜连作病害的同时，还能促进水稻优质高产。由于旱生蔬菜在生长过程中伴随着产生特定的土壤好气性有害生物如放线菌、真菌、有毒物质，当有害生物积累到一定数量时会引发病害，并造成蔬菜产量大幅度减产甚至绝收。通过旱生蔬菜与水稻轮作，在有水层的嫌气条件下，好气性有害生物会自然消失。同时，蔬菜的残花枯枝落叶遗留于稻田，有利于土壤有机质的积累。旱作季节，又能促进土壤的"矿化作用"分解有机质，从而增加土壤速效氮磷钾营养元素。实行菜稻轮作，不仅蔬菜可少发生或不发生由土壤引起的连作病害，又能实现水稻节肥节本优质高产。近年来，一些蔬菜产区推广应用大棚番茄－单季稻、大棚茄子－单季稻、大棚瓠瓜－单季稻、大棚莴苣－大棚甜瓜－单季稻等稳粮增效型菜粮轮作模式，增产增收效果明显。

同种蔬菜忌连作，同类蔬菜也忌连作。如瓜类、豆类、茄果类、葱蒜类、十字花科类等，都应与其他种类轮作，以避免病虫害的威胁。各种蔬菜的轮作年限不尽相同，西瓜受连作影响最大，最好每年轮作；番茄、茄子的轮作年限需3~4年；黄瓜、辣椒、山药、生姜的轮作年限需2~3年；白菜、芹菜、花菜等在没有严重发病地块可连作几茬，但需增施底肥。

三、嫁接防病

嫁接是把一种植物的枝或芽，通过切面直接组合的方式移接到另一种植物的茎或根上，使接在一起的两个部分长成一个完整的植株。

（一）嫁接原理

嫁接防病是利用抗病植物的根或茎来嫁接不抗病的植物的枝或芽，实现正常生产的一种利用栽培技术防治土传病害的方法。接上去的枝或芽叫做接穗，一般选用具2~4片叶的苗，嫁接后成为植物体的上部或顶部；被接的抗病的植物体叫做砧木，砧木嫁接后成为植物体的根系部分。嫁接时应当使接穗与砧木的形成层紧密结合，以确保接穗成活。

通常，选择的砧木往往为抗病力和抗逆性强的野生品种，这些品种的枝干相对于接穗都更加强壮，根系都更加发达，因此，嫁接以后植株抗地下病害和不良环境因素为害的能力将会大大增强，产量和品质也会得到一定的改善。

（二）嫁接方法

根据嫁接时接穗和砧木结合方式的不同，嫁接可以分为以下几种方法。

1. 顶芽插接

先用竹签去掉砧木苗真叶和生长点，同时将竹签由砧木子叶间的生长点处向下插入0.5~0.7厘米深，再将接穗苗由子叶下1厘米处用刀片削成约0.5厘米的楔形，在拔出竹签的同时将接穗苗插入，这是直插法。另一种插接方法是斜插法，用与接穗等粗的单面楔形竹签，将竹签的平面向下，由砧木苗一侧子叶基部斜插向另一侧；竹签尖部顶到幼茎表皮或刺透表皮，再在接穗苗子叶下1厘米处削成斜茬，在拔出竹签的同时将接穗苗幼茎斜连向下迅速插入。

2. 贴接

将砧木苗在第二片和第三片真叶之间用刀片斜切一刀，砧木苗下都留2片真叶，削成呈30°的斜面，切口斜面长0.6~0.8厘米。接穗苗上面留2叶1心，将接穗苗的茎在紧邻第三片真叶处用刀片斜切成30°斜面，斜面的长度在0.6~0.8厘米，尽量与砧木的接口大小接近，将削好的接穗苗切口与砧木苗的切口对准形成层，贴合在一起。对好接口后，用嫁接夹子夹住嫁接部位。

3. 劈接

砧木除去生长点及心叶，在两子叶中间垂直向下切削8~10毫米长的裂口；接穗子叶下约3厘米处用刀片在幼茎两侧将其削成8~10毫米长的双面楔形；把接穗双楔面对准砧木接口轻轻插入，使2个切口贴合紧密，最后用嫁接夹固定。

4. 靠接

先用竹签去掉砧木苗的生长点，然后用刀片在生长点下方0.5~1厘米处的胚茎自上而下斜切一刀，切口角度为30°~40°，切口长度为0.5~0.7厘米，深度约为胚茎粗的一半。接穗口方向与砧木恰好相反，切口长度与砧木接近。接穗苗在距生长点下1.5厘米处向上斜切一刀，深度为其胚芽粗的3/5~2/3。然后将削好的接穗切口嵌入砧木胚茎的切口内，使两者切口吻合在一起，用夹子固定好嫁接处或用塑料条缠好后再用曲别针固定好，使嫁接口紧密结合。

5. 断根嫁接

在砧木的茎紧贴营养土处切下，然后去掉生长点，以左手的食指与拇指轻轻夹住其子叶节，右手拿小竹签（竹签的粗细与接穗一致，并将其尖端的一边削成斜面）在平行于子叶方向斜向插入，即自食指处向拇指方向插，以竹签的尖端正好到达拇指处为度，竹签暂不拔出，接着将接穗苗垂直于子叶方向下方约1厘米处的胚轴斜削一刀，削面长0.3~0.5厘米，拔出插在砧木内的竹签，立即将削好的接穗插入砧木，使其斜面向下与砧木插口的斜面紧密相接。然后，将已嫁接好的苗直接扦插到装有营养土浇足底水的穴盘或营养钵中。注意营养土中的粪与肥料应比传统嫁接方法减少1/2~2/3，过高的养分不利于诱导新根。

6. 双根嫁接

先去掉砧木1的生长点，然后用刀片在生长点下方0.5~1厘米胚茎自上而下斜切一刀，切口角度为30°~40°，切口长度为0.5~0.7厘米，深度约为胚茎粗的一半。注意砧木1留一片子叶即可。然后再用同样的方法处理砧木2。接穗则用刀片两边削成一个楔形，切口长度与砧木接近。然后将削好的接穗切口嵌入两个砧木胚茎的切口内，使三者切口吻合在一起，用夹子固定好嫁接处或用塑料条缠好后再用曲别针固定好，使嫁接口紧密结合。

（三）成活期管理

1. 温湿度控制

嫁接后前3天温湿度要求较高，白天26~28℃，晚上22~24℃，温度高于32℃时要通风降温，以后几天根据伤口愈合情况把温度适当降低2~3℃，空气相对湿度在95%以上，防止接穗失水，影响伤口愈合。低湿时要喷雾增湿，但注意叶面不可积水。8~10天后进入苗期正常管理，白天22~24℃，晚上18~20℃，随着通风时间加长，湿度逐渐降低到90%左右，根据愈合情况接近正常苗湿度管理。

2. 光照控制

为防止阳光直接照射引起接穗失水萎蔫，嫁接后马上用遮阳网遮光，从第4天起可在早上和傍晚揭除遮阳网接受散射光，可允许轻度萎蔫，以后逐渐延长见光时间，7天后只在中午遮光，10天后按正常苗床管理。

3. 通风控制

一般情况下嫁接后前3天要密闭不通风，第4天开始通风，先是早晚少量通风，以后逐渐加大通风量、加长通风时间，通风时注意保持湿度在80%左右，8~10天后进入苗期正常管理。

（四）成活后管理

1. 肥水控制

成活后要适时控水，以有利于促进根系发育。一般情况下先浇一次清水，再施育苗专用营养液肥，两者交替使用。

2. 及时去萌蘗

砧木在高温高湿环境下萌蘗生长很快，影响瓜苗的正常生长，成活后应及时去除。

3. 病虫害防治

苗期病害主要有猝倒病、疫病、炭疽病、白粉病、叶斑病、霜霉病等，需定期合理喷药。可选择70%甲基托布津800倍液、64%杀毒矾600~800倍液、75%百菌清600倍液、20%斑潜净乳剂1 500倍液、72%农用链霉素4 000倍液等，杀虫、杀菌剂交替轮换使用，每7~10天喷雾一次。

四、土壤处理

蔬菜栽培过程中常发生立枯病、青枯病、根腐病、软腐病等多种病害。这些均与土壤传播发病有关，在播种或定植前进行土壤处理非常重要，不仅可减轻蔬菜多种病害，还可减少蔬菜生长期用药次数，减轻劳动用工，降低用药成本。土壤处理是利用药剂、高温和淹水等方法处理土壤，直接杀死或减少土壤病原微生物和害虫的农业措施，是减少土壤病虫害的有效措施。

（一）太阳能消毒

太阳能消毒指利用太阳能，通过大棚设施保温，促使土壤升高到一定温度，并维持一定时间，以杀灭土壤中有害病原菌的方法。这是设施栽培中比较实用的土壤物理消毒途径。在夏季换茬期间，选择晴天将蔬菜大棚完全密闭，必要时也可覆盖地膜或小拱棚，连续高温闷烤7~10天后翻耕，再闷棚7~10天，可杀灭青枯病、枯萎病、疫病等病菌。

（二）灌水浸田

菜地短期休耕两周，期间进行灌水浸田，灌水以没过畦面为宜，每次浸田时间至少7天，灌水浸田的时间最好选择在高温季节。采用灌水浸田的处理方法，改变菜地表层的微生态环境，减少土壤中的好气性有害生物；同时，通过水的浸泡和排灌流动，减少土壤中水溶性有害物质的积累。

（三）药液处理

每平方米菜地可用50%百菌清等杀菌剂50克，对水2~4千克，均匀喷洒于地面，随即覆盖地膜，封严，10~15天后揭去地膜，敞开3~4日，再整地一次即可播种、定植。或用100倍的福尔马林水溶液均匀浇在已整好的土壤上，泼浇的药液量以刚好湿透泥土为宜；泼浇后覆盖薄膜2~3天后揭开，再隔7~8天进行整地播种或定植。

（四）毒土撒施

每平方米整好的菜地用40%多菌灵或甲基托布津8~10克掺干土12~15千克，拌匀成毒土，撒入土壤，再定植或播种。也可用敌克松250克或乙磷铝2千克拌细土20~25千克撒施，再播种或定植。

（五）石灰氮消毒

石灰氮在土壤中分解产生氰胺和双氰胺，具有消毒、灭虫、防病的作用，可有效防治各种蔬菜的青枯病、立枯病、根肿病、枯萎病等病害，有效防止地下害虫和杀灭根结线虫，可减缓连作对作物带来的影响。石灰氮分解产生的氰胺对人体有害，使用时应注意防护，要佩戴口罩、帽子和橡胶手套，穿长裤、长袖衣服和胶鞋。撒施后要漱口，用肥皂水洗手、洗脸。施用地点不能与鱼池、禽畜养殖场太近，不宜施用在萝卜、芥菜等十字花科的蔬菜上，不宜与硫酸铵、过磷酸钙等酸性肥料混合施用。

石灰氮消毒流程如下。

1. 选择时间

选定作物收获并清洁田园（大棚）后，夏季天气晴朗的一段时间进行处理。

2. 均匀撒施药肥

每1 000平方米（1.5亩）施用稻草（最好铡成4~6厘米小段，以利于翻耕）等未腐熟有机物1~2吨、石灰氮80千克，混匀后撒施于土壤表面。

3. 深翻开畦

用旋耕机将药肥均匀深翻入土（30~40厘米深度为佳），以尽量增大石灰氮药肥与土壤质粒的接触面积，深翻、整平后"开畦"（高约30厘米，宽60~70厘米），尽量增大土表面积，以利于迅速提高土壤日积温，延长土壤高温的持续时间。

4. 密封灌水

用透明薄膜将土壤表面完全封闭，从薄膜下向畦间灌水，直至畦面湿透为止。

5. 密闭大棚

将大棚完全封闭（注意出入口、灌水沟处不要漏风），大棚破损需修理。晴天时，利用太阳光照射使20~30厘米深度的土层能较长时间保持在40~50℃（土表温度可达65℃以上），持续15~20天，即可有效杀灭土壤中的真菌、细菌、根结线虫等有害生物。

6. 揭膜晾晒

消毒完成后翻耕土壤，两星期后才可播种或定植作物。

第七节　物理防治

各种病原菌和害虫的生长发育都对环境条件有相应的要求，而且害虫在生长过程中均会表现出各种习性（如某些害虫有趋光性）。物理防治就是应用物理手段创造不利于病菌和害虫生长的环境，并阻隔其与蔬菜作物的接触，减少病虫害的发生和蔓延，从而减少化学农药的使用。

一、防虫网覆盖

（一）应用原理

防虫网是一种用来防治害虫的网状织物，形似窗纱，具有拉力强度大、抗热、耐水、耐腐蚀、耐老化、无毒无味等特点，具有透光、适度遮光等作用，还具有抵御暴风雨冲刷和冰雹侵袭等自然灾害的作用。它最大的用途就是有效阻止常见害虫进入大棚内。精心使用，寿命可达3~5年。防虫网覆盖栽培是一项防虫、增产实用环保型农业新技术，通过在棚架上覆盖防虫网，构建人工隔离屏障将害虫拒之网外，从而切断害虫（成虫）传播、繁殖途径。蔬菜防虫网除具有遮阳网的优点外，还可有效控制各类害虫，如菜青虫、小菜蛾、甜菜夜蛾、斜纹夜蛾、棉铃虫、蚜虫、美洲斑潜蝇、白粉虱等直接为害和由害虫传播的病害。此外，防虫网反射、折射的光对一些害虫还有一定的驱避作用。在苗期使用可提高菜苗的出苗率、成苗率和菜苗质量。

（二）使用要求

夏秋季节叶菜类、果菜类、瓜类、豆类蔬菜均可采用防虫网覆盖栽培，甘蓝类、茄果类、榨菜及芥菜等蔬菜秋季育苗正处于高温暴雨期，防虫网覆盖育苗，可减轻病虫为害，还可使秧苗免受暴雨袭击，减轻苗床土壤板结和肥料流失，提高成苗率。采用防虫网覆盖栽培，应掌握以下配套技术要求。

1. 注重品种选择

防虫网覆盖栽培时间主要在夏秋高温季节，应选用抗热、耐湿、抗病的蔬菜品种。

2. 合理选用防虫网

防虫网有不同规格，蔬菜生产用于防治大中型害虫通常使用20~30目，幅宽1~1.8米；防治小型害虫则需要40目以上的防虫网才能发挥应有的效果，特别是防治烟粉虱等更小害虫必须50目以上才能保证其防效。防虫网还有不同颜色，通常白色或银灰色的防虫网效果较好，如果需要强化遮光，可选用黑色防虫网。

3. 采用适当覆盖方式

全网覆盖和网膜覆盖均有避虫、防病、增产等作用，但对各种异常天气适应能力不同，应灵活运用。在高温、少雨、多风的夏秋天，应采用全网覆盖栽培。在梅雨季节或连续阴雨天气，可采用网膜覆盖栽培。

4. 实行全程覆盖

防虫网遮光率小，夏秋季节覆盖栽培不会对蔬菜作物造成光照不足影响。为切断害虫为害途径，整个生育时期都要进行防虫网覆盖，要先覆网后播种。

5. 加强田间管理

要施足基肥，减少追肥次数。浇水施肥可采用网外泼浇或沟灌，有条件的基地最好采用滴灌和微型喷灌，尽量减少入网操作次数。进出网时要及时拉网盖棚，不给害虫入侵机会。要经常巡视田间，及时摘除挂在网上或田间的害虫卵块，检查网、膜是否破损，如有破损应及时修补。大棚覆盖防虫网后，会在一定程度上阻碍棚内空气与外界的交换，造成棚内气温升高，湿度增大，对作物生长有一定不利影响。遇晴热高温天气，不管采用何种覆盖方式，都要采用遮阳、灌水等降温措施。

二、杀虫灯诱杀

(一) 应用原理

灯光诱杀是利用害虫的趋光、趋波、趋色、趋性等特性，将杀虫灯光波设定在特定范围内，近距离用光，远距离用波，加以害虫本身产生的性信息引诱成虫扑灯，再配以特制的高压电网触杀，使害虫落入专用虫袋内，达到杀灭害虫的目的一种物理防控害虫技术。通过诱捕，可以把具有趋光性害虫的虫源大量集中消灭；而不具有趋光性的夜行性害虫可以通过光波作用抑制或影响其正常活动，减少其为害。使用灯光诱杀不仅可以显著减少化学农药使用次数，保护害虫灭敌，还能延缓害虫产生抗药性。灯光诱杀具有操作简便、使用安全、投入低，效果稳定等优点。

目前农业生产上推广应用较多的杀虫灯为频振式杀虫灯。频振式杀虫灯诱杀的害虫主要有鳞翅目、鞘翅目等7个目20多科40多种害虫（成虫），诱杀量较大的害虫主要有斜纹夜蛾、甜菜夜蛾、小菜蛾、金龟子、银纹夜蛾、瓜绢螟、蝼蛄、蟓类、地老虎、豆野螟等。正确应用杀虫灯诱杀技术，能大大降低田间虫口基数，有效减少化学农药的使用。

（二）使用要求

1. 使用时间

蔬菜生产上一般在4月中旬装灯，10月下旬至11月上旬撤灯。每天的开灯时间一般为21：00至次日4：00。有光控系统的灯能根据自然光的亮度自动开关。

2. 安装密度

在区域空旷、屏障物少的蔬菜基地，安装密度以40~50亩一盏为宜，山地蔬菜基地可按30亩一盏的密度安装。

3. 挂灯高度

根据不同菜地类型及作物确定杀虫灯悬挂高度。山地蔬菜种植，由于农田不规则，挂灯高度可以1.5~1.8米为宜。蔬菜生长前期吊挂高度略低，生长后期灯的高度必须在植株顶端上部。

4. 使用期维护

杀虫灯的高压触杀网必须每天清刷1次，清刷时用网刷顺着高压网线轻轻刷，把网上虫子的残体及其他杂物清除干净，以利于保持杀虫灯的杀虫效果。清刷高压触杀网时必须关闭电源。杀虫灯的接虫袋必须3天清洗1次，夏秋高温季节，最好每天清洗1次，以防虫体腐烂发臭。

5. 闲置期维护

杀虫灯使用结束后应及时收回，对其性能做全面检测，根据使用说明科学保养，以确保以后正常安全使用。

但灯光诱杀也有许多限制因素。例如灯光诱杀技术必须要有电源，需要铺设电缆或采用太阳能作电源；需要在设灯面积相对较大的情况下才能取得理想效果；诱虫效果容易受外界强烈照明灯光干扰等。目前，一些地区蔬菜生产所选用的灯诱产品或多或少存在有待改进的技术问题，如光源对昆虫的选择性、有害光线对人和环境的影响、使用成本、使用安全性、自动化控制程度、结构和外观、以及对有益昆虫的伤害等。

三、色板诱杀

（一）应用原理

色板诱杀是利用害虫对颜色的趋性而开发的一种诱杀害虫方法，具有简便、无污染、不伤害天敌等优点。采用色板诱杀技术，尽管不能像使用化学农药那样急速扑灭害虫，但能显著减少施药次数和农药用量，减少环境污染；避免药剂对害虫无敌的大量杀害，延缓害虫产生抗药性，是目前控制害虫种群密度最简单有效的方法之一。

目前，生产上应用范围较广的色板有黄色板和蓝色板。黄板主要针对白粉虱、烟粉虱、蚜虫、美洲斑潜蝇、部分蝇类、部分蓟马、黄曲条跳甲等多种微小害虫，使用过程中表现出较好的诱杀作用，蓝板则主要对蓟马的诱杀效果较好。据试验，黄板可使蚜虫的虫口密度降低20%~40%。诱虫色板不仅可以杀死大量成虫，还可以确定准确防治时间。

目前，商品色板有塑料和纸质两大类，都自带黏虫胶。纸质色板价格便宜，可以降解，属环保型产品；塑料和其他有机材料制作的色板，成本较高，使用后处理不当会形成新的污染，所以务必注意废弃色板的妥善处理。

(二) 使用方法

1. 挂板时间

从苗期或定植期开始使用，并保持不间断使用。

2. 悬挂位置

矮生蔬菜，应将色板悬挂在高于作物上部约20厘米处，并随作物生长高度不断调整色板的高度。搭架蔬菜，应挂在两行中间，色板位于植株中部。

3. 悬挂密度

开始时，每亩可以悬挂3~5片诱虫板，以监测虫口密度。当诱虫板上诱虫量增加时，每亩地均匀悬挂规格为25厘米×30厘米的诱虫板30片或25厘米×20厘米诱虫板40片。

此外，根据害虫对颜色的趋性我们可以用废旧三合板、五合板、木板、纸板、油桶、大的饮料瓶等自制可以重复使用的黄板和蓝板，还可以自制诱杀害虫的黄盆和蓝盆，同样可以起到诱杀害虫作用。

四、驱避防治

驱避防治是利用害虫对一些植物分泌的气味或某些物质特别反感，会自然逃避远离这些植物的特性，使被保护植物免遭害虫为害的方法。这种防治害虫的方法简单实用，安全环保，无任何副作用。

(一) 驱避植物

引起阻碍或促进作用的植物就是驱避植物，也就是说驱避植物会散发令害虫讨厌的浓香或毒性物质，能阻碍周围的害虫接近，影响病菌正常繁殖。实际生产中可在菜园混合种植会散发害虫和鸟类讨厌气味的植物来防止害虫、鸟类接近为害；也可种植能分泌毒性物质的植物，来杀灭或干扰某些病虫的为害。驱避植物的作用主要包括杀菌、抵制病菌、防腐、防虫、杀虫等；此外，种植一些香草植物除了有驱避病虫的作用外还具有很高的经济收益，可谓一举两得。

驱避植物主要包括农作物类、花卉类、香草类和野草类等。农作物类有大蒜、大葱、韭菜、辣椒、花椒、洋葱、菠菜、芝麻、蓖麻、番茄等；花卉类有金盏花、万寿菊、菊花、串红等；香草类有紫苏叶、薄荷、蒿子、薰衣草、除虫菊；野草类有艾蒿、三百草、蒲公英、鱼腥草等。

（二）银灰膜避蚜

银灰色对蚜虫有较强的驱避性，有翅蚜虫见到银灰色物体就自然远离。利用蚜虫这种特性可在田间悬挂银灰色膜条，在棚室通风口设置银灰膜条，或用银灰色膜覆盖蔬菜来驱避蚜虫，预防蚜传携病毒病。

（三）引诱植物

对害虫具有很强的吸引力，能引起害虫大量聚集的植物就是引诱植物，也就是说这种植物可以引诱害虫过来取食、寻偶、交配、或产卵。人工按照一定方式和比例种植引诱植物，把大量害虫招引到引诱植物上集中杀灭，从而减少害虫对目标植物的为害，减少田间打药次数，起到保护目标植物的作用。

第八节　生物防治

一、生物农药

（一）生物农药的概念

生物农药是指利用生物活体或其代谢产物对害虫、病菌、杂草、线虫、鼠类等有害生物进行防治的一类农药制剂，或者是通过仿生合成具有特异作用的农药制剂。我国生物农药按照其成分和来源可分为微生物活体农药、微生物代谢产物农药、植物源农药、动物源农药4个部分。按照防治对象可分为杀虫剂、杀菌剂、除草剂、杀螨剂、杀鼠剂、植物生长调节剂等。就其利用对象而言，生物农药一般分为直接利用生物活体和利用源于生物的生理活性物质两大类，前者包括细菌、真菌、线虫、病毒及拮抗微生物等，后者包括农用抗生素、植物生长调节剂、性信息素、摄食抑制剂、保幼激素和源于植物的生理活性物质等。但是，在我国农业生产实际应用中，生物农药一般主要泛指可以进行大规模工业化生产的微生物源农药。

(二) 生物农药的优点

生物农药与化学农药相比，其有效成分来源、工业化生产途径、产品的杀虫防病机理和作用方式等诸多方面，有着许多本质的区别。生物农药更适合于扩大在未来有害生物综合治理策略中的应用比重。概括起来生物农药主要具有以下几方面的优点。

1. 选择性强，对人畜安全

市场开发并大范围应用成功的生物农药产品，它们只对病虫害有作用，一般对人、畜及各种有益生物（包括动物天敌、昆虫天敌、蜜蜂、传粉昆虫及鱼、虾等水生生物）比较安全，对非靶标生物的影响也比较小。

2. 对生态环境影响小

生物农药控制有害生物的作用，主要是利用某些特殊微生物或微生物的代谢产物所具有的杀虫、防病、促生功能。其有效活性成分完全存在和来源于自然生态系统，它的最大特点是极易被日光、植物或各种土壤微生物分解，是一种来于自然，归于自然正常的物质循环方式。因此，可以认为它们对自然生态环境安全、无污染。

3. 诱发害虫患病

一些生物农药品种（昆虫病原真菌、昆虫病毒、昆虫微孢子虫、昆虫病原线虫等），具有在害虫群体中的水平或经卵垂直传播能力，在野外一定的条件之下，具有定殖、扩散和发展流行的能力。不但可以对当年当代的有害生物发挥控制作用，而且对后代或者翌年的有害生物种群起到一定的抑制，具有明显的后效作用。

4. 可利用农副产品生产加工

目前，国内生产加工生物农药，一般主要利用天然可再生资源（如农副产品的玉米、豆饼、鱼粉、麦麸或某些植物体等），原材料的来源十分广泛、生产成本比较低廉。因此，生产生物农药一般不会产生与利用不可再生资源（如石油、煤、天然气等）生产化工合成产品争夺原材料。

(三) 生物农药的类型

1. 植物源农药

植物源农药凭借在自然环境中易降解、无公害的优势，现已成为绿色生物农药首选之一，主要包括植物源杀虫剂、植物源杀菌剂、植物源除草剂及植物光活化霉毒等。自然界已发现的具有农药活性的植物源杀虫剂有博落回杀虫杀菌系列、除虫菊素、烟碱和鱼藤酮等。

2. 动物源农药

动物源农药主要包括动物毒素，如蜘蛛毒素、黄蜂毒素、沙蚕毒素等。昆虫病毒杀虫剂在美国、英国、法国、俄罗斯、日本及印度等国已大量施用，国际上已有40多种昆虫病毒杀虫剂注册、生产和应用。

3. 微生物源农药

微生物源农药是利用微生物或其代谢物作为防治农业有害生物的生物制剂。其中，苏云金杆菌属于芽孢杆菌类，是目前世界上用途最广、开发时间最长、产量最大、应用最成功的生物杀虫剂；昆虫病源真菌属于真菌类农药，对防治松毛虫和水稻黑尾叶病有特效；根据真菌农药沙蚕素的化学结构衍生合成的杀虫剂巴丹或杀螟丹等品种，已大量用于实际生产中。

（四）生物农药的典型品种

1. 病毒类

病毒类生物农药品种主要有蟑螂病毒、斜纹夜蛾核型多角体病毒、甜菜夜蛾核型多角体病毒、菜青虫颗粒体病毒、苜蓿银纹夜蛾核型多角体病毒、棉铃虫核型多角体病毒、茶尺蠖核型多角体病毒、松毛虫质型多角体病毒、油尺蠖核型多角体病毒。

2. 细菌类

细菌类生物农药品种主要有球形芽孢杆菌、苏云金杆菌、地衣芽孢杆菌、枯草芽孢杆菌、蜡质芽孢杆菌、荧光假单胞杆菌。

3. 真菌类

真菌类生物农药品种主要有白僵菌、绿僵菌、淡紫拟青霉、蜡蚧轮枝菌、木霉菌。

4. 微生物代谢物

微生物代谢物类生物农药品种主要有阿维菌素、伊维菌素、氨基寡糖素、菇类蛋白多糖、多抗霉素、井冈霉素、嘧啶核苷类抗菌素、宁南霉素、浏阳霉素、农抗120、C型肉毒素。

5. 植物提取物

植物提取物类生物农药品种主要有苦参碱、藜芦碱、蛇床子素、小檗碱、烟碱、印楝素。

6. 昆虫代谢物

昆虫代谢物类生物农药品种主要有蟑螂信息素、诱虫烯、诱蝇。

7. 复方制剂

复方制剂类生物农药品种主要有苏云金杆菌+昆虫病毒、蟑螂病毒+蟑螂信息素、井冈霉素+蜡质芽孢杆菌。

二、昆虫性诱剂诱杀

(一) 应用原理

性诱控制是根据害虫繁殖特性，人工释放引诱害虫求偶、交配的信息物质来诱捕或干扰害虫正常繁殖，从而控制害虫数量的方法。在自然界中，多数昆虫的聚集、寻找食物、交配、报警等行为是通过释放各种不同的信息化合物来实现信息传递的。性诱剂是通过人工合成制造出一种模拟昆虫雌雄产生吸引行为的物质，这种物质能散发出类似由雌虫尾部释放的一种气味，而雄性害虫对这种气味非常敏感。性诱剂一般只针对某一种害虫起作用，其诱惑力强，作用距离远。

性诱剂诱杀害虫不接触植物和农产品，没有农药残留，不伤害害虫天敌，是现代农业生态防治害虫的首选方法。其优点是：使用方便、操作简单；干扰破坏害虫正常交配，使其不产生后代；无抗性产生；防治对象专一，对益虫、天敌不会造成为害；可以显著降低农药使用量，提高产品质量，改善生态环境。

(二) 应用方法

性诱控制害虫一般可通过2种方式：一种是迷向法，即在田间大量释放害虫性诱剂，使空气中始终弥漫性诱剂的气味，干扰雄虫寻找配偶，使雄虫因找不到雌虫交配，而后死亡；另一种是诱捕法，即在田间设置少量害虫性诱捕器，这种性诱捕器相当于陷阱一般，将雄性害虫引入诱捕器后杀灭，而雌性害虫因找不到雄虫交配而不能繁殖后代，从而达到控制害虫数量的目的。

1. 使用时期

不同使用时期对害虫的控制效果不同，应根据当地的害虫测报情况及以往经验，在害虫发生早期，虫口密度比较低时就开始使用，即在斜纹夜蛾、甜菜夜蛾、二化螟、小菜蛾等蔬菜害虫越冬代成虫始盛期开始使用。

2. 设置密度

一般每亩设置1个斜纹夜蛾专用诱捕器，每个诱捕器内放置斜纹夜蛾性诱剂1支；每1~2亩设置1个甜菜夜蛾专用诱捕器，每个诱捕器内放置性诱剂1支；每亩设置1~2个二化螟专用诱捕器，每个诱捕器内放置性诱剂1支；每亩设置3~6粒小菜蛾性诱剂，用纸质黏胶或水盆作诱捕器(保持水面与诱芯的距离为1厘米)。同一田块中，安装不同类型的诱捕器要保持一定距离隔离，以防昆虫受多种性信息素干扰而迷茫，影响诱虫效果。

3.设置高度

斜纹夜蛾、甜菜夜蛾诱捕器悬挂高度距地面高1米或在作物群体上方20~30厘米；小菜蛾诱捕器悬挂高度在作物群体上方10~20厘米；二化螟诱捕器悬挂高度距地面1~1.5米或作物上部20厘米左右。

4.使用要求

（1）由于性诱剂具有高度的敏感性，安装不同种害虫的诱芯，需要洗手，以免交叉污染。

（2）一旦已打开包装袋，最好尽快使用所有诱芯。

（3）每4~6周需要更换诱芯。

（4）适时清理诱捕器中的死虫，不可将死虫倒在大田周围，需要深埋。

（5）诱捕器可以重复使用，诱芯内的性信息素易挥发，需要存放在较低温度的冰箱中。

（6）多与其他防治方法合用，发挥综合防治的效果。

三、微生物菌肥

（一）微生物菌肥的概念

微生物菌肥是根据土壤微生态学原理、植物营养学原理、以及现代"有机农业"的基本概念而研制出来的。微生物肥料是以活性（可繁殖）微生物的生命活动导致作物得到所需养分（肥料）的一种新型肥料生物制品，是农业生产中肥料的一种（也称第三代肥料）。

微生物菌肥，含有多达10余种高效活性有益微生物菌，适用于各种作物使用，可活化养分，提高养分利用率，具有广普性，打破了普通生物肥的"专一性""局限性""专用肥"的固有弱点，这是其他生物肥料无法比拟的。可适用于各种类型的土壤，一般讲，凡是有植物生长的土地都可以施用微生物菌肥来进行改良土壤和减少化学肥料的使用而促进作物的生长。有助于让土壤重返自然状态，让土壤的pH值平衡至作物需要的程度。所有这些就是为了帮助提高土壤肥力，帮助消灭土壤、水和大气中的污染。

微生物菌肥是21世纪的新型肥料。它用现代生物工程即国际先进工艺生产的生物产品。是一种低炭、纯天然、无毒、无害、无污染的有机微生物菌剂，具有提高土壤肥力，增加土壤中有益微生物数量及活性，改善土壤活化性状，防止土壤板结；提高土壤保肥、保水，抗寒能力，迅速繁殖形成有益菌群增强作物抗病能力，增加土壤中的有机质，阻止病原菌入侵，减少植物的病虫害生长，促进农作物生长，提高农作物产量，改善和还原农产品品质等功能。

(二) 微生物菌肥的功效

1. 减少化肥用量

微生物经再增殖后含有大量的固氮菌，可以大大提高土壤中的中微量元素含量，减少氮磷钾和其他中微量元素的施用量；同时含有多种高效活性有益微生物菌，增加土壤有机质，加速有机质降解转化为作物能吸收的营养物质，大大提高土壤肥力，可减少化肥用量30%~60%。

2. 增产效果明显

增产效果视作物不同，高达20%~60%。还能改善作物和农产品的品质，使农民增收。

3. 重构健康的土壤，提高作物抵抗病虫害

(1)改良土壤板结，激发土壤活力，提供额外的天然植物生长的激素和抗生素。使根系发达，吸收能力增强，提高作物免疫力和抵抗力。

(2)抑制土壤中的真菌和线虫及植物根部病虫害，从根本上减少了农药的使用量。

4. 促进植物生长发育，提高抗逆能力

促进根系生长，在作物上具有开花整齐、保花、保果的效果；落叶期晚、抗早春病害的特点。防治早衰，抗重荐、抗倒伏、抗旱、抗寒。

5. 无毒、无害、无污染

用于生产无公害、环保、绿色有机农作物。

6. 减少温室气体排放

可以减少温室气体排放高达40%~50%，对环境友好。

7. 缓释、长效、高能

根据作物的需肥特点，每一时期有不同的需肥量，使作物不会出现前期旺长后期脱肥的现象。

(三) 使用方法

1. 底肥追肥

每亩用微生物菌肥1~2千克，与农家肥、化肥或细土混均后沟施、穴施、撒施均可。

2. 蘸根灌根

每亩用微生物菌肥1~2千克，对水3~4倍，移栽时蘸根或栽后其他时期灌于根部。

3. 拌苗床土

每平方米苗床用微生物菌肥200~300克，与苗床土混匀后播种。

4. 冲施

根据不同作物，每亩用微生物菌肥1~2千克与化肥混合，用适量水稀释后灌溉时随水冲施。

（四）使用注意事项

1. 选择质量合格产品，过期失效不能用

菌肥必须保存在低温（最适温度4~10℃）、阴凉、通风、避光处，以免失效。有的菌种需要特定的温度范围，如哈茨木霉菌需要保存在2~8℃的恒温箱内，有效期为一年，而一些芽孢杆菌要根据生产质量高低，主要是看芽孢化水平，芽孢化高的能保存一年半甚至更久，芽孢化不好的达不到半年就失效，所以应谨慎选择菌肥产品。不可以贪图便宜选择过期产品，这样的生物菌含量很少，失去功效，一般超过2年的生物菌肥要慎重选择。

2. 根据菌种特性，选择使用方法

在使用生物菌肥的时候，基施可用方法有撒施、沟施、穴施，也可以撒施一部分，剩余部分可以穴施效果更佳。不建议冲施生物菌肥，这样效果不佳，但是可以灌根，主要针对液体生物菌肥。

3. 尽量减少微生物死亡

施用过程中应避免阳光直射；蘸根时加水要适量，使根系完全吸附。蘸根后要及时定植、覆土，且不可与农药、化肥混合施用，特别是为防治根茎部病害，使用农药灌根，如多菌灵、噁霉灵、硫酸铜等药剂，真菌、细菌都能防治，但对菌肥中的有益菌也有杀灭作用，所以使用菌肥后不要再用农药灌根。

4. 为生物菌肥提供良好的繁殖环境

菌肥中的菌种只有经过大量繁殖，在土壤中形成规模后才能有效体现出菌肥的功能，为了让菌种尽快繁殖，就要给其提供合适的环境。

（1）适宜的pH值。一般菌肥在酸性土壤中直接施用效果较差，如硅酸盐细菌需要在pH值7~8土壤中生存，所以要配合施用石灰、草木灰等，以加强微生物的活动。

（2）微生物生长需要足够的水分，但水分过多又会造成通气不良，影响好气性微生物的活动，因此必须注意及时排灌，以保持土壤中适量的水分。

（3）生物肥料中的微生物大多是好气性的，如根瘤菌、自生固氮菌、磷细菌等。因此，施用菌肥必须配合改良土壤和合理耕作，以保持土壤疏松、通气良好。

5. 使用生物菌肥必须投入充足有机肥

有机质是微生物的主要能源，有机质分解还能供应微生物养分。因此，施用生物肥料时必须配合施用有机肥料，所以在使用菌肥时应与粪肥等有机肥一起施用，不但可加快有机肥的腐熟速度，而且能促进菌群的形成，提供菌肥的肥效。因此，必须供应充足的氮磷钾及微量元素。例如豆科作物生长的早期，必须供应适量的氮素，以促进作物生长和根瘤的发育，提高固氮量；施磷肥能发挥"以磷增氮"的作用；适量的钾钙营养有利于微生物的大量繁殖；钼是根瘤菌合成固氮酶必不可少的元素，钼肥与根瘤菌肥配合施用，可明显提高固氮效率。

6. 生物菌肥不宜与氮磷钾大量元素肥料共同使用

生物菌肥适合与有机质共同使用，但是与氮磷钾等复合肥料共用，能杀死部分微生物菌，降低肥效。

第九节　化学防治

使用化学农药通常是蔬菜病虫害防治的环节之一，也是影响蔬菜质量安全和农业生态环境安全的主要因子，合理使用农药，保证蔬菜生产的无害化，是无公害蔬菜生产中的关键问题。随着科学技术的迅速发展，高效、安全、生态型的农药新品种不断涌现，以及化学防治新技术的推广和普及，将必要的化学防治与其他防治方法合理结合，会取得到更显著的效益。

一、选择对口药剂，对症下药

蔬菜病虫种类多，为害习性不同，对农药的敏感性也各异。因此，必须正确识别防治对象，科学掌握农药的药效、剂型及其使用方法，做到对症下药，才能达到应有的防治效果。首先应正确识别病虫害种类，对症用药。如黄瓜霜霉病与细菌性角斑病，叶部表现的症状十分相似，但前者为真菌侵染所致，后者为细菌侵染所致，所选用的农药种类截然不同。其次，要了解农药的性能及防治对象。例如，扑虱灵对白粉虱若虫有特效，而对同类害虫的成虫则无效。抗蚜威只对桃蚜有效，而对瓜蚜效果差。甲霜灵对黄瓜霜霉病有效，但不能防治白粉病。

二、把握最佳防治时期

任何病虫草害在田间发生发展都有一定的规律性，根据病虫的消长规律，讲究防治策略，准确把握防治适期，选用适宜的农药，有事半功倍之效。蔬菜播种或移栽前，进行苗床、棚室消毒，土壤处理，药液浸种，药剂拌种等，有利于培育壮苗，减轻苗期病害。斜纹夜蛾、甜菜夜蛾幼虫应在大部分进入二三龄时防治，此时虫体小、为害轻、抗药力弱，用较少的药剂就可发挥较高的防治效果。菜青虫、小菜蛾春季防治应掌握"治一压二"的原则，即防治一代压低二代的害虫基数。夜蛾类害虫的防治应在傍晚时间，因为白天它们都躲在地下，施药对它们几乎没有效果。傍晚它们出来为害作物时施药，则防效显著。豆类、瓜类病毒病与苗期蚜虫有关，只要防治好苗期蚜虫，病毒病的发生率就能明显降低。

三、正确选择农药剂型

晴天可选用粉剂、可湿性粉剂、胶悬剂等喷雾防治；而阴雨天则应优先选用烟熏剂、粉尘剂烟熏或喷施，不增加棚内湿度，减少叶露及叶缘吐水，对控制霜霉病、灰霉病、白粉病等高湿病害有显著作用。

四、严格控制施药次数、浓度、范围和用量

防治病虫草害能局部处理时绝不大面积普遍用药，无公害蔬菜生产要尽量减少用药，施最少的药，达到最理想的防效。如黄瓜霜霉病常从发病中心向四周扩散，采用局部施药，封锁发病中心，可有效地控制病害蔓延。又如蚜虫、白粉虱等害虫栖息在幼嫩叶子的背面，因此喷药时必须喷头向上，重点喷叶背面。合理控制防效，如果杀虫效果85%以上，防病效果70%以上，即称为高效，切不可盲目追求防效而随意增加施药次数、浓度和剂量，以防病虫抗药性的产生以及蔬菜产品农药残留超标。

五、交替轮换用药

在同一地区连续、大量地长期使用同一种或同一类型农药，必然会导致害虫、病菌等有害生物产生抗药性，从而降低防治效果。合理轮换使用不同种类的农药，则是控制抗药性产生、保持药剂的防治效果和使用年限的重要措施之一。

六、合理混配药剂

采用混合药方法，可达到一次施药控制多种病虫为害的目的，但农药混配要以保持原药有效成份或有增效作用，不增加对人畜的毒性为前提。合理混配药剂可以起到兼治多种病虫和节省用工、降低成本的作用。一般中性农药之间可以混用；中性农药与酸性农药可以混用；酸性农药之间可以混用；碱性农药不能随便与其他农药混用；微生物杀虫剂（如Bt菌剂）不能同杀菌剂及内吸性强的农药混用；混合农药还应随混随用不可混合时间太长。

七、安全高效施药

运用先进的农药施用技术不但可以大幅度减少农药用量，可节省农药用量

50%~95%，同时还可大幅度减少或基本消除农药喷到非靶标（不是防治对象）作物上的可能性，从而显著减少对环境的污染。

（一）低量喷雾技术

通过喷头技术改进，提高喷雾器的喷雾能力，使雾滴变细，增加覆盖面积，降低喷药液量。传统喷雾方法每亩用药量在40~60千克，而低量喷雾技术用药量仅为3~13千克，不但省水省力，还提高了工效近10倍，节省农药用量20%~30%。

（二）静电喷雾技术

通过高压静电发生装置，使雾滴带电喷施的方法，药液雾滴在叶片表面的沉积量显著增加，可将农药有效利用率提高到90%。

（三）农药助剂应用技术

在药液中添加有机硅、矿物油等农药助剂，可大幅度增强药液的附着力、农药的扩展性和渗透力。如添加增效剂3 000倍液，通常可减少1/3的农药用量和50%以上的用水量，从而提高农药利用率和防治效果。

八、规范施药操作

使用农药时，一要注意自身安全，严格执行安全操作规程，杜绝农药生产性中毒；二要妥善处理好残药及农药包装材料，以免引起环境污染和人畜中毒。

发生生产性农药中毒事故的主要原因有：在高温季节喷洒高毒农药；没有开瓶盖工具时就用牙齿咬开；配药时不戴胶皮手套、用瓶盖倒药（易流到手上）、药液浓度增高；打药时不戴口罩、不穿鞋袜，只穿短裤、背心；打药器械质量差、发生故障多，有故障时带药用手拧、嘴吹等等。

施药时身体有不适的感觉，须立即离开施药现场，并脱去被农药污染的衣裤等，用肥皂清洗手、脸和用清水漱口，必要时及时送医院治疗。

本着对己、对人负责的态度，坚决杜绝在蔬菜上施用甲胺磷、克百威（呋喃丹）、水胺硫磷、氧化乐果、毒死蜱、三唑磷、百草枯等高毒高残留农药。同时，要严格执行农药安全间隔期，即应按照农药安全使用标准规定，在最后一次施药距收获的天数符合要求后才能采摘蔬菜上市，以确保上市蔬菜安全、优质，这也是控制和降低蔬菜中农药残留量的一项关键性措施。

第四章　山地蔬菜病虫害防控

第一节　茭白病虫害

茭白病害主要有锈病、胡麻叶斑病、瘟病、纹枯病等；虫害主要有二化螟、长绿飞虱等。

一、主要病害防治

（一）茭白锈病

1. 症状

茭白锈病主要为害叶片和叶鞘。发病前期，叶片正反面、叶鞘上散生稍隆起的褐色小疱斑（夏孢子堆），疱斑破裂后散出锈色粉状物；后期叶片、叶鞘呈现出灰色至黑色小疱斑（冬孢子堆），长条形，表皮不易破裂。严重时患部病斑密布，植株水分蒸腾量剧增，导致叶鞘、叶片枯死。

2. 病原和发病规律

病原为茭白单胞锈菌，属担子菌亚门真菌。

锈病以菌丝体及冬孢子在老株病残体上越冬。翌年在茭白生长期间，夏孢子借气流传播进行初浸染。病部产生的夏孢子可不断进行再侵染，使病害蔓延。生长季节结束后，病菌又在老株和病残体上越冬。通常天气高温多湿，偏施氮肥的田块有利发病。4—5月开始发病，产生夏孢子借气流和风雨传播，当24~30℃，茭白叶上有水膜5~6小时，则可产生芽管侵入茭白，潜育期5~6天，新产生的夏孢子堆在成熟后又散出分生孢子进行再侵染，一直到10月中旬才产生冬孢子堆。

3. 防治方法

彻底清除病残体及田间杂草。施用腐熟有机肥或有机活性肥，适当增施磷钾肥和锌肥，避免偏施氮肥。在分蘖后期，及时清除黄叶、病叶、枯叶，增强田间通风、透光。适当稀植、宽窄行栽培。最好与旱生作物轮种。高温季节适当深灌以降低水温和土温，控制发病。发病初期及时喷洒97%敌锈钠400倍液，或用80%代森锰锌可湿性粉剂600~800倍液，或用10%苯醚甲环唑微乳剂1 000倍液，或用25%丙环唑乳油2 000倍液，或用20%腈菌唑可湿性粉剂1 500倍液。隔7~10天再喷一次，在茭白孕前停止喷药。

（二）茭白胡麻斑病

1. 症状

此病又称茭白叶枯病。主要为害叶片。叶斑初为被褐色小点，后扩大为褐色椭圆形斑，大小和形状如芝麻粒，原称胡麻斑病。病斑常围有黄晕，湿度大时斑面生暗灰至黑色霉状物。发病严重时，病斑密布，有的联合为大斑块，终致叶片干枯。

2. 病原和发病规律

病原为茭白离蠕孢菌，属半知菌亚门真菌。

以菌丝体和孢子在老株或病残体上越冬。生产上茭白分蘖生长盛期遇有大于20℃的适宜温度，连续2天以上有雨或温度大于90%，日照少的天气开始发病，这种天气出现的时间早发病就早，反之则迟。一般在连阴雨天气出现15天左右开始发病，同样该病扩展也受降雨、湿度、光照等天气因素影响。生产上进入梅雨季节雨天多、雨量大病情扩展速度快。

3. 防治方法

茭白收获后早清园，以减少病原基数。连续种植几年后应换田轮作，可减轻病情。加强肥水管理，采用测土配方施肥技术，每亩施纯氮25千克、氯化钾15千克，钾肥施用时间宜早，最好作提苗肥，控病效果达40%~55%。茭白田要浅灌、勤灌、多露田，适时烤田控制无效分蘖，增强抗病力。发病初期可喷施20%井冈霉素可湿性粉剂1 000倍液，或用50%甲基硫菌灵可湿性粉剂500倍液，或用75%百菌清粉剂800倍液，或用30%苯醚甲环唑·丙环唑乳油2 000倍液，或用20%三环唑可湿性粉剂600倍液喷雾隔10天1次，连续防治2~3次。

（三）茭白瘟病

1. 症状

又称灰心斑病。主要为害叶片，病斑分急性、慢性、褐点3种类型。

（1）急性型。病斑大小不一，小的似针尖，大的似绿豆，病斑两端较尖，暗绿色，湿度大时叶背病部生灰绿色霉屋。

（2）慢性型。病斑梭形，四周红褐色，中央灰白色，湿度大晨产生灰绿色霉，该型症状是在干燥条件下由急性型转变来的。

（3）褐点型。是在高温干旱条件下产生的褐色斑点，老叶上易发病，致叶片变黄枯干。

2. 病原和发病规律

病原为稻梨孢霉，属半知菌亚门真菌。

病菌以菌丝体和分生孢子在老株或遗落在田间的病叶上越冬，翌年春暖后产生分生孢子，借风雨传播蔓延，茭白产生病斑后，又形成分生孢子进行再侵染。该病发病适温25~28℃，高湿利于分生孢子形成、飞散和萌发。在田间高湿持续24小时以上，有利该病的发生和流行，土壤温度低、阴雨连绵、日照不足则发病重。

3. 防治方法

结合冬前割茬，收集病残老叶集中烧毁，减少菌源。加强肥水管理，做好冬季施腊肥，春施发苗肥，提倡施用腐熟有机肥或有机复合肥，特别注意增施磷钾肥和锌肥，适时适度晒田，提高根系活力，增强茭株抗病力。发病初期可喷洒13%三环唑·春雷霉素350~400倍液，或用50%扑海因可湿性粉剂600倍液，或用50%多菌灵可湿性粉剂500倍液，或用50%异稻瘟净乳油600~800倍液，要求均匀喷雾。隔10天1次，连续防治3~5次。

（四）茭白纹枯病

1. 症状

为害叶片和叶鞘，以分蘖期至结茭期易发病。病斑初呈圆形至椭圆形，后扩大为不定形，形似地图或呈虎斑状。斑中部于露水干后呈草黄色；湿度在时呈墨绿色，边缘深褐色，病健部分界明显。病部可见蛛丝状菌丝缠绕，或由菌丝纠结成菌核。

2. 病原和发病规律

病原有性态为佐佐木薄膜革菌，属担子菌亚门真菌，无性阶段为立枯丝核菌，属半知菌亚门真菌。

主要以菌核遗落土中，或以菌丝体和菌核在病残体或杂草及田间其他寄主上越冬，成为初侵染源。再侵染主要靠田间病株，病菌借菌丝攀缘，或菌核借水流传播。田间遗落的菌核数量多，高温多湿或长期深灌及偏施氮肥的茭田发病重。

3. 防治方法

清除黄叶、病叶、枯叶，增强田间通风透光。适当稀植、宽窄行栽培。在用肥上，采取前促（分蘖）、中控（无效分蘖）、后补（催茭肥、促孕茭）的施肥策略，促进植株早生快发，壮而不过旺，稳生稳长，提高植株自身的抵抗力。在发病初期可用50%多菌灵可湿性粉剂800~1 000倍液，或用5%井冈霉素3 000~4 000倍液，或用50%扑海因可湿性粉剂700~800倍液喷雾，每7~10天喷一次，连喷两次。

二、主要虫害防治

（一）二化螟

1. 为害情况

二化螟是茭白的重要害虫。幼虫蛀茎或食害心叶，造成枯心苗、枯茎，减少基本苗数。结茭期蛀入肉质茎为害，产生枯茎和虫蛀茭，严重影响产量和品质，为害株田间呈聚集分布，中心明显。一般年份减产3%~5%，严重时减产在3成以上。二化螟除为害茭白外，还能为害水稻、玉米、高粱、甘蔗、油菜、蚕豆、麦类以及芦苇、稗、李氏禾等杂草。

2. 形态特征

螟蛾科的一种昆虫，俗名钻心虫，蛀心虫，蛀秆虫等。是禾本科作物的劲敌。幼虫蛀食茎秆，造成枯心。雄蛾翅展约20毫米，雌蛾25~28毫米。头部淡灰褐色，额白色至烟色，圆形，顶端尖。胸部和翅基片白色至灰白，并带褐色。前翅黄褐至暗褐色，中室先端有紫黑斑点，中室下方有3个斑排成斜线。前翅外缘有7个黑点。后翅白色，靠近翅外缘稍带褐色。雌虫体色比雄虫稍淡，前翅黄褐色，后翅白色。

卵扁椭圆形，有10余粒至百余粒组成卵块，排列成鱼鳞状，初产时乳白色，将孵化时灰黑色。幼虫老熟时长20~30毫米，体背有5条褐色纵线，腹面灰白色。蛹长10~13毫米，淡棕色，前期背面尚可见5条褐色纵线，中间三条较明显，后期逐渐模糊，足伸至翅芽末端。

3. 生活习性

二化螟幼虫为害禾本科植物，也取食十字花科蔬菜和各种杂草。二化螟成虫白天潜伏于植株下部，夜间飞舞，大多在午夜以前交配。雌蛾交配后，间隔一日即开始产卵，产卵在20：00~21：00时最盛。第一代多产卵于植株叶片表面距叶尖3~6厘米处，但也能产卵在叶片背面。第二代卵多产于叶鞘离地面约3厘米附近。第三代卵多产于植株叶鞘外侧。一只雌蛾能产卵2~3块，多者达10

余块，一般平均5~6块，共200~700粒。

二化螟以幼虫在植株茎内越冬。越冬期如遇浸水则易死亡，每年发生2~4代。

4. 防治方法

茭白采收后到越冬幼虫活动转移前，火烧茭墩和枯叶残株，或齐泥割掉茭白残株。在幼虫转移为害前，铲除田埂、田边杂草，消灭各代幼虫。灌深水灭蛹。在幼虫化蛹前，排干田水，使幼虫化蛹位置降低，待化蛹高峰期灌深水10~15厘米，过3~5天后排水，可杀死蛹。

药剂防治。在幼虫孵化期，每亩用Bt粉剂1 000倍液，或用30%阿维·氟酰胺悬浮剂1 500~3 000倍液，或用20%氯虫苯甲酰胺悬浮剂2 000~4 000倍液，或用1.8%阿维菌素乳油2 000倍液，每亩用量100千克细喷雾，一周后再喷一次。施药期间保持深3~5厘米浅水层3~5天，可提高防治效果。

(二) 长绿飞虱

1. 为害情况

成、若虫刺吸茭白汁液，被害叶出现黄白色至浅褐色或棕褐色斑点，后叶片从叶尖向基部逐渐变黄干枯，排泄物覆盖叶面形成煤污状，雌虫产卵痕初呈水渍状，后分泌白绒状蜡粉，出现伤口后失水，植株成团枯萎，成片枯死，不能结茭，减产30%~80%。

2. 形态特征

长绿飞虱，雄体长5~6.1毫米，雌体长5.7~7毫米，细长，体淡绿色，复眼、单眼黑色或红褐色；头顶突出在复眼前，细长，圆锥形，喙末端和后胫距齿黑褐色。前胸背板、中胸小盾片各具纵脊3条，整个中胸的长度与头顶前胸之和相等，雌虫外生殖器常分泌白绒状蜡粉状物。卵长0.7~1毫米，香蕉状，初半透明，乳白色至灰黄色。若虫共五龄，初乳白色稍透明，一龄后有蜡粉，腹端拖出的5根蜡丝似白绒状物，一二龄无翅芽，三龄后体变绿色，四龄前翅芽短于或接近后翅芽，五龄前翅芽完全覆盖后翅芽。

3. 生活习性

浙江年生4~5代，二三代后世代重叠，以滞育卵在秋茭白、野茭白等寄主叶脉、叶鞘内或枯叶中越冬。越冬卵于4月上中旬开始孵化，4月下旬至5月上旬进入盛期，6月上旬始见成虫，第一代发生期在6月上至7月下旬，第二代7月上旬至9月上旬，第三代8月中旬至10月中旬。产卵历期9~25天，产卵后2~3天进入产卵高峰期，成虫寿命3~7天。天敌有寄生蜂、蜘蛛、草蛉、瓢虫、青蛙等。

4. 防治方法

应于2月卵孵化前火烧茭白枯叶或全面割除，彻底清除田边塘沟杂草。

茭白封行前，掌握在6月上中旬越冬代二三龄若虫盛发时用70%吡虫啉水分散粒剂3 000~5 000倍液，或用10%吡虫啉可湿性粉剂1 500倍液，或用25%噻虫嗪水分散粒剂6 000倍液，或用25%噻嗪酮乳油1 000倍液，喷雾防治。

第二节　黄瓜病虫害

黄瓜病害主要有枯萎病、霜霉病、白粉病、细菌角斑病、疫病、病毒病等；虫害主要有蚜虫、斜纹夜蛾、瓜绢螟、黄守瓜（萤火虫）等。

一、主要病害防治

（一）黄瓜枯萎病

枯萎病又称蔓割病或萎蔫病，是瓜果类蔬菜的重要土传病害。病害为害维管束、茎基部和根部，引起全株发病，导致整株萎蔫，以致枯死，损失严重。

1. 症状

该病的典型症状是萎蔫。田间发病一般在植株开花结果后。发病初期，病株表现为全株或植株一侧叶片中午萎蔫，似缺水状，早晚可恢复；数日后，整株叶片枯萎下垂，直至整株枯死。主蔓基部纵裂；裂口处流出少量黄褐色胶状物，在潮湿条件下，病部常有白色或粉红色霉层。纵剖病茎，可见维管束呈褐色。幼苗发病，子叶变黄萎蔫或全株枯萎，茎基部变褐，缢缩，导致立枯。

2. 病原和发病规律

病原为半知菌亚门镰刀菌属真菌。

根茎部的霉层为菌丝、分生孢子和分生孢子梗。镰孢菌为土壤习居菌，可以厚垣孢子、菌核、菌丝和分生孢子在土壤、病残体、未腐熟粪肥中越冬。土壤中病菌可以存活5~6年，而且厚垣孢子和菌核通过牲畜消化道后，仍然具有侵染力。病菌在田间主要靠农事操作、雨水、地下害虫和线虫等传播，通过根茎部伤口和裂口侵入，然后进入维管束。病害基本只有初侵染，无再侵染或再侵染作用不大。

枯萎病菌致病机制有两个方面：一是菌丝和寄主细胞受到刺激后，产生胶状物质，堵塞导管，引起萎蔫；二是病菌分泌毒素，使细胞中毒而死，同时使寄主导管产生褐变。枯萎病菌是一种积年流行病害，具有潜伏浸染现象，幼苗期已经带菌，但多数到开花结果时才表现症状。枯萎病发生程度取决于初侵染菌量，连作地块土壤中病菌积累多，病害往往比较严重；此外，地势低洼，耕作粗放，施用未腐熟粪肥，土壤中害虫和线虫多，造成较多伤口，有利于病菌侵入，都会加重病害。

3. 防治方法

选用抗病品种，采用轮作嫁接等农业措施预防，育苗采用穴盘或营养钵，避免定植时伤根；减轻病害；施用腐熟粪肥；结果后，小水勤灌，适当多中耕，使根系健壮，提高抗病力。

苗床用50％多菌灵可湿性粉剂8克／平方米配成药土进行消毒；或每亩用50％多菌灵4千克配成药土，施于定植穴内。

发病初期，或在发病前进行药剂灌根预防和防治，用20％甲基立枯磷乳油1 000倍液，或用50％多菌灵可湿性粉剂500倍液，或用50％福美双可湿性粉剂500倍液，或用70％甲基硫菌灵可湿性粉剂500~600倍液，在植株周围灌根，每株用药液300~500毫升，也可喷雾，隔10天用药1次，连续3~4次。22.5％啶氟菌酯悬浮剂1 000~1 200倍液喷雾防治。

(二) 黄瓜霜霉病

霜霉病是蔬菜重要病害之一，发生最普遍，常具有毁灭性。

1. 症状

苗期和成株期均可发病。幼苗期子叶正面出现形状不规则的黄色至褐色斑，空气潮湿时，病斑背面产生紫灰色的霉层。成株期主要为害叶片。多从植株下部老叶开始向上发展。初期在叶背出现水浸状斑，后在叶正面可见黄色至褐色斑块，因为受到叶脉限制而呈多角形。常见为多个病斑相互融合而呈不规则形。露地栽培湿度较小，叶背霉层多为褐色，保护地内湿度大，霉层为紫黑色。

2. 病原和发病规律

病原为鞭毛菌亚门，霜霉科假霜霉属真菌。孢子囊梗由气孔伸出，常多根丛生，无色，末端小梗上着生孢子囊。病菌存在生理分化现象，有多个生理小种或专化型，为害不同的瓜类。

随着园艺设施栽培面积的不断扩大，病菌可在温室和大棚内，以病株上的游动孢子囊形式越冬，成为翌年保护地和露地植物的初侵染源。并以孢子囊形式，通过气流、雨水和昆虫传播。

病害的发生、流行与气候条件、栽培管理和品种抗病性有着密切的关系。病菌孢子囊形成的最适宜的温度为15~19℃；孢子囊最适萌发温度为21~24℃；侵入的最适宜温度为16~22℃；气温高于30℃或者低于15℃，发病受到抑制。孢子囊的形成、萌发和侵入时要有水滴或者高湿度。

当日平均气温在16℃时，病害开始发生；日平均气温在18~24℃，相对湿度在80％以上时，病害迅速扩展；在多雨、多雾、多露的情况下，病害极易流行。另外，排水不良、种植过密、保护地内放风不及时等，都可使田间湿度过大而加重病害的发生和流行。

此外，叶片的生育期与病害的发生也存在关系。幼嫩的叶片和老叶片较抗病，成熟叶片最易感病。因此，霜霉病以成株期最多见，以植株中下部叶片发病最严重。

3. 防治方法

选用抗病品种，一般抗病毒病的品种也抗霜霉病。与同科蔬菜实行2年以上轮作。合理密植，避免田间小气候湿度过大。也可以用25％甲霜灵可湿性粉剂或用40％乙磷铝可湿性粉剂进行拌种，用药量为种子重量的0.3％~0.4％。采用穴盘或营养钵培育壮苗，定植时。严格淘汰病苗。定植时，应选择排水好的地块，保护地采用双垄覆膜技术，降低湿度；在晴天的上午浇水，灌水适量。采用配方施肥技术，保证养分供给。及时摘除老叶或者病叶，提高植株内的通风透光性。

在发病初期用药，保护地每亩用45％百菌清烟雾剂（安全型）200~300克，分放在棚内4~5处，密闭熏蒸1夜，次日早晨通风，隔7天熏1次。或用5％加瑞衣粉尘剂1千克，隔10天1次。露地可以用75％百菌清可湿性粉剂500~600倍液，或用80％代森锰锌可湿性粉剂600倍液，或用69％烯酰吗啉可湿性粉剂2 000~2 500倍液，或用25％甲霜灵可湿性粉剂800倍液，或用15.8％丙森锌可湿性粉剂250~350倍液，或用64％杀毒矾可湿性粉剂500倍液喷雾防治。

（三）黄瓜白粉病

1. 症状

发病以叶片为主，严重时叶炳和茎上也有发生，叶的正、反面都有症状，以叶面为主，产生近圆形白色小粉斑，多时白粉连成片，甚至全叶满布白粉，后期为灰白色，并长出小黑粒点，病叶枯干发脆，但不脱落。

2. 病原和发病规律

病原为瓜类叉丝单囊壳，属子囊菌亚门真菌。该菌子囊囊果褐色到暗褐色，散生；附属丝4~8根，顶端呈二叉分枝。子囊1个。无性态称白粉孢，分生孢子串生，无色，腰鼓状、广椭圆形，分生孢子梗不分枝。

病菌以菌丝或分生孢子在寄主上越冬或越夏，成为翌年初侵染源。分生孢子借气流或雨水传播落在寄主叶片上，分生孢子先端产生芽管和吸管从叶片表皮侵入，菌丝体附生在叶表面，从萌发到侵入需24小时，每天可长出3~5根菌丝，5天后在侵染处形成白色菌丝丛状病斑，经7天成熟，形成分生孢子飞散传播，进行再侵染。产生分生孢子适温15~30℃，相对湿度80%以上，气温升高，湿度适宜，6∶00~15∶00有微风则适于孢子飞散，尤以中午至15∶00最适。分生孢子发芽和侵入的适宜相对湿度90%~95%，无水或低湿虽可发芽侵入，但该菌遇水或湿度饱和，易吸水破裂而死亡。在塑料棚、温室或田间，白粉病能否流行取决于湿度和寄主的长势。一般湿度大利于其流行，虽然低湿此菌可萌发，但高湿萌发率明显提高，所以，雨后干燥，或少雨但田间湿度大，白粉病流行速度加快，尤其当高温干旱与高温高湿交替出现，又有大量白粉菌源时很易流行，一旦流行常为害至拉秧。

3. 防治方法

发病初期，摘除病叶后用药，每隔5~7天一次，连续2~3次。药剂可用50%烟酰胺干悬浮剂1 200倍液，或用50%醚菌酯干悬浮剂5 000倍液，或用10%苯醚甲环唑水分散粒剂1 000倍液，或用4%四氟醚唑水乳剂1 000倍液，或用粉锈宁可湿性粉剂1 500倍液。保护地中也可用粉尘和烟雾剂，防治可用20%粉锈宁可湿性粉剂1 500倍液，或用12.5%烯唑醇可湿性粉剂800倍液喷雾。

(四) 黄瓜细菌性角斑病

细菌性角斑病是蔬菜生产上的主要病害，随着近年来塑料大棚栽培的普及，该病的为害日趋严重。

1. 症状

主要为害叶片，也为害茎、叶柄、卷须、果实等。叶片受害，先是叶片上出现水浸状的小病斑，病斑扩大后，因为受到叶脉的限制而呈多角形，黄褐色，带油光，叶背面无黑霉层，后期病斑中央组织干枯脱落，形成穿孔。果实和茎上病斑初期呈水浸状，湿度大时可见乳白色菌脓。果实上病斑可向内扩展，沿维管束的果肉逐渐变色，果实软腐，有异味。卷须受害，病部严重时腐烂折断。而霜霉病为害，受害叶片湿度大时，叶背面可见到黑色霉层，病斑不穿孔，无菌脓，发病后期变成黄褐色，空气干燥时，迅速干枯，并向上卷。

细菌性角斑病与霜霉病的主要区别如下。

（1）病斑形状、大小。细菌性角斑病的叶部症状是病斑较小而且棱角不如霜霉病明显，有时还呈不规则形。霜霉病的叶部症状是形成较大的棱角，明显的多角形病斑，后期病斑会连成一片。

（2）叶背面病斑特征。将病叶采回，用保温法培养病菌，24小时后观察。病斑为水渍状，产生乳白色菌脓（细菌病征）者，为细菌性角斑病；病斑长出紫灰色或黑色霉层者为霜霉病。湿度大的棚室，清晨观察叶片，就能区分。

（3）病斑颜色。细菌性角斑病的叶上病斑由变白、干枯、脱落为止。霜霉病叶面病斑末期变深褐、干枯为止。

（4）病叶对光的透视度。有透光感觉的是细菌性角斑病，无透光感觉的是霜霉病。

（5）穿孔。细菌性角斑病病斑后期易开裂，形成穿孔；霜霉病的病斑不穿孔。

2. 病原和发病规律

病原为丁香假单胞杆菌角斑病致病变种，属细菌界薄壁菌门假单胞菌属。该菌不耐酸性环境。生长的适宜温度为24~28℃，温度范围为4~39℃，48~50℃经过10分钟致死。

病菌附在种子内部或随着病残体落入土中越冬，成为翌年初侵染源。种子带苗率为2%~3%，病菌由叶片或伤口、气孔、水孔侵入，进入胚乳组织或胚根的外皮层，造成种子内部带菌。初侵染大都从近地面的叶片开始，然后逐渐扩大蔓延。此外，采种时，接触污染的种子，可致种子表面带菌。病菌在种子内可以存活1年，在土壤中的病残体上可以存活3~4个月。播种带菌种子后，出苗后，子叶发病，病菌在细胞间繁殖，病株病部溢出的菌脓，借棚顶大量水珠下落，或结露和叶缘吐水滴落、飞溅传播蔓延，进行多次重复侵染。除病菌数量以外，温度和湿度是角斑病发生的重要条件。温暖、多雨或潮湿条件发病较重。发病温度为10~30℃，适宜温度为18~26℃，适宜的相对湿度为75%以上，棚室低温高温有利于发病。病斑大小与湿度有关，夜间饱和湿度持续时间大于6小时，叶片病斑大；湿度低于85%，或饱和湿度持续时间不足3小时，病斑小；昼夜温差大，叶面结露重且持续时间长，发病重。在田间浇水次日，叶背出现大量水浸状病斑或菌脓。有时，只要有少量菌源，即可引起该病的发生和流行。保护地浇水后放风不及时，露地地势低洼积水，栽培密度过大，管理不严，多年连茬，偏施氮肥，磷肥不足等，均可诱发角斑病。

3. 防治方法

种子消毒。用50~52℃温水浸种20分钟，捞出晾干后，催芽播种，或转入冷水泡4小时，再催芽播种；用代森铵水剂为500倍液浸种1小时取出，用清水冲洗干净催芽播种；用40%福尔马林150倍液浸种1.5小时，或用100万单位硫酸链霉素500倍液浸种2小时，冲洗干净后催芽播种；也可以用新植霉素200微克／克浸种1小时，用清水浸3小时催芽播种。

培育无病种苗，用无病土苗床育苗。生长期和收获后清除病叶，及时深埋。保护地适时放风，降低棚、室湿度，发病后，控制灌水，促进根系发育，增强抗病能力；露地实施高垄覆膜栽培，平整土地，完善排灌设施，收获后，清除病株残体，翻晒土壤等。

药剂防治。可每亩选用77%氢氧化铜可湿性粉剂600倍液，或用20%噻菌铜悬浮剂500倍液，或用5％加瑞农粉尘1千克，喷雾防治，每7天1次，连续2~3次。也可以喷72％农用链霉素可溶性粉剂4 000倍液，或用77％可杀得可湿性粉剂600~800倍液等，连喷3~4次。

（五）黄瓜疫病

疫病是一种毁灭性病，温室、大棚和露地均有发生，病菌的寄主范围广，可侵染瓜类、茄果类、豆类蔬菜。

1. 症状

疫病在蔬菜的整个生育期均可发生，茎、叶、果实、根都可发病。苗期发病，茎基部暗绿色水渍状软腐，导致幼苗猝倒；或产生褐色至黑褐色大斑，导致幼苗枯萎。成株期发病，叶片出现暗绿色圆形或近圆形的大斑，直径为2~3厘米，后边缘为黄绿色，中央为暗褐色；果实先于蒂部发病，病果变褐软腐，潮湿时，表面长出白色稀疏霉层；干燥时，形成僵果挂于枝上；茎秆的病部变为褐色或黑色，茎基部最先发病，分枝处症状最为多见；如被害茎在木质化前发病，则茎秆明显缢缩，植株迅速凋萎死亡。

2. 病原和发病规律

病原为鞭毛菌亚门疫霉属真菌。病菌以卵孢子或厚垣孢子在病残体、土壤或者种子中越冬，其中土壤中的卵孢子可以存活2~3年，是次年病害的主要初浸染源。翌年病菌经雨水飞溅、灌溉水传播至茎基部或者近地面果实上，引发病害，出现中心病株。之后，病部产生的孢子囊借雨水、灌水进行多次再侵染。

疫病的发生与环境条件中的温湿度关系最为密切。病菌生长发育的温度为8~38℃，最适宜温度为30℃；田间温度为25~32℃，相对湿度超过85％时，病害极易流行。一般是大雨过后天气突然转晴，或者浇水后闷棚时间过长，温、湿度急剧上升，导致病害流行。另外，连作、积水、定植过密、通风透光不良的田块发病重。

疫病是一种发病周期短、流行速度异常迅猛的毁灭性病害。当土壤湿度在95％以上时，病菌只要4~6小时就可以完成侵染，2~3天就可以发生一代。

3. 防治方法

与茄科、葫芦科以外的作物实行2~3年的轮作；种子消毒可以用52℃温水浸种30分钟，或清水预浸10~12小时后，用1％硫酸铜浸种5分钟，拌少量草木灰，或72.2％普力克水剂1 000倍浸种12小时，洗净催芽；进入雨季，气温高于32℃，注意暴雨后及时排水，棚内应控制浇水，严防湿度过高；及时发现中心病株，并拔除销毁，减少初侵染源。

发病前，喷洒植株茎基和地表，防止初侵染；生长中后期，以田间喷雾为主，防止再侵染。田间出现中心病株和雨后高温多温时，应喷雾与浇灌并重。可以选用的药剂有50％烯酰吗啉可湿性粉剂1 500倍液，或用72.2％霜霉威水溶性液剂800倍液，或用50％扑海因（异菌脲）可湿性粉剂1 000倍液，或用64％杀毒矾可湿性粉剂600~800倍液。7~10天用药1次，共3~4次。

（六）黄瓜病毒病

1. 症状

病毒病症状十分复杂，田间常因多种病毒复合侵染而使症状表现复杂。可分为以下4种类型。

（1）花叶型。典型症状是病叶、病果出现不规则退绿、浓绿与淡绿相间的斑驳，植株生长无明显异常，但严重时病部除斑驳外，病叶和病果畸形皱缩，叶明脉，植株生长缓慢或矮化，结小果，果难以转红或只局部转红，僵化。

（2）黄化型。病叶变黄，严重时植株上部叶片全变黄色，形成上黄下绿，植株矮化并伴有明显的落叶。

（3）坏死型。包括顶枯、斑驳环死和条纹状坏死。顶枯指植株枝杈顶端幼嫩部分变褐坏死，而其余部分症状不明显；斑驳坏死可在叶片和果实上发生，病斑红褐色或深褐色，不规则型，有时穿孔或发展成黄褐色大斑，病斑周围有一深绿色的环，叶片迅速黄化脱落；条纹状坏死主要表现在枝条上，病斑红褐色，沿枝条上下扩展，得病部分落叶、落花、落果，严重时整株枯干。

（4）畸型。表现为病叶增厚、变小或呈蕨叶状，叶面皱缩，植株节间缩短，矮化，枝叶丝生呈丛簇状。病果呈现深绿与浅绿相间的花斑，或黄绿相间的花斑，病果畸形，果面凹凸不平。病果易脱落。

2. 病原和发病规律

蚜虫是植物病毒的主要传播者。有的种类只传播一种病毒，也有的可传播多种病毒；还有某一种病毒由多种蚜虫传播的。高温、干旱、蚜虫为害重，植株长势弱，重茬等，易引起该病的发生，可通过摩擦、打杈、绑架等作业时接触传播，也可通过蚜虫，机械传播。

3. 防治方法

发病初期，可用5％菌毒清对水300倍液，或用20％康润（20％吗啉胍·乙铜可湿性粉剂）5 000倍液喷雾，7~10天喷1遍，连续喷3遍。同时做好蚜虫的防治和避免人工整枝时的互接触传染。

二、主要虫害防治

(一) 蚜虫类

蚜虫是为害蔬菜的常见虫害。

1. 为害情况

蚜虫主要为害十字科蔬菜，桃蚜还为害辣（甜）椒、番茄、马铃薯和菠菜等。成蚜、若蚜吸食寄主汁液，分泌蜜露污染蔬菜，还可传播病毒病。受害作物，叶片黄化、卷缩，菜株矮小。大白菜、甘蓝常不能包心结球，留种株不能正常抽薹、开花和结荚。菜蚜主要靠有翅蚜迁飞扩散和传毒，从越冬寄主到春菜、夏菜，再到秋菜，田间发生有明显的点片阶段。菜蚜营孤雌生殖，一头雌蚜可产仔数十头至百余头，条件适宜时4~5天繁殖一代，很快蔓延全田。在春末夏初和秋季出现两个为害高峰。

2. 形态特征

有翅胎生雌蚜，头、胸黑色：腹部绿色。第一至六腹节各有独立缘斑，腹管前后斑愈合，第一节有背中窄横带，第五节有小型中斑，第六至八节各有横带，第六节横带不规则。无翅胎生雌蚜，体长2.3毫米，宽1.3毫米，绿色至黑绿色，被薄粉。表皮粗糙，有菱形网纹。腹管长筒形，顶端收缩，长度为尾片的1.7倍。尾片有长毛4~6根。

3. 生活习性

一年发生数十代。在温室内以无翅胎生雌蚜繁殖，终年为害。萝卜蚜的发育适温较桃蚜稍广，在较低温情况下萝卜蚜发育快，9.3℃时发育历期17.5天，桃蚜9.9℃，需24.5天。此外，对有毛的十字花科蔬菜有选择性。

4. 防治方法

蚜虫繁殖和适应力强，种群数量巨大，因此，各种方法都很难取得根治的效果，但如果抓住防治适期，往往就会事半功倍。春季的早期防治是蚜虫防治的最佳时期。春季防治蚜虫可收到兼治尺蠖、螨、介壳虫等害虫的效果，但需要根据实际情况选择不同的药剂和浓度，或复配用药。由于植株本身也处于幼嫩期，耐药力低，所以药剂施用浓度不能太高，否则易导致药害。

化学药剂防治可及时喷洒50%吡虫啉可湿性粉剂1 000~1 500倍液，或用3%啶虫脒乳油药液1 000~1 500倍液喷雾，或用10%烯啶虫胺水剂2 000倍液。其他还可以结合一般生物防治方法，如保护瓢虫、草蛉等天敌，清除枯枝杂草等病虫残物，选育和推广抗性品种等。

（二）斜纹夜蛾

1. 为害情况

斜纹夜蛾是一类杂食性和暴食性害虫，在蔬菜中对白菜、甘蓝、芥菜、马铃薯、茄子、番茄、辣椒、南瓜、丝瓜、冬瓜以及藜科、百合科等多种作物都能进行为害。以幼虫咬食叶片、花蕾、花及果实，初龄幼虫啮食叶片下表皮及叶肉，仅留上表皮呈透明斑；三龄幼虫后造成叶片缺刻、残缺不堪甚至全部吃光，蚕食花蕾造成缺损，容易暴发成灾。在包心椰菜上，幼虫还可钻入叶球内为害，把内部吃空，并排泄粪便，造成污染，使之降低乃至失去商品价值。

2. 形态特征

成虫体长14~20毫米，翅展35~46毫米，体暗褐色，胸部背面有白色丛毛，前翅灰褐色，内横线和外横线灰白色，呈波浪形，有白色条纹，环状纹不明显，肾状纹前部呈白色，后部呈黑色，环状纹和肾状纹之间有3条白线组成明显的较宽的斜纹，自翅基部向外缘还有1条白纹。后翅白色，外缘暗褐色。

卵半球形，直径约0.5毫米；初产时黄白色，孵化前呈紫黑色，表面有纵横脊纹，数十至上百粒集成卵块，外覆黄白色鳞毛。

幼虫一般六龄，老熟幼虫体长38~51毫米，夏秋虫口密度大时体瘦，黑褐或暗褐色；冬春数量少时体肥，淡黄绿或淡灰绿色。背线呈橙黄色，在亚背线内侧各节有一近半月形或似三角形的黑斑。

蛹长18~20毫米，长卵形，红褐至黑褐色，腹末具发达的臀棘一对。以蛹在土中蛹室内越冬，少数以老熟幼虫在土缝、枯叶、杂草中越冬。发育最适温度为28~30℃，不耐低温。

3. 生活习性

一年发生4~5代。以蛹在土下3~5厘米处越冬。成虫白天潜伏在叶背或土缝等阴暗处，夜间出来活动。每只雌蛾能产卵3~5块，每块有卵位100~200个，卵多产在叶背的叶脉分叉处，经5~6天就能孵出幼虫，初孵时聚集叶背，四龄以后和成虫一样，白天躲在叶下土表处或土缝里，傍晚后爬到植株上取食叶片。

成虫有强烈的趋光性和趋化性，黑光灯的效果比普通灯的诱蛾效果明显，另外对糖、醋、酒味很敏感。卵的孵化适温是24℃左右，幼虫在气温25℃时，历经14~20天，化蛹的适合土壤湿度是土壤含水量在20%左右，蛹期为11~18天。

4. 防治方法

清除杂草，收获后翻耕晒土或灌水，以破坏或恶化其化蛹场所，有助于减少虫源。结合管理随手摘除卵块和群集为害的初孵幼虫，以减少虫源。

利用成虫趋光性，于盛发期点黑光灯诱杀；利用成虫趋化性配糖醋（糖：

133

醋：酒：水＝3：4：1：2）加少量敌百虫诱蛾。

低龄幼虫期药剂防治可选用5%氟虫脲乳油2 500倍液，或用1%甲氨基阿维菌素苯甲酸盐乳油1 500倍液，或用5%卡死克2 000~3 000倍液，或用5%氟啶脲乳油（抑太保）2 000倍液等，隔7~10天1次，喷匀喷足，连喷2~3次。

（三）瓜绢螟

1. 为害情况

瓜绢螟，又名瓜螟、瓜野螟，为鳞翅目螟蛾科绢野螟属的一种昆虫。主要为害葫芦科各种瓜类及番茄、茄子等蔬菜。幼龄幼虫在瓜类的叶背取食叶肉，使叶片呈灰白斑，三龄后吐丝将叶或嫩梢缀合，匿居其中取食，使叶片穿孔或缺刻，严重时仅剩叶脉，直至蛀入果实和茎蔓为害，严重影响瓜果产量和质量。

2. 形态特征

成虫体长11毫米，头、胸黑色，腹部白色，第一至第七八节末端有黄褐色毛丛。前、后翅白色透明，略带紫色，前翅前缘和外缘、后翅外缘呈黑色宽带。卵扁平，椭圆形，淡黄色，表面有网纹。末龄幼虫体长23~26毫米，头部、前胸背板淡褐色，胸腹部草绿色，亚背线呈两条较宽的乳白色纵带，气门黑色。蛹长约14毫米，深褐色，外被薄茧。

3. 生活习性

以老熟幼虫或蛹在枯叶或表土越冬，第二年4月底羽化，5月幼虫为害。7—9月发生数量多，世代重叠，为害严重。11月后进入越冬期。成虫夜间活动，稍有趋光性，雌蛾在叶背产卵。幼虫三龄后卷叶取食，蛹化于卷叶或落叶中。

4. 防治方法

提倡采用防虫网，防治瓜绢螟兼治黄守瓜。清洁田园，瓜果采收后将枯藤落叶收集沤埋或烧毁，可压低下代或越冬虫口基数。人工摘除卷叶，捏杀部分幼虫和蛹。

提倡用螟黄赤眼蜂防治瓜绢螟。此外在幼虫发生初期，及时摘除卷叶，置于天敌保护器中，使寄生蜂等天敌飞回大自然或瓜田中，但害虫留在保护器中，以集中消灭部分幼虫。

药剂防治可用苏云金杆菌制剂喷雾，或用10%虫螨腈悬浮剂2 500倍液，或用24%氰氟虫腙悬浮剂1 000倍液喷雾防治。

（四）黄守瓜

1. 为害情况

黄守瓜成虫、幼虫都能为害。成虫喜食瓜叶和花瓣，还可为害黄瓜幼苗皮层，咬断嫩茎和食害幼果。叶片被食后形成圆形缺刻，影响光合作用，瓜苗被害后，常带来毁灭性灾害；幼虫在地下专食瓜类根部，重者使植株萎蔫而死，也蛀入瓜的贴地部分，引起腐烂，丧失食用价值。

2. 形态特征

黄守瓜体长卵形，后部略膨大。体长6~8毫米。成虫体橙黄或橙红色，有时较深。上唇或多或少栗黑色。腹面后胸和腹部黑色，尾节大部分橙黄色。有时中足和后足的颜色较深，从褐黑色到黑色，有时前足胫节和跗节也是深色。头部光滑几无刻点，额宽，两眼不甚高大，触角间隆起似脊。触角丝状，伸达鞘翅中部，基节较粗壮，棒状，第2节短小，以后各节较长。前胸背板宽约为长的两倍，中央具一条较深而弯曲的横沟，其两端伸达边缘。盘区刻点不明显，两旁前部有稍大刻点。鞘翅在中部之后略膨阔，翅面刻点细密。雄虫触角基节极膨大，如锥形。前胸背板横沟中央弯曲部分极端深刻，弯度也大。鞘翅肩部和肩下一小区域内被有竖毛。尾节腹片三叶状，中叶长方形，表面为一大深洼。雌虫尾节臀板向后延伸，呈三角形突出；尾节腹片呈三角形凹缺。

3. 生活习性

成虫除了冬季外，生活在平地至低海拔地区，在郊外丝瓜、黄瓜等农田中极为常见。成虫会啃食瓜类作物的嫩叶与花朵，为害颇为严重。

黄守瓜属鞘翅目、叶甲科。我国为害瓜类的守瓜主要有3种，除黄守瓜外，另2种为黄足黑守瓜和黑足黑守瓜。黄守瓜食性广泛，可为害19科69种植物。几乎为害各种瓜类，受害最烈的是西瓜、南瓜、甜瓜、黄瓜等，也为害十字花科、茄科、豆科、向日葵、柑橘、桃、梨、苹果和桑树等。

4. 防治方法

春季将瓜类秧苗间种在冬季作物行间，能减轻为害。合理安排播种期，以避过越冬成虫为害高峰期。

药剂防治，当瓜苗生长到4~5片真叶时，视虫情及时施药。防治越冬成虫可用50%敌敌畏乳油1 000~1 200倍。

幼苗初见萎蔫时，用50%敌敌畏乳油1 000倍，或用90%晶体敌百虫1 000~2 000倍液灌根，杀灭根部幼虫。也可用20%蛾甲灵乳油1 500~2 000倍液，或用10%氯氰菊酯1 000~1 500倍液，或用10%高效氯氰菊酯5 000倍液，于中午喷施土表和田边杂草等害虫栖息场所来防治。此外，也可进行人工捕捉。

第三节　西瓜病虫害

西瓜病害主要有蔓枯病、炭疽病、枯萎病、疫病、白粉病、病毒病等；虫害主要有小地老虎、蛴螬、蚜虫、黄守瓜等。

一、主要病害防治

(一) 西瓜蔓枯病

1. 症状

蔓枯病又称"黑腐病"，叶子受害时，最初出现黑褐色小斑点，以后成为直径1~2厘米的病斑。病斑为圆形或不规则圆形，黑褐色或有同心轮纹。发生在叶缘上的病斑，一般呈弧形。老病斑上出现小黑点。病叶干枯时病斑呈星状破裂。连续阴雨天气，病斑迅速发展可遍及全叶，叶片变黑而枯死。蔓受害时，最初产生水浸状病斑，中央变为褐色枯死，以后褐色部分呈星状干裂，内部呈木栓状干腐。

2. 病原和发病规律

病原为瓜类球腔菌，属子囊菌亚门真菌。分生孢子器球形至扁球形，黑褐色，顶部呈乳状突起，孔口明显。分生孢子短圆形至圆柱形，无色透明，两端较圆，初为单胞，后产生1~2个隔膜，分隔处略缢缩。子囊壳细颈瓶状或球形，黑褐色。子囊孢子短粗形或梭形，无色透明，1个分隔。

西瓜蔓枯病以病菌的分生孢子器及子囊壳附着于病部混入土中越冬。来年温、湿度适合时，散出孢子，经风吹、雨溅传播为害。种子表面也可以带菌。病菌主要经伤口侵入西瓜植株内部引起发病。病菌在5~35℃的温度范围内部可侵染为害，20~30℃为发育适宜温度，在55℃温度范围内都可侵染为害。在55℃温度条件下，10分钟即可死亡。高温多湿，通风透光不良，施肥不足或植株生长弱时，叶片受害重。叶片受害初期出现褐色小斑点，逐渐发展为直径1~2厘米有同心轮纹的不规则圆斑，以叶缘为多。老病斑出现小黑点，于枯后呈星状破裂。茎蔓和果实受害开始也为水浸状病斑，中央部分变褐枯死，尔后呈星状干裂，成为木栓状干腐。蔓枯病与炭疽病区别是病斑上无粉红色分泌物；与枯萎病区别是发病慢，全株不枯死且维管束不变色。

3. 防治方法

选用无病种子，从远离病株的健康无病植株上采种。对可能带菌的种子，要进行种子消毒。种子消毒可选用36%三唑酮多悬浮剂100倍液浸种30分钟，或用50%复方多菌灵胶悬剂500倍液浸种60分钟，或用55℃温水浸种20分钟，捞出稍晾干后直播。也可用种子量0.5%的37%抗菌灵可湿性粉剂拌种，对蔓枯病有较好的预防作用。

合理轮作与大田作物或非瓜类蔬菜作物实行3~5年轮作，可减轻蔓枯病的发生。避免连作，选择地势较高、光线充足、通风良好、便于排水的肥沃砂质壤土地块栽培；防止过湿，根附近的叶片要摘除，以便利于通风；高畦栽培，覆盖地膜，膜下浇水。防止大水漫灌，雨后要注意排水防涝。施足基肥，增施有机肥料，注意氮、磷、钾肥的配合施用，防止偏施氮肥。发现病株要立即拔掉烧毁，并喷药防治，防止继续蔓延为害。

苗床土壤处理每立方米土用50%的多菌灵可湿性粉剂80~120克，混匀后做育苗土，或用50%甲霜灵可湿性粉剂每平方米土壤用药8~12克，对细土8~10千克制成药土，上盖下垫，可预防该病。育成苗移栽前3~5天用36%三唑酮多悬浮剂每亩100克对水50千克喷雾，或用20%施宝灵乳油2 000倍液喷于苗床，带药移栽，可减轻大田前期发病为害。

已经发生蔓枯病的西瓜地，要在蔓长30厘米时开始喷药。初发现病株的地，要立即喷药，药剂可用50%甲基硫菌灵可湿性粉剂500倍液，或用50%扑海因（异菌脲）可湿性粉剂1 000倍液，或用25%溶菌灵可湿性粉剂800倍液，或用70%百菌清可湿性粉剂800倍液等喷雾，每隔5~7天喷一次，连喷2~3次。

（二）西瓜炭疽病

炭疽病是蔬菜上的重要病害，此病不仅在生长期为害，而且在储运期继续蔓延，造成产品大量腐烂，加剧损失。

1. 症状

病害在苗期和成株期都能发生，植株子叶、叶片、茎蔓和果实均可能受害。症状因寄主的不同而略有差异。苗期发病，子叶边缘出现圆形或半圆形、中央褐色并有黄绿色晕圈的病斑；茎基部变色、缢缩，引起幼苗倒伏。成株期发病，叶片病斑为黑色，呈纺锤形或近圆形，有轮纹和紫黑色晕圈；茎蔓或叶柄病斑呈椭圆形，略凹陷。果实多为近成熟时受害，由暗绿色水浸状小斑点扩展为暗褐色至黑褐色的近圆形病斑，明显凹陷龟裂，湿度大时，表面有粉红色黏状小点，幼果被害，全果变黑、皱缩、腐烂。

2. 病原和发病规律

病原为圆形炭疽菌，属半知菌亚门真菌。有性态为围小丛壳瓜类变种，属真菌界子囊菌门。病菌主要以菌丝体和拟菌核（分生孢子盘）随着病残体在土壤中越冬，也可以菌丝体在种皮内越冬。另外，温室、大棚内的设施和架材也是病菌越冬的重要场所。翌春菌丝体和拟菌核上产生大量的分生孢子，借风雨、灌溉水、昆虫和农事操作进行传播；带菌种子可以直接引起幼苗发病，并引起多次再侵染。炭疽病的发生和流行与温、湿度的关系最为密切。病菌在10~30℃范围内，均可发病，但以22~24℃、相对湿度为95%以上时发生普遍，温度为28℃或相对湿度低于54％时，病害受到抑制。

此外，连作地块、土壤黏重、排水不良、偏施氮肥、保护地内光照不足、通风不良等，病害严重。西瓜、甜瓜在储运过程中会继续发病，若贮藏环境湿度过大，则会使病害严重发展，造成较大的损失。

3. 防治方法

种子消毒播前用55℃温水浸种15分钟，迅速冷却后催芽；或用40％福尔马林100倍液浸种30分钟，用清水洗净后催芽，注意西瓜易产生药害，应先试验，再处理；或用50％多菌灵可湿性粉剂500倍液浸种60分钟，均可减轻为害。

与非瓜类作物实行3年以上轮作；覆盖地膜，增施有机肥和磷钾肥；保护地内控制湿度在70％以下，减少结露；田间操作应在露水干后进行，防止人为传播病害。清除病残体，收后播前翻晒土壤；高畦深沟种植便于浇灌和排水降低畦面湿度，田间发现病果随即摘除带出田外销毁。采收后，严格剔除病瓜，储运场所要适当通风降温。

药剂防治可以选用苯脒甲环唑2 000~3 000倍液，或用80％大生可湿性粉剂800倍液，或用25％施保克乳油4 000倍液，或用80％炭疽福美可湿性粉剂800倍液，或用75％百菌清可湿性粉剂500倍液等。保护地内在发病初期，每亩施用45％百菌清烟雾剂250~300克，效果也很好。每7天左右喷1次药，连喷3~4次。

（三）西瓜枯萎病、疫病、白粉病和病毒病

可参照黄瓜病害的防治方法。

二、主要虫害防治

（一）小地老虎

小地老虎属鳞翅目夜蛾科，俗名土蚕、地蚕等。

1. 为害情况

小地老虎主要为害春播蔬菜幼苗，幼虫将幼苗从茎基部咬断，或咬食子叶和嫩叶，造成缺苗或毁种断垄，需要补栽。也可全身钻入茄子、辣椒果实或白菜、甘蓝叶球中，严重地影响蔬菜的产量和质量。

2. 形态特征

成虫体长16~23毫米，翅展42~54毫米，体暗褐色。前翅中室附近肾形斑、对环斑明显，在肾形斑外侧有3个楔形黑斑，尖端相对。后翅灰白色。卵半球形，卵壳上有纵横隆纹。初产时乳白色，后变为淡黄色至灰黑色。幼虫体长42~47毫米，黄褐色至黑褐色。体表粗糙，布满龟裂状皱纹和黑色微小颗粒。腹部1~8节背面各有4个黑色毛片。臀板黄褐色，具2条深褐色纵带。蛹体长

18~24毫米，红褐色，有光泽。第五至第七腹节背面的刻点比侧面大，腹末有一对臀棘，呈分叉状。

3. 生活习性

小地老虎由北向南1年可发生2~7代。在长江流域以老熟幼虫、蛹和成虫越冬。以第一代为害严重，成虫白天栖息在杂草和土缝中，夜间取食、交配和产卵，尤以黄昏活动最盛。成虫趋光性和趋化性强，喜食糖醋等带酸甜味的汁液。成虫产卵前期4~6天交配后，第二天即可产卵。卵散产或成堆产在低矮杂草幼苗的叶背或嫩茎上，每雌虫平均产卵800~1 000粒。当气温为16~17℃时，卵期约为11天。幼虫共六龄，三龄前大多在寄主心叶里，也有的藏在土缝里，四至六龄幼虫白天潜伏在浅土中，夜晚出来为害。苗小时，齐地面咬断嫩茎，或爬到棵上咬断嫩头，拖入穴中。五六龄进入暴食期，取食量占整个幼虫期的95%，三龄后的幼虫具假死性和互相残杀的习性。老熟幼虫潜入土中，筑土室化蛹。

4. 防治方法

早春铲除菜地和周围田埂的杂草，可以灭卵和幼虫。春耕耙地可灭部分卵粒，秋翻晒土和冬灌，能杀死部分越冬蛹和幼虫。诱杀成虫。春季用糖醋液诱杀越冬代成虫。糖、醋、酒、水的比例为3:4:1:2，加少量敌百虫。将诱液放在盆内，傍晚时放到田间距地面高1米处，第二天早晨收回或盆上加盖防蒸发。也可以用黑光灯诱成虫。诱捕幼虫。采集新鲜泡桐叶用水浸后，于第一代幼虫期傍晚放人被害田中，次日清晨捕捉叶下幼虫。也可以用鲜嫩菜叶和杂草小堆诱集。人工挑治。清晨扒开缺苗附近的表土，可以捉到潜伏的高龄幼虫，连续几天效果良好。

药剂防治每亩可用90%敌百虫晶体1 000倍液，加入10千克细土制成毒土，撒在植株周围；或用90%敌百虫晶体0.5千克加水2.5~5千克，喷拌切碎的鲜草30千克，于傍晚撒在行间苗根附近，每亩用鲜草毒饵15千克，或用5.7%氟氯氰菊酯乳油1 200~1 500倍液，或用0.2%联苯菊酯颗粒剂每亩4~5千克，拌土行侧开沟施药，然后覆土；虫龄较大时，可以用80%敌敌畏乳油、50%辛硫磷乳油1 000~1 500倍灌根。

（二）蛴螬

蛴螬是鞘翅目金龟甲科幼虫的总称，俗名白地蚕、蛀虫、地漏子等。菜田中发生的约有30种，以大黑鳃金龟为主。

1. 为害情况

蛴螬为害多种蔬菜、粮食作物和果树。成虫主要取食大豆、花生和果树的叶片。蛴螬始终生活在地下为害，啃食萌发的种子，咬断幼苗根茎，致使全株死亡，造成缺苗断垄。还可蛀食块根和块茎，使作物长势衰弱，降低产量和质量，同时虫伤有利于病菌侵入，诱发病害。

2. 形态特征

大黑鳃金龟成虫体长16~22毫米，体黑褐色到黑色，有光泽。前胸背板两侧缘最宽处位于中央或稍前，鞘翅上点刻较多，每侧各有4条明显的纵隆线。前足胫节外侧具3个齿，内侧有1距，均较锋利。卵长2~3毫米，初产时两头稍尖，水青色。逐渐膨大为鸡蛋形，污白色，表面光滑。老熟幼虫体长35~45毫米，头部淡黄色或黄橙色，体乳白色，肥胖弯曲，呈"C"形，多皱纹。胸足3对，密生棕褐色细毛。蛹体长21~23毫米，裸蛹。体表密生细小短毛，头小，体稍弯曲。由黄白色渐变为橙黄色。

3. 生活习性

蛴螬以幼虫和成虫在土中越冬，成虫即金龟子，白天藏在土中，20：00~21：00时进行取食等活动。蛴螬有假死和负趋光性，并对未腐熟的粪肥有趋性。幼虫蛴螬始终在地下活动，与土壤温湿度关系密切。当10厘米土温达5℃时开始上升土表，13~18℃时活动最盛，23℃以上则往深土中移动，至秋季土温下降到其活动适宜范围时，再移向土壤上层。

4. 防治方法

合理地安排茬口，前作为大豆、花生、薯类、玉米或与之套作的菜田往往蛴螬为害重。适当地调整茬口，可以明显地减轻为害；合理施肥，施用充分腐熟的有机肥，可以减少虫和卵带入菜田，还能增强寄主的抗虫性，同时蛴螬喜食腐熟的有机肥，从而减轻对蔬菜为害；适时秋耕，可以将部分幼虫翻至地表，使其风干、冻死或被天敌捕食及机械杀伤。在成虫发生期，可用黑光灯诱杀。利用成虫的假死性，在集中的作物上振落捕杀。

药剂防治方法，每亩用50%辛硫磷乳油1.5千克，对细土15~30千克混匀后撒手地面上，再进行耕耙或栽前沟施毒土。苗床或地块为害重时，可用1%联苯·噻虫胺颗粒剂、或用3%辛硫磷颗粒剂每亩4~5千克在整地时撒施，然后覆土。

（三）蚜虫、黄守瓜

可参照黄瓜虫害的防治方法。

第四节　丝瓜病虫害

丝瓜病害主要有霜霉病、白粉病、疫病、病毒病等；虫害主要有瓜绢螟、蚜虫、黄守瓜等。

一、主要病害防治

霜霉病、白粉病、疫病和病毒病可参照黄瓜病害的防治方法。

二、主要虫害防治

瓜绢螟、蚜虫、黄守瓜可参照黄瓜虫害的防治方法。

第五节　瓠瓜病虫害

瓠瓜病害主要有病毒病、白粉病、枯萎病、霜霉病、疫病、炭疽病等；虫害主要有蚜虫、黄守瓜、斜纹夜蛾等。

一、主要病害防治

（一）丝瓜病毒病、白粉病、枯萎病、霜霉病、疫病

可参照黄瓜病害防治方法。

（二）丝瓜炭疽病

可参照西瓜病害的防治方法。

二、主要虫害防治

蚜虫、黄守瓜、斜纹夜蛾可参照黄瓜虫害的防治方法。

第六节　茄子病虫害

茄子病害主要有绵疫病、褐纹病、黄萎病、青枯病、灰霉病、枯萎病、疫病、炭疽病等；虫害主要有红蜘蛛、茶黄螨、蓟马、蚜虫等。

一、主要病害防治

（一）茄绵疫病

绵疫病是茄子三大病害之一。在全国各茄子生产地区均有发生，以华北、华东、华南等省区最常见；常年造成的损失为20%~30%，尤其多雨年份为害更为严重。

1. 症状

主要为害果实、叶、茎、花器等部位。幼苗期叶片发病同成株期叶片发病症状。茎基部呈水浸状，发展很快，常引发猝倒，致使幼苗枯死。成株期叶片感病，产生水浸状不规则形病斑，具有轮纹，褐色或紫褐色，潮湿时病斑上长出少量白霉。茎部受害呈水浸状缢缩，有时折断，并长有白霉。果实受害最重，开始出现水浸状圆形斑点，稍凹陷，黑褐色。病部果肉呈黑褐色腐烂状，在高湿条件下病部表面长有白色絮状菌丝，病果易脱落或干瘪收缩成僵果。

2. 病原和发生规律

病原为寄生疫霉，属鞭毛菌亚门真菌。

绵疫病以卵孢子在土壤中病株残留组织上越冬。卵孢子经雨水溅到植株体上后直接侵入表皮。借雨水或灌溉水传播，使病害扩大蔓延。茄子盛果期7—8月，降雨早、次数多、雨量大、且连续阴雨，则发病早而重。地势低洼、排水不良、土壤黏重、管理粗放、偏施氮肥、过度密植、连茬栽培等，也会加剧病害蔓延。

3. 防治方法

选用抗病品种，实行轮作。发病初期，可喷洒75%乙铝·百菌清可湿性粉剂600~800倍液，或用50%啶酰菌胺水性散粒剂1 000倍液混加50%烯酰吗啉750倍液，或用10%苯醚甲环唑水性散粒剂600倍液，从茄子坐果后或进入雨季开始喷药，隔10天左右1次，连续防治2~3次，注意轮换用药，防其产生抗药性。

(二) 茄褐纹病

褐纹病是茄子的三大病害之一，仅为害茄子。该病主要引起果实腐烂，损失很大。

1. 症状

褐纹病从苗期到成株期均可发生。叶、茎、果实皆可发病，但以果实发病最重。幼苗受害，茎基部产生水浸状椭圆形病斑，病部褐色凹陷，病茎缢缩，幼苗摔倒。苗龄稍大时，造成立枯。叶片发病，多从底叶开始。病斑近圆形或不规则形。边缘暗褐色，中央灰白色至淡褐色，其上生有小黑点，病部易破裂；茎部受害，多在茎基部。病斑梭形，边缘暗褐色，中央灰白色，凹陷、干腐，表面散生小黑点。后期病皮易脱落；果实受害，病部褐色湿腐，多有明显的轮纹，表面密生同心轮纹状排列的小黑点。最后整个果实腐烂脱落，或干缩为僵果挂在枝上。

2. 病原和发病规律

病原为茄褐纹拟点霉，属半知菌亚门真菌。病部的小黑点即分生孢子器。

分生孢子器呈球形或扁球形，具孔口。病菌主要以菌丝、分生孢子器随病株残体在土表越冬。也可以菌丝体或分生孢子在种子上越冬。病菌在种内和土表皆可存活2年以上。翌年，种子带菌引起幼苗发病，而土壤中的病菌则侵染植株茎基部。分生孢子借风雨、昆虫和田间农事操作等传播，从寄主表皮和伤口侵入。病害的再侵染频繁。

病害的发生、流行与温湿度、栽培管理和品种抗病性等有着密切的关系。病菌发育温度为7~40℃，最适宜温度为28~30℃。因为28~30℃的高温、相对湿度80%以上的高湿有利于病害的发生和流行。露地茄子褐纹病发生时间和轻重程度主要取决于当地雨季的早晚与降雨量的多少，6—8月高温多雨，病害易流行；而保护地持续高温高湿、结露重，病害严重。此外，连作、幼苗瘦弱、地势低洼、排水不良、栽植密度过大、偏施氮肥，发病重。

茄子不同品种存在明显的抗性差异，一般长茄较圆茄抗病，白皮、绿皮茄较紫皮、黑皮茄抗病。

3. 防治方法

选用抗病品种。播前进行种子消毒，先将种子在清水中预浸3~4小时，然后移入55℃温水浸15分钟，冷却晾干备用；或用福尔马林300倍液浸种15分钟，洗净晾干播种；或用2.5%适乐时4~6毫升/千克拌种。苗床消毒用50%福美双或用50%多菌灵可湿性粉剂6~8克/平方米，拌细土5千克，1/3药上铺底，2/3覆种。茄子收获后，及时清除病残体；实行2~3年轮作；施足有机底肥，培育壮苗；结果后，及时追肥，防早衰；雨季要及时排水，棚室栽培可采用大垄双行法，增加通风透光条件；及时摘除病叶、病枝和病果，深埋或烧毁。

发病初期可以用77%氢氧化铜可湿性粉剂600~800倍液，或用70%丙森锌可湿性粉剂600~800倍液，或用70%甲基硫菌灵可湿性粉剂800倍液，或用75%百菌清可湿性粉剂600~800倍液等喷雾，每隔7~10天1次，连续用药2~3次。

（三）茄黄萎病

黄萎病俗称半边疯、黑心病，是茄子的三大病害之一，大部分蔬菜产区都有发生，发病后，产量损失严重，甚至绝收。

1. 症状

定植不久即可发病，但坐果后发病最多，病情加重。一般多从下部叶片发病向中部叶片发展，或自一边发病向全株发展。发病初期，叶缘或叶脉间褪绿变黄，逐渐发展至半边叶或整个叶片变黄或黄化斑驳。病株初期晴天中午萎蔫，早晚或阴雨天可恢复。后期病株彻底萎蔫，叶片黄萎、脱落。重时往往植株呈光秆或只剩顶端少数几个叶子，最后植株死亡。黄萎病为全株性系统发病，剖视病株根、茎、分枝及叶柄，均可见其维管束变成褐色。

2. 病原和发病规律

病原为大丽花轮枝孢，属半知菌亚门真菌，侵害棉、茄等多种植物。

病菌以微菌核、厚垣孢子和菌丝体在土壤病残体中越冬。在土壤中，可以存活6~8年之久。病菌通过未腐熟的粪肥、田间操作、农机具、灌水、雨水等途径传播，由伤口、根部表皮或根毛直接侵入，病害在当年无再侵染。病害的发生与气候条件关系密切。当气温为20~25℃、土温为22~26℃和土壤湿度较高时，发病重；当气温为28℃以上、干旱时，病害受到抑制。

3. 防治方法

选用抗病品种或进行种子消毒处理，用55℃温水浸种30分钟，或用50%多菌灵可湿性粉剂500倍液浸种2小时，洗净后催芽。

与十字花科、百合科等蔬菜轮作5年以上，水旱轮作则1年即有很好的效果；提倡采用嫁接换根防治黄萎病兼治多种土传病害；施用腐熟有机肥，提高植株的抗病力；适时定植，覆盖地膜，提高地温；茄子采收后，要小水勤浇，保持地面湿润、不龟裂，防止大水漫灌，避免直接浇灌冷井泉水；及时清除病叶、病果、病株，深埋或烧毁。

带药定植，沟施或穴施。药剂有50%多菌灵或用60%防霉宝，按照1：50与细土混匀配成药土，每亩用药2千克；从定植到盛果期，是防治的关键时期。发病初期，用50%腐霉利可湿性粉剂1 500倍液，或用40%嘧霉胺悬浮剂800~1 000倍液，或用72%克露600倍液，或用64%杀毒矾600倍液喷施防治。

（四）茄青枯病

1. 症状

青枯病由土壤传播，是番茄、茄子、辣椒、马铃薯等茄科蔬菜的主要病害。受害时，植株的细根首先褐变，不久开始腐烂并消失。切开接近地面部位的病茎，可以发现维管束微有褐变，用手挤压，有乳白色菌液排出。青枯病主要症状是植株迅速萎蔫、枯死，茎叶仍保持绿色。在高温高湿、重茬连作、田间积水、土壤偏酸、偏施氮肥等情况下，该病容易发生。

2. 病原和发病规律

病原为茄青枯劳尔氏菌，属薄壁菌亚门细菌。

青枯病菌可以同病株残体一同进入土壤，长期生存形成侵染源。在湿度大的冲积土中，可以生存长达2~3年，而在干燥的土壤中，只能生存几天。青枯病菌，在土壤中并非以休眠状态生存，而是在上述发病植株或某种杂草的根际进行繁殖。

青枯病菌在10~41℃下生存，在35~37℃生育最为旺盛。一般从气温达到20℃时开始发病，地温超过20℃时十分严重。病菌主要随病残体在土中越冬。翌年春越冬病菌借助雨水、灌溉水传播，从伤口侵入，经过较长时间的潜伏和繁殖，至成株期遇高温高湿条件，向上扩展，在维管束的导管内繁殖，以致堵塞导管或细胞中毒，致使叶片萎蔫。病菌也可透过导管，进入邻近的薄壁细胞内，使茎上出现水浸状不规则病斑。当土壤温度达到20℃时，出现发病中心，25℃时出现发病高峰。久雨或大雨后转晴，气温急剧升高，病情加重。

3. 防治方法

有计划地轮作，能有效降低土壤含菌量，减轻病害发生。采用高垄或半高垄栽培方式，配套田间沟系，降低田间湿度，同时增施磷、钙、钾肥料，促进作物生长健壮，抗病能力提高，能减轻青枯病发生。采用营养钵、肥团、温床育苗，培育矮壮苗，以增强作物抗病、耐病能力。喷施微肥可促进植株维管束生长发育，提高植株抗耐病能力。

药剂防治可选用20%叶枯唑粉剂可湿性粉剂500倍液，或用1000万单位的农用链霉素1500倍液喷雾或灌根，也可选用77%可杀得1000倍液喷雾，7~10天灌1次，连灌2~3次。

（五）茄灰霉病

灰霉病是露地、保护地作物常见且比较难防治的一种病害。

1. 症状

花、果、叶、茎均可发病，造成烂叶、烂花、烂果。果实染病，先是开过的花受害，后向果柄及果上发展，使果皮变灰白色、软腐，很快在花托、果柄及果面上产生大量土灰色霉层，最后病果失水成僵果。叶片发病从叶尖开始，沿叶脉间成"V"形向内扩展，灰褐色，边有深浅相间的纹状线，病健交界分明，湿度大时软烂，长灰霉，干燥时则病斑干枯。

病苗色浅，叶片、叶柄发病呈灰白色，水渍状，组织软化至腐烂，高湿时表面生有灰霉。幼茎多在叶柄基部初生不规则水浸斑，很快变软腐烂，缢缩或折倒，最后病苗腐烂枯萎病死。

2. 病原和发病规律

病原为灰葡萄孢菌，属真菌界半知菌亚门真菌。病原菌生长温度为20~30℃，温度20~25℃、湿度持续90%以上时为病害高发期。

该病害是一种典型的气传病害，可随空气、水流以及农事作业传播。在实际病害防治过程中，难以采取有效措施彻底切断传染源；在病原菌侵入的情况下，也难以彻底消灭病原菌，如药剂喷施，难以解决空气及露水中的病原菌；而单独熏棚，不能重点解决病叶、病果等病残体上或内部的病原菌。

3. 防治方法

发病初期，选用50%腐霉利可湿性粉剂1 000倍液，或用50%啶酰菌胺可湿性粉剂（凯泽）3 000倍液，或用40%嘧霉胺悬浮剂（施佳乐）800倍液防治。

目前防治灰霉病的药剂很多，如速克灵、扑海因、百菌清、利得等。防治抗性灰霉病的有防霉灵、多霉灵、万霉灵、甲霉灵等，但要注意的是药剂要轮换品种使用，以防病菌产生抗药性。

（六）茄枯萎病、疫病

可参照黄瓜病害的防治方法。

（七）茄炭疽病

可参照西瓜病害的防治方法。

二、主要虫害防治

（一）红蜘蛛

1. 为害情况

食性杂，对蔬菜主要为害茄子、辣（甜）椒、马铃薯、各种瓜类、豆类等。成螨、幼虫、若虫在叶背吸食汁液，受害叶呈褐绿斑点，后变成黄白斑和红斑，它猖獗为害时，叶片枯焦脱落，严重地块如火烧状。它以雌成虫群集在秋后寄主附近的土缝、树皮和杂草根部过冬。为害初为点片发生。成虫、若蛹靠爬行或吐丝下垂在株间蔓延，先为害老叶，再向上部叶片扩散。

2. 形态特征

红蜘蛛个体较小，一般体长不到1毫米，若虫可在0.2毫米以下。成虫体型为圆形或长圆形，多半为红色或暗红色。越冬虫橙红色，卵球形，直径在0.1~0.2毫米。幼虫体近圆形，长0.14毫米左右，淡黄色。若虫形态和成虫相似，黄褐色。卵为圆球形，橙色至黄白色。

3. 生活习性

红蜘蛛主要以卵或受精雌成螨在植物枝干裂缝、落叶以及根际周围浅土层土缝等处越冬。第二年春天气温回升，植物开始发芽生长时，越冬雌成虫开始活动为害。展叶以后转到叶片上为害，先在叶片背面主脉两侧为害，从若干个小群逐渐遍布整个叶片。发生量大时，在植株表面拉丝爬行，借风传播。一般情况下，在5月中旬达到盛发期，7—8月是全年的发生高峰期，尤以6月下旬到

7月上旬为害最为严重。常使全株叶片枯黄泛白。该虫完成一代平均需要10~15天，既可营两性生殖，又可营孤雌生殖，雌虫一生只交配一次，雄虫可交配多次。越冬代雌成虫出现时间的早晚，与寄主本身的营养状况的好坏密切相关。寄主受害越重，营养状况越坏，越冬虫出现的越早；反之，到11月上旬仍有个体为害。

4. 防治方法

根据红蜘蛛越冬卵孵化规律和孵化后首先在杂草上取食繁殖的习性，早春进行翻地，清除地面杂草，保持越冬卵孵化期间田间没有杂草，使红蜘蛛因找不到食物而死亡。

药剂防治可选用15%哒螨灵乳油1 500~3 000倍液，或用24%螺螨酯悬浮剂4 000~5 000倍液，或用73%克螨特乳油2 000倍液，或用15%扫螨净乳油1 000倍液或用1%杀虫素2 500倍液等喷雾防治。

（二）茶黄螨

1. 为害情况

茶黄螨是为害蔬菜较重的害螨之一，主要为害黄瓜、茄子、辣椒、马铃薯、番茄、瓜类、豆类、芹菜、木耳菜、萝卜等蔬菜。以成螨和幼螨集中在蔬菜幼嫩部分刺吸为害。受害叶片背面呈灰褐或黄褐色，油渍状，叶片边缘向下卷曲；受害嫩茎、嫩枝变黄褐色，扭曲变形，严重时植株顶部干枯；果实受害果皮变黄褐色。果实受害后，呈开花馒头状。由于虫体很小，不易看清，易与病害混淆。

2. 形态特征

雌成螨长约0.21毫米，体躯阔卵形，体分节不明显，淡黄至黄绿色，半透明有光泽。足4对，沿背中线有1白色条纹，腹部末端平截。雄成螨体长约0.19毫米，体躯近六角形，淡黄至黄绿色，腹末有锥台形尾吸盘，足较长且粗壮。

卵长约0.1毫米，椭圆形，灰白色、半透明，卵面有6排纵向排列的泡状突起，底面平整光滑。幼螨近椭圆形，躯体分3节，足3对。

3. 生活习性

露地年发生20代以上，保护地栽培可周年发生，但冬季为害轻，世代重叠。常年保护地3月上中旬初见，4—6月可见为害严重田块。露地4月中、下旬初见，7—9月盛发。成螨通常在土缝、冬季蔬菜及杂草根部越冬。

成、幼螨集中在寄主幼芽、嫩叶、花、幼果等幼嫩部位刺吸汁液，尤其是尚未展开的芽、叶和花器。被害叶片增厚僵直、变小或变窄，叶背呈黄褐色、油渍状，叶缘向下卷曲。幼茎变褐，丛生或秃尖。花蕾畸形，果实变褐色，粗糙，无光泽，出现裂果，植株矮缩。茶黄螨主要靠爬行、风力、农事操作等传播蔓延。幼螨喜温暖潮湿的环境条件。成螨较活跃，且有雄螨负雌螨向植侏上部幼嫩部位转移的习性。卵多产在嫩叶背面、果实凹陷处及嫩芽上，经2~3天孵化，幼（若）螨期各2~3天。雌螨以两性生殖为主，也可营孤雌生殖。

茶黄螨喜温性，发生为害最适气候条件为温度16~27℃，相对湿度45%~90%，盛发期为7—9月。

4. 防治方法

铲除田边杂草，清除残株败叶；培育无虫壮苗。尽量消灭保护地的茶黄螨，清洁田园，以减轻次年在露地蔬菜上为害。定植前喷药灭螨，另外可选用早熟品种，早种早收，避开害螨发生高峰。

发生初期可选用5%唑螨酯悬剂2 000~3 000倍液，或用35%杀螨特乳油1 000倍液，或用73%克螨特乳油2 000倍液，或用15%扫螨净乳油1 000倍液，或用1%杀虫素2 500倍液等进行喷雾，一般每隔7~10天喷1次，连喷2~3次，喷药重点主要是植株上部嫩叶、嫩茎、花器和嫩果，注意轮换用药。

（三）蓟马

1. 为害情况

蓟马以成虫和若虫锉吸植株幼嫩组织（枝梢、叶片、花、果实等）汁液，被害的嫩叶、嫩梢变硬卷曲枯萎，植株生长缓慢，节间缩短；幼嫩果实（如茄子、黄瓜、西瓜等）被害后会硬化，严重时造成落果，严重影响产量和品质。

嫩叶受害后使叶片变薄，叶片中脉两侧出现灰白色或灰褐色条斑，表皮呈灰褐色，出现变形、卷曲，生长势弱。

幼果受害，表皮细胞破裂，逐渐失水干缩，疤痕随果实膨大而扩展，呈现不同形状的木栓化银白色或灰白色的斑痕。但也有少部分发生在果腰等部位。这类"疤痕果"大约可分成三类：一是距果蒂约0.5厘米周围，有宽2~3毫米的环状疤痕；二是果面上有一条或多条宽1毫米左右的不规则线状或树状疤痕；三是果面或脐部出现一个或多个钮扣大小的不规则圆形疤痕。圆形疤痕常与树状疤痕相伴。在幼果期疤痕呈银白色，用手触摸，有粗糙感；在成熟果实上呈深红或暗红色，平滑有光泽。

2. 形态特征

体微小，体长0.5~2毫米，很少超过7毫米；黑色、褐色或黄色；头略呈后口式，口器锉吸式，能挫破植物表皮，吸允汁液；触角6~9节，线状，略呈念珠状，一些节上有感觉器；翅狭长，边缘有长而整齐的缘毛，脉纹最多有两条纵脉；足的末端有泡状的中垫，爪退化；雌性腹部末端圆锥形，腹面有锯齿状产卵器，或呈圆柱形，无产卵器。

3. 生活习性

一年四季均有发生，春、夏、秋三季主要发生在露地，冬季主要在温室大棚中，为害茄子、黄瓜、芸豆、辣椒、西瓜等作物。发生高峰期在秋季或入冬的11—12月，3—5月则是第二个高峰期。雌成虫主要进行孤雌生殖，偶有两性生殖，极难见到雄虫。卵散产于叶肉组织内，每雌产卵22~35粒。雌成虫寿命8~10天。卵期在5—6月为6~7天。若虫在叶背取食到高龄末期停止取食，落入表土化蛹。

蓟马喜欢温暖、干旱的天气，其适温为23~28℃，适宜空气湿度为40%~70%；湿度过大不能存活，当湿度达到100%，温度达31℃时，若虫全部死亡。在雨季，如遇连阴多雨，植株叶腋间积水，能导致若虫死亡。大雨后或浇水后致使土壤板结，使若虫不能入土化蛹或蛹不能羽化成成虫。

4. 防治方法

早春清除田间杂草和枯枝残叶，集中烧毁或深埋，消灭越冬成虫和若虫；加强肥水管理，促使植株生长健壮和形成不利于蓟马活动和生存的场所，并注意保护小花蝽、猎蝽、捕食螨、寄生蜂等生物天敌。温室内可设置蓝色黏板，诱杀成虫。

化学防治可选择25%噻虫嗪水分散粒剂3 000~5 000倍液，或用20%吡虫啉（康福多）可溶剂2 000倍液，或用25%阿克泰水分散粒剂1 500倍液，或用5%啶虫脒可湿性粉剂2 500倍液，或用1.8%阿维菌素乳油3 000倍液等。每隔5~7天喷施1次，连喷3次可获得良好防治效果。重点喷洒花、嫩叶和幼果等幼嫩组织。

（四）蚜虫

可参照黄瓜虫害的防治方法。

第七节 小辣椒病虫害

小辣椒病害主要有疫病、病毒病、炭疽病、青枯病等；虫害主要有烟草夜蛾、白粉虱、蚜虫、红蜘蛛等。

一、主要病害防治

（一）辣椒疫病、病毒病

可参照黄瓜病害的防治方法。

（二）辣椒炭疽病

可参照西瓜病害的防治方法。

（三）辣椒青枯病

可参照茄子病害的防治方法。

二、主要虫害防治

（一）烟草夜蛾

烟草夜蛾又称"烟青虫"，为害青椒、番茄、南瓜等蔬菜，各地保护地蔬菜均有发生。此虫也是烟草的重要害虫，故称烟草夜蛾。属于鳞翅目夜蛾科。

1. 为害情况

以幼虫为害，小辣椒受害严重。一般幼龄幼虫在小辣椒植株上部食害幼嫩茎、叶、芽、顶梢；稍大后，则开始蛀食花蕾、花；三龄以后，可蛀入果内，啃食果肉，果实被害，造成腐烂，严重地影响产量和品质。

2. 形态特征

成虫体为淡黄褐色。前翅肾状纹、环状织和各横线清晰。外横线向斜后方延伸，但斜度不大，未达到肾状纹正下方；中横线斜伸，但未达到环状纹正下方。幼虫体色多变，有淡绿色、绿色、黄褐色、黑紫色等。

3. 生活习性

一年发生2代，以蛹在土中越冬。第一代幼虫盛发期为6月下旬至7月上旬，第二代幼虫盛发期为8月中旬至9月。以8—9月青椒受害最重。成虫白天隐蔽，夜晚活动。有趋光性，但趋光性不强。对香甜物质和半干杨树枝叶有趋性。成虫交配、产卵在夜间进行，前期卵多产在青椒植株上部叶片的叶脉附近，一般正反面均有；后期多产卵于萼片和果实上。也可于番茄果上产卵，但存活的幼虫极少，卵散产，偶有2~4粒在一起的。幼虫夜间取食为害。初孵幼虫首先啃食卵壳，然后取食嫩叶、嫩梢。三龄以后，全身蛀入果实的内部啃食籽粒。幼虫有转果为害的习性，每头幼虫可转3~5个果实。老熟幼虫有假死性，受惊动后，可卷缩坠地。幼虫共六龄，为11~25天，幼虫老熟后入土化蛹。烟草夜蛾发育程度和食物因子有着密切的关系。

4. 防治方法

秋季耕翻土地，可杀死一部分越冬虫源。在卵发生期，有条件的地区可以释放赤眼蜂；或用杀螟杆菌、青虫菌、Bt乳剂等生物农药800~1 000倍液喷雾，防治幼虫。

幼虫二龄以前及时进行防治，药剂可以选用1.5%甲氨基阿维菌素苯甲酸盐

1 500倍液，或用20%氯虫苯甲酰胺悬浮剂4 000倍液，或用2.5%天王星乳油3 000倍液，或用2.5%功夫乳油5 000倍液等。

（二）白粉虱

白粉虱俗称"小白蛾子"，属于同翅目粉虱科。

1. 为害情况

主要为害大棚及露地的瓜类、茄果类、豆类的蔬菜。白粉虱常以各虫态在加温大棚和室内多种寄主上以群集在叶背面吸收汁液，造成叶片褪色、变黄、萎蔫，严重时植株枯死。在为害的同时，还可分泌大量蜜露，污染叶片和果实，发生霉污病，影响植株的光合作用和呼吸作用。白粉虱无滞育或休眠现象，第二年春季和初夏通过菜苗移栽时传带，成为大棚、露地蔬菜的虫源。在适宜条件下白粉虱数量增长很快，仅在夏季因高温多雨及天敌的抑制而虫口有所下降，除此迅速上升达到高峰，并逐步迁入温室。在大棚和露地蔬菜生长紧密衔接和相互交替，使白粉虱可周年发生。

2. 形态特征

成虫体长1毫米左右，身体淡黄色，翅覆盖白色蜡粉。卵长约0.2毫米，侧面呈长椭圆形从叶背的气孔插入植物组织中，不易脱落。幼虫呈扁椭圆形，淡黄色或淡绿色，二龄以后，足消失，固定在叶背面不动。体表有长短不齐的蜡丝。幼虫共三龄。四龄幼虫不再取食，固定在叶背面，特称伪蛹。伪蛹呈椭圆形，扁平，中央略隆起，淡黄绿色。

3. 生活习性

成虫不善飞，趋黄性强，其次趋绿，而对白色有忌避性。一般群集于叶背面取食、产卵。成虫还有趋嫩性，随着植株生长，不断向嫩叶迁移，而卵、幼虫、伪蛹在原叶片上。因此，各虫态在植株上分布有一定的规律。一般上部叶片成虫和新产的卵较多，中部叶片快孵化的卵和小幼虫较多，下部叶片老幼虫和伪蛹较多。成虫、幼虫均可分泌蜜露，引起霉污。成虫发育的最适宜温度为25~30℃，温度高至40.5℃时，成虫活动力显著下降。幼虫抗寒力较弱。

4. 防治方法

育苗前，彻底清除杂草、残株落叶虫或用药剂熏杀残虫；在大棚通风口处，增设50目以上的防虫网，防止外来虫源飞入；发生后，及时打下枝杈、叶片并处理，可以减少虫量。发生重的温室、大棚，提前种一茬白粉虱不喜食的蒜苗、蒜黄和十字花科蔬菜等。并应避免与黄瓜、番茄、豆类等混栽。发生盛期，可在温室、大棚设置涂黏虫胶的黄色板，诱杀成虫。

药剂防治可以用10%扑虱灵乳油1 000倍液，对粉虱有特效；或用50%吡虫啉可湿性粉剂1 000~1 500倍液，或用3%啶虫脒乳油药液1 000~1 500倍液喷雾。密闭条件下，也可用敌敌畏乳油熏蒸，每亩用0.4~0.6千克。

(三) 蚜虫

可参照黄瓜虫害的防治方法。

(四) 红蜘蛛

可参照茄子虫害的防治方法。

第八节　樱桃番茄病虫害

樱桃番茄病害主要有叶霉病、早疫病、枯萎病、青枯病、灰霉病等；虫害主要有美洲斑潜蝇、蚜虫、白粉虱等。

一、主要病害防治

(一) 番茄叶霉病

1. 症状

叶霉病在番茄的叶、茎、花、果实上，都会出现的症状，主要为害叶片，严重时也为害茎、花和果实，叶片发病，初期叶片正面出现黄绿色、边缘不明显的斑点，叶背面出现灰白色霉层，后霉层变为淡褐至深褐色；湿度大时，叶片表面病斑也可长出霉层。病害常由下部叶片先发病，逐渐向上蔓延，发病严重时霉层布满叶背，叶片卷曲，整株叶片呈黄褐色干枯。嫩茎和果柄上也可产生相似的病斑，花器发病易脱落。果实发病，果蒂附近或果面上形成黑色圆形或不规则斑块，硬化凹陷，不能食用。

2. 病原和发病规律

病原为黄枝孢菌，属半知菌亚门真菌。分生孢子梗成束从气孔伸出，稍有分枝，初无色，后呈褐色，有1~10个隔膜，大部分细胞上部偏向一侧膨大。其上产生分生孢子，产孢细胞单芽生或多芽生，合轴式延伸。分生孢子串生，孢子链通常分枝，分生孢子圆柱形或椭圆形，初无色，单孢，后变为褐色，中间长出一个隔膜，形成2个细胞。

病菌以菌丝体或菌丝块在病残体内越冬，也可以分生孢子附着在种子表面或菌丝潜伏于种皮越冬。翌年条件适宜时，从病残体上越冬的菌丝体产生分生孢子，以气流传播引起初侵染，另外，播种带菌的种子也可引起初侵染。该病有多次再侵染，病菌萌发后，从寄主叶背面的气孔侵入，菌丝在细胞间蔓延，并产生吸器伸入细胞内吸取水分和养分，形成病斑。环境条件适宜时，病斑上又产生大量分生孢子，进行不断再侵染。病菌也可从萼片、花梗的气孔侵入，并能进入子房，潜伏在种皮上。

3. 防治方法

和非茄科作物进行3年以上轮作，以降低土壤中菌源基数。种子消毒处理，采用温水浸种。选择晴天中午时间，对温室或大棚采取2小时左右的30~33℃高温处理，然后及时通风降温，对病原菌有较好的控制作用。

加强棚室管理，及时通风，适当控制浇水，浇水后及时通风降湿；采用双垄覆膜、膜下灌水的栽培方式，除可以增加土壤湿度外，还可以明显降低温室内空气湿度，从而抑制番茄叶霉病的发生与再侵染，并且地膜覆盖可有效地阻止土壤中病菌的传播。根据温室外天气情况，通过合理放风，尽可能降低温室内湿度和叶面结露时间，对病害有一定的控制效应。及时整枝打杈、植株下部的叶片尽可能的摘除，也可增加通风。实施配方施肥，避免氮肥过多，适当增加磷、钾肥。

药剂防治可选用50%异菌脲水分散性粒剂1 000倍液，或用40%氟硅唑乳油6 000倍液，或用75%百菌清可湿性粉剂600~800倍液，或用50%多菌灵可湿性粉剂500倍液，或用70%甲基硫菌灵可湿性粉剂800倍液喷雾，连续喷3~4次，每次间隔7天。

（二）番茄早疫病

1. 症状

发病以叶为主，茎果也可发生。叶上产生黑褐色，圆或椭圆形病斑，直径1~2厘米，病斑外有黄色至黄绿色晕圈，病斑中央有同心轮纹，病斑正面产生黑色霉层。茎多发生在分枝处。病斑椭圆形，略凹陷，黑褐色。严重时易断枝。果上多发生在近果蒂处，病斑多圆形，略凹陷，有轮纹，黑褐色。病斑上长黑霉，严重时易落果。

2. 病原和发病规律

病原为茄链格孢，属半知菌亚门真菌。

早疫病除发生在番茄上外，还可侵染马铃薯、茄子、辣椒等作物，其主要侵染体是分生孢子。这种棒状的分生孢子通过气流、微风、雨水溅流，传染到寄主上，通过气孔、伤口或者从表皮直接侵入。在体内繁殖多量的菌丝，然后产生孢子梗，进而产生分生孢子进行传播。分生孢子比较顽固，通常条件下可存活1~1.5年。同时产生的活体菌丝可在1~45℃的广泛温度范围中生长，在26~28℃时，生长最快。在发病的各种条件中，主要条件是温度和湿度。从总的情况看，温度偏高、湿度偏大有利于发病。28~30℃时。分生孢子在水滴中35~45分钟的暂短时间内就可萌芽。初夏季节，如果多雨、多雾，分生孢子就形成的快而且多，病害就很易流行。在浙江地区一般是5月中、下旬为盛发期。除去温、湿度条件外，发病与寄主生育期关系也很密切。当植株进入1~3穗果膨大期时，在下部和中下部较老的叶片上开始发病，并发展迅速，然后随着叶片的向上逐渐老化而向上扩展，大量病斑和病原都存在于下部、中下部和中部植株上。当然，肥力差、管理粗放的地块发病更重。另外黏重土质比砂性土质的地块发病重。

3. 防治方法

种子处理，用50℃热水（恒温）进行温汤浸种30分钟（或55℃热水浸种15分钟），此法对多种蔬菜的种子带病菌病害都有效。药剂防治，发病初期，摘除病叶后喷药，每隔7天喷1次，连续2~3次。药剂可用70%丙森锌可湿性粉剂400~600倍液，或用50%异菌脲干悬浮剂1 000倍液，或用75%的百菌清可湿性粉剂600~800倍液，连喷3~5次，7~10天喷1次。

（三）番茄枯萎病

可参照黄瓜病害的防治方法。

（四）番茄青枯病

可参照小辣椒病害的防治方法。

（五）番茄灰霉病

可参照茄子病害的防治方法。

二、主要虫害防治

（一）美洲斑潜蝇

美洲斑潜蝇属双翅目潜蝇科，俗称蔬菜斑潜蝇。

1. 为害情况

以成虫、幼虫均可为害，雌成虫飞翔把植物叶片刺伤，进行取食和产卵，幼虫潜入叶片和叶柄为害，产生不规则蛇形白色虫道，叶绿素被破坏，影响光合作用。受害重的叶片脱落，造成花芽、果实被灼伤，严重的造成毁苗。美洲斑潜蝇发生初期，虫道呈不规则线状伸展，虫道终端常明显变宽。为害严重的叶片迅速干枯。

为害严重的叶片迅速干枯。受害田块受蛀率30%~100%，减收30%~40%，严重的绝收。

2. 形态特征

成虫体小，淡灰黑色，虫体结实。体长1.3~2.3毫米，翅展1.3~2.3毫米，雌虫较雄虫体稍长。小盾片鲜黄色，外顶鬃着生在黑色区域；前盾片和盾片亮黑色，内顶鬃常着生在黄色区域。卵很小，米色，轻微半透明，产在植物叶片内，田间很难见到。幼虫乳白至鸭黄色无头蛆，最长可达3毫米。有一对形似圆锥的后气门。每侧后气门开口于3个气孔，锥突端部有1孔。蛹椭圆形，腹面稍扁平，长2毫米左右，橙黄至金黄色。

3. 生活习性

成虫以产卵器刺伤叶片，吸食汁液。雌虫把卵产在部分伤孔表皮下，卵经2~5天孵化，幼虫期4~7天。末龄幼虫咬破叶表皮在叶外或土表下化蛹，蛹经7~14天羽化为成虫。每世代夏季2~4周，冬季6~8周。美洲斑潜蝇等在我国南部周年发生，无越冬现象。世代短，繁殖能力强。

4. 防治方法

早春和秋季蔬菜种植前，彻底清除菜田内外杂草、残株、败叶，并集中烧毁，减少虫源。种植前深翻菜地每亩施3%米尔乐颗粒剂1.5~2.0千克毒杀蛹。发生盛期，中耕松土灭蝇。

利用美洲斑潜蝇趋黄色习性，每亩安装20~30张含植物诱源的黄板诱杀成虫。在化蛹高峰期进行大水漫灌，杀来表土的虫蛹。保护地栽培时，在春夏或夏秋换茬时，关闭棚室，高温闷棚3~5天，杀灭棚内田间及植株上残存的虫源，降低虫口基数，效果明显。药剂防治。在成虫羽化始盛期选晴天早上露水干后至14：00前成虫活动盛期杀灭成虫。也可在卵孵化盛期喷洒75%灭蝇胺可湿性粉剂2 500~3 000倍液或用2%甲氨基阿维菌素苯甲酸盐微乳剂2 000倍液杀灭幼虫。对水均匀喷雾，因其世代重叠，要连续防治，视虫情5~7天1次，番茄采收前3天停止施药。

（二）蚜虫

可参照黄瓜虫害的防治方法。

（三）白粉虱

可参照小辣椒虫害的防治方法。

第九节　豇豆病虫害

豇豆病害主要有根腐病、锈病、病毒病、白粉病、炭疽病等；虫害主要有豆野螟、朱砂叶螨、蚜虫、美洲斑潜蝇、小地老虎等。

一、主要病害防治

(一) 豇豆根腐病

1. 症状

根腐病早期症状不明显，直到开花结荚期植株较矮小，瘸株下部叶片从叶缘开始变黄枯萎，一般不脱落，病株容易拔出，茎的地下部和主根变成红褐色，病部稍凹陷，有的开裂深达皮层，剖开叶柄或茎蔓，维管束已变褐，侧根脱落或腐烂，主根全部腐烂的，病株枯死，土壤湿度大时，常在病株茎基部产生粉红色霉状物，即病菌的分生孢子梗和分生孢子。

2. 病原和发病规律

病原为腐皮镰孢，属半知菌亚门真菌。菌丝具隔膜。分生孢子分大小两型：大型分生孢子无色，纺锤形，具横隔膜3~4个，最多8个，大小44~50微米×5.0微米；小型分生孢子椭圆形，有时具一个隔，大小（8~16）微米×（2~4）微米，厚垣孢子单生或串生，着生于菌丝顶端或节间，直径11微米。生育适温29~32℃，最高35℃，最低13℃。

病菌可在病残体、厩肥及土壤中存活多年，无寄主时可腐生10年以上；种子不带菌，初侵染源主要是带菌肥料和土壤，通过工具、雨水及灌溉水传播蔓延，先从伤口侵入致皮层腐烂。土壤含水量大，土质黏重或反季节栽培时易发病。发生程度与温湿度有密切关系。发病适温24~28℃，相对湿度80%；地势低洼，平畦种植，灌水频繁，肥力不足，管理粗放的连作地发病重。

3. 防治方法

种植抗（耐）病品种。与十字花科、百合科实行2年以上轮作。施用腐熟有机肥。选择地势高排水良好地块或采用高畦栽植，严禁大水漫灌，雨后及时排水，发现病株及时拔除烧毁。

播种时用70%甲基硫菌灵，或用50%多菌灵可湿性粉剂1份加细干土50份，充分混匀后沟施或穴施，每亩用药1.5千克。发病初期喷淋或浇灌36%甲基硫菌灵悬浮剂600~700倍液，或用54.5%噁霉·福可湿性粉剂700倍液，或用10%苯醚甲环锉可湿性粉剂1 000倍液隔10天左右1次，连续防治2~3次。

(二) 豇豆锈病

可参照茭白病害的防治方法。

(三) 豇豆病毒病、白粉病

可参照黄瓜病害的防治方法。

(四) 豇豆炭疽病

可参照西瓜病害的防治方法。

二、主要虫害防治

(一) 豆野螟

1. 为害情况

豆野螟主要为害豇豆、菜豆、扁豆、四季豆、豌豆、蚕豆、菜用大豆等蔬菜。以幼虫为害豆叶、花及豆荚，常卷叶为害或蛀入荚内取食幼嫩的种粒，荚内及蛀孔外堆积粪粒。受害豆荚味苦，不堪食用。

2. 形态特征

成虫是一种蛾子，体长10~13毫米，翅展20~26毫米，体色黄褐，腹面灰白色。复眼黑色。触角丝状黄褐色。前翅茶褐色，中室的端部有一块白色半透明的近长方形斑，中室中间近前缘处有一个肾形白斑，稍后有一个圆形小白斑点，白斑均有紫色的折闪光。后翅白色、半透明，近外1/3缘茶色，透明部分有3条淡褐色纵线，前缘近基部有小褐斑2块。停息时，四翅平展，前翅后缘呈直线排列。雌虫腹部肥大，末端圆形。雄虫体尖细，腹部末端有灰黑色的毛丛。

卵椭圆形，0.7毫米×0.4毫米左右，黄绿色，表面有近六角形的网纹。

成长幼虫体长14~18毫米，头黄褐色，体淡黄绿色，前胸背板黑褐色，中后胸背板上每节的前排有4个毛瘤，后排有褐斑2个，无刚毛。腹部背板上毛片同胸部，但各毛片上均有1根刚毛。腹足趾钩双序缺环。

蛹长12毫米左右。淡褐色，翅芽明显，伸至第4腹节，触角、中足均伸至第10腹节。中胸气门前方有刚毛1根。臀棘褐色，上生钩刺8枚，末端向内侧弯曲。

茧分内外两层，外茧长20~30毫米，外附泥土枯枝叶等杂物，内茧长18约毫米，丝质绸密。

3. 生活习性

一年中以5—6月为害最严重。成虫昼伏夜出，最喜欢产卵在花蕾及花上，也有产于嫩荚或叶背，卵散产，在28~29℃时卵期2~3天。幼虫孵出后即蛀入花蕾或嫩荚内取食，造成蕾、花、荚脱落。二三龄幼虫能转株为害，也可以随落地花再转株为害，转株时间多于早、晚进行。受害严重的田块，常可减产30%~50%。幼虫共五龄。老熟幼虫吐丝下坠地面以细土、枯枝、落叶缀结土室，再在其中作茧化蛹。

豆野螟对温度的适应范围广，在气温7~31℃都能生长发育，但最适温为28℃，相对湿度为80%~85%。

4. 防治方法

及时清除田间落花、落荚，摘除被害的卷叶和豆荚，集中烧毁。用黑光灯诱杀成虫。

药剂防治策略是"沾花不沾荚"，即在豇豆等作物始花期第一次施药，第二次在盛花期（2~3个花相对集中时），于8∶00前花瓣张开时喷药，重点是喷蕾、花、嫩荚及落地花上，连喷2~3次。两次喷药的间隔期，春播豇豆以10天、夏播豇豆以7天为宜。药剂可选用20%杀灭菊酯乳油2 000~4 000倍液，或用2.5%功夫乳油2 000~4 000倍液，或用2.5%天王星乳油2 000~4 000倍液，或用5%氯虫苯甲酰胺悬浮剂800倍液，或用15%茚虫威（凯恩）乳油3 500倍液等喷雾防治。

（二）朱砂叶螨

朱砂叶螨属真螨目，叶螨科。

1. 为害特点

以成螨、若螨在叶背刺吸寄主汁液，并在叶端或叶缘吐丝结网，受害后叶上现灰白小点或退绿，老叶先受害，逐渐向上扩展，严重时在株顶端吐丝结团，致叶片呈锈褐色、枯焦、脱落，造成植株早衰。

2. 形态特征

雌成螨体长0.4~0.5毫米，椭圆形。体色有红色、锈红色等。体背两侧有大型暗色斑块。体背生长刚毛。4对足等长。雄成螨体长0.4毫米，长圆形，腹末略尖。卵圆球形，体黄绿至橙红色，有光泽。幼螨体近圆形，较透明，足3对，取食后体变绿色。若螨足4对，体色较深，体侧出现明显斑块。

3. 生活习性

在长江流域一年发生15~18代。以成螨、若螨、卵在寄主的叶片下，土缝里或附近杂草上越冬。每年4—5月迁入菜田，6—9月陆续发生为害，以6—7月分段发生最重。温湿度与朱砂叶螨数量消长关系密切，尤以温度影响最大，当温度在28℃左右，湿度35%~55%，最有利于朱砂叶螨发生，但温度高于34℃，朱砂叶螨停止繁殖，低于20℃，繁殖受抑。朱砂叶螨有孤雌生殖习性，未受精的卵孵化为雄虫。卵孵化时，卵壳开裂，幼虫爬出，先静在叶片上，经蜕皮后进入第一龄虫期。幼虫及前期若虫活动少，后期若虫活跃而贪食，有趋嫩的习性，虫体一般从植株下部向上爬，边为害边上迁。

4. 防治方法

害螨发生初期开始喷洒0.3%印楝素乳油1 000倍液，240克/升螺螨酯悬浮剂4 000倍液，每个生长季节不要超过2次，防止产生抗药性。也可喷洒3%

阿维菌素乳剂2 500~3 000倍液，15天左右1次，防治2~3次。若持续高温干旱，红叶螨发生为害将会更加严重，在栽培管理上要适时灌水，增加田间湿度，促进蔬菜生长可控制叶螨为害。叶螨5~6天就完成1代，气温25℃，相对湿度70%繁殖最快，虫口数量猛增。叶螨发生为害初期至若螨始盛期是防治适期，及时喷洒杀螨剂，重点喷植株上部嫩叶背面和嫩茎、花器及幼果。

（三）蚜虫

见黄瓜虫害的防治方法。

（四）美洲斑潜蝇

见樱桃番茄虫害的防治方法。

（五）小地老虎

见西瓜虫害的防治方法。

第十节　四季豆病虫害

四季豆病害主要有细菌性疫病、枯萎病、锈病、病毒病、炭疽病、根腐病等；虫害主要有蚜虫、豆野螟、朱砂叶螨。美洲斑潜蝇等。

一、主要病害防治

（一）豆类枯萎病、病毒病

可参照黄瓜病害的防治方法。

（二）豆类锈病

可参照茭白病害的防治方法。

（三）豆类炭疽病

可参照西瓜病害的防治方法。

（四）豆类根腐病

可参照豇豆病害的防治方法。

二、主要虫害防治

（一）蚜虫

可参照黄瓜虫害的防治方法。

(二) 豆野螟、朱砂叶螨

可参照豇豆虫害的防治方法。

(三) 美洲斑潜蝇

见樱桃番茄虫害的防治方法。

第十一节　马铃薯病虫害

马铃薯病害主要有晚疫病、病毒病、早疫病等；虫害主要有蚜虫、小地老虎、蛴螬等。

一、主要病害防治

(一) 马铃薯晚疫病

晚疫病是马铃薯的重要病害之一，阴雨的年份发病重。

1.症状

主要侵害叶、茎和薯块。叶片染病，先在叶尖或叶缘生水浸状绿褐色斑点。病斑周围具浅绿色晕圈。湿度大时，病斑迅速扩大，呈褐色，并产生一圈白霉，即孢囊梗和孢子囊，尤以叶背最为明显。干燥时，病斑变褐干枯，质脆易裂，不见白霉，且扩展速度减慢。茎部或叶柄染病，现褐色条斑。发病严重的叶片萎垂、卷缩，终致全株黑腐，全田一片枯焦，散发出腐败气味。块茎染病，初生褐色大块病斑，稍凹陷，病部皮下薯肉也呈褐色，慢慢向四周扩大或烂掉。

2. 病原和发病规律

病原为致病疫霉，属鞭毛菌亚门真菌。

病菌主要以菌丝体在病残体或保护地栽培的植物上越冬。借气流和雨水传播。再以中心病株上的孢子囊借风雨、气流引起多次再侵染，导致病害流行。晚疫病的发生、流行与气候条件、栽培管理措施等因素有关，尤其是气候条件的影响最大。病菌发育温度为10~30℃，最适宜温度为24℃。孢子囊形成要求100％的相对湿度。因此，白天气温低于24℃、早晚多雾多露或经常阴雨绵绵、相对湿度持续保持在75％~100％，病害容易发生和流行。地势低洼、排水不畅、过度密植造成田间湿度过大，或偏施氮肥、土壤肥力不足、植株生长衰弱等都有利于病害发生。

3. 防治方法

种植抗病品种。与同科作物实行3年以上轮作；合理密植，采用高畦种植，控制浇水，降低田间湿度。保护地应从苗期开始，严格地控制生态条件，尤其是防止出现高湿度条件。

发现中心病株后，应及时拔除，并销毁重病株，摘除轻病株的病叶、病枝、病果，对中心病株周围的植株进行喷药保护，重点是中下部的叶片和果实。一般从现蕾开始，保护地可用45％百菌清烟雾剂熏烟，用量每亩250克，或用百菌清粉尘喷粉，每亩用药1 000克。每7~10天喷一次。发病初期，可选用72％霜脲·锰锌可湿性粉剂600倍液，或用72.2％普力克水剂800倍液，或用25％瑞毒霉可湿性粉剂800~1 000倍液，或用64％杀毒矾可湿性粉剂500倍液喷雾防治。

（二）马铃薯病毒病

可参照黄瓜病害的防治方法。

（三）马铃薯早疫病

可参照樱桃番茄病害的防治方法。

二、主要虫害防治

（一）蚜虫

可参照黄瓜虫害的防治方法。

（二）小地老虎、蝼蛄

可参照西瓜虫害的防治方法。

第十二节　芦笋病虫害

芦笋病害主要有茎枯病、根腐病等；虫害主要有蓟马、蚜虫、斜纹夜蛾等。

一、主要病害防治

（一）芦笋茎枯病

1. 症状

茎枯病又叫茎腐病。主要表现在茎、侧枝或叶子上。发病初期病原菌感染植株，形成纺锤形的深棕色的伤痕，病斑梭形或短线形，周围是亲水的边缘，呈现水肿状。随后病斑伤痕不规则地扩展开来，逐渐扩大，中心部凹陷，呈赤褐色，斑中最后变成灰白色，其上着生许多小黑点，即病菌的分生孢子器。待病斑绕茎一周时，被侵染的茎、枝便干枯死亡。病茎感病部位易折断。在雨季，从成熟的分生孢子器上放出的器孢子被雨水冲出，对紧靠土壤的芦笋茎基部造成继发性感染。由于器孢子的大规模感染，整个茎的基部马上就布满了伤痕，患病的植株一下子就突然变黄、枯萎，并最终死掉。

2. 病原和发病规律

病原为天门冬拟茎点霉，属半知菌亚门真菌。

该菌以分生孢子或菌丝在病残株上或土中越冬。来年再由孢子器中飞出分生孢子通过雨水和耕作工具等多种传播途径。在芦笋整个生长季节，侵染周期平均10~12天，病菌可进行10多次反复侵染。病害在一年中消长可分两个阶段：一是病害扩展期，即开始发病的30~40天，此期病株率尚低，病情发展缓慢；二是病害严重期，即发病40天以后，田间病株率达40%以上，此期约从7月下旬或8月份开始，同时笋丛逐渐变密，加上雨季来临，给病害发生创造了非常有利的条件。

3. 防治方法

选用美国的阿特拉斯、格兰德等一代抗病品种。收获后及时清除母株茎部残叶杂沓草，并喷洒50%多菌灵可湿性粉剂1 000倍液加50%代森锰锌可湿性粉剂1 000倍液，对基盘四周进行彻底消毒。合理追肥保证母株养分吸收，在留母茎之前每亩施生物有机速效肥或氯化钾三元复合肥75千克。春季提前留母茎，夏季采笋。进入雨季摘除母茎幼芽、花和果实，7月至立秋，选晴天把所留母茎新长出的花芽、花和果实摘除，可减少幼嫩组织染病。

药剂防治：可在母茎长到5厘米时，喷洒10%多抗霉素可湿性粉剂加80%硫黄，或用等量50%多菌灵可湿性粉剂加70%代森锰锌可湿性粉剂对水50倍液涂抹嫩茎。分枝放叶后至6月下旬茎枝老化时，喷洒30%戊唑·多菌灵悬浮剂800倍液，或用40%双胍三烷基苯磺酸盐可湿性粉性800~900倍液喷洒或涂抹。此外生产上，于7—9月发病高峰期可用70%代森锰锌可湿性粉剂800~1 000倍液，或用40%腈菌唑可湿性粉剂2 000倍液喷雾，具有预防、治疗和铲除作用。喷药一定要均匀，以喷洒嫩茎、茎枝为主，切不可只喷枝叶。发病初期5~7天喷一次，发病高峰期1~3天喷一遍。

（二）芦笋根腐病

可参照豇豆病害的防治方法。

二、主要虫害防治

（一）蓟马

可参照茄子虫害的防治方法。

（二）蚜虫、斜纹夜蛾

可参照黄瓜虫害的防治方法。

第十三节 苦荬菜病虫害

苦荬菜病害主要有叶斑病、霜霉病等；虫害主要有蚜虫、红蜘蛛等。

一、主要病害防治

（一）苦荬菜叶斑病

1. 症状

主要侵染叶片、叶柄和茎部。叶上病斑圆形，后扩大呈不规则状大病斑，并产生轮纹，病斑由红褐色变为黑褐色，中央灰褐色。茎和叶柄上病斑褐色、长条形。

2. 病原和发病规律

病原为属假单胞杆菌，丁香假单胞菌黄瓜致病变种细菌。病菌菌体短杆状，可链生，极生1~5根鞭毛，有荚膜，无芽孢。革兰氏染色阴性，好气性。在肉汁胨琼脂培养基上菌落白色，近圆形，扁平，中央稍凸起，不透明，有同心环纹，边缘一圈薄而透明，菌落边缘有放射状细毛状物。

叶斑病菌在病残体或随之到地表层越冬，翌年发病期随风、雨传播侵染寄主。夏秋（8—9月）病重，连作、过度密植、通风不良、湿度过大均有利于发病。

3. 防治方法

及时除去病组织，集中烧毁。从发病初期开始喷药，防止病害扩展蔓延。常用药剂有40%嘧霉·百菌清悬浮剂300~400倍液喷雾防治，25%金库（25%戊唑醇）3 000倍液，或用70%代森锰锌800倍液，或用70%甲基硫菌灵800倍液。要注意药剂的交替使用，以免病菌产生抗药性。

（二）苦荬菜霜霉病

可参照黄瓜病害的防治方法。

二、主要虫害防治

（一）蚜虫

可参照黄瓜虫害的防治方法。

(二) 红蜘蛛

可参照茄子虫害的防治方法。

第十四节　小京生花生病虫害

小京生花生病害主要有茎腐病、白绢病、叶斑病(褐斑病)、网斑病、锈病等；虫害主要有蚜虫、蛴螬、小地老虎等。

一、主要病害防治

(一) 花生茎腐病

1. 症状

花生茎腐病又称颈腐病、枯萎病、倒秧病，病菌从子叶或幼根侵入植株，在根颈部产生黄褐色水渍状病斑，后变黑褐色，引起根基组织腐烂。当潮湿环境时，病部产生分生孢子器(即黑色小突起)，病部表皮易剥落，纤维组织外露。当环境干燥时，病部表皮凹陷，紧贴茎上，成株期感病后，10~30天全株枯死，发病部位多在茎基部贴地面，有时也出现主茎和侧枝分期枯死现象。一般发生在生长中后期，植株感病后很快枯萎死亡。后期为感病者，果荚往往腐烂或种仁不满，造成严重损失，一般田地发病率为20%~30%，严重者达到60%~70%，特别是连作多年的花生地块，甚至成片死亡。

2. 病原和发病规律

病原为棉壳色单隔孢，属无性孢子类真菌。有性态为柑橘囊孢壳，属子囊菌门囊孢壳属真菌。病部小黑点即病原菌的分生孢子器，常突出于体表，黑色，近球形，顶端孔口呈乳头状突起。分生孢子梗细长，不分枝，无色。分生孢子初期无色，透明，单细胞，椭圆形，后期变为暗褐色，双细胞。两种分生孢子都能萌发。菌丝生长温度10~40℃，最适23~35℃，致死温度55℃ 10分钟，在−3~−1℃下经27天仍有侵染力。

病菌主要在种子和土壤中的病残株上越冬，成为第二年发病的来源。如果病株作为饲料或荚果壳饲养牲畜后粪便，以及混有病残株所积造的土杂肥也能传播蔓延。在田间传播，主要是靠田间雨水径流，其次是大风，农事操作过程中携带病菌也能传播。在多雨潮湿年份，特别是收获季节遇雨，收获的种子带菌率较高，因此，不仅是病害的主要传播者，而且通过引种还可以远距离的传播。

3. 防治方法

适时收获，避免种子受潮湿、防止发霉；晒干种子，保证含水量不超过10%；安全贮藏，注意通风防潮；不能使用霉种子、变质种子播种；选用抗病品种。

合理轮作，最好和小麦、高粱、玉米等禾本科作物轮作；施用腐熟肥料，加强田间管理。田间发现病株，应立即拔除，将其带出田外深埋。

药剂防治可用25%或50%多菌灵可湿性粉剂，按种子重量的0.3%~0.5%拌种或按种子量0.5%~1%药剂对水配成药液浸种，以能淹没种子为准，浸泡24小时取出播种。

当田间发病时，可用50%多菌灵可湿性粉剂600倍液，或用70%甲基硫菌灵800倍液浇根，在花生齐苗后和开花前后各喷一次，或者发病初期喷1~2次；用普力克800~1 000倍液喷雾，还可兼治花生根腐病、立枯病、叶斑病等。

(二) 花生白绢病

白绢病主要发生在花生生长的中、后期，前期发病较少。在个别地区，白绢病在花生生长的前期发生也很多。

1. 症状

病害多在花生成株发生，病菌主要侵染近地面的茎基部。受害病组织初呈暗褐色软腐，上长波纹状病斑，不久即长出白色绢状菌丝，覆盖受害部位，故此而得名。环境条件适宜时，菌丝迅速向外蔓延，花生近地面中、下部的茎秆以及病菌周围的土壤表面，都可长出一层白色绢丝状菌丝层。天气干旱时，仅为害花生地下部位，菌丝层不明显。后期在病部菌丝层中形成很多菌核。菌核初期白色，后变共褐色，最后为黑褐色，表面光滑、坚硬。菌核大小不一，一般似油菜籽。随着受害病组织的腐烂，水分和养分不能正常运输，因而病株地上部先是叶子变黄，尔后逐渐枯死。病部腐烂，皮层脱落，剩下纤维状组织，易折断。

果柄杂病，会产生0.5~2厘米大小的褐色病斑，最后腐烂断折。荚果感病后病部变浅褐色至暗褐色，果仁感病后变皱缩、腐烂，病部覆盖灰褐色菌丝层，后期还形成菌核。病菌在种壳里面和种仁表面生长时还能产生草酸，以致在种皮上形成条纹、片状或圆形的蓝黑色彩纹。

2. 病原和发病规律

病原为罗耳阿太菌，属担子菌亚门真菌。

病菌以菌核或菌丝体在土壤中及病株上越冬。菌核在土壤中可存活5~6年，尤其是在较干燥的土壤中存活时间更长。一般菌核分布在3~6厘米的表土层内，菌核或菌丝萌发的芽管，从花生根茎部的表皮直接侵入，使病部组织腐烂，造成植株枯死。病菌主要借流水、昆虫传播。种子也能带菌传染。

高温多雨情况下，发病重。一般田间6月下旬始见病斑，从开始发病到7月上旬发病比较缓慢，发病部位主要集中在茎的基部，随着花生植株逐渐封垄，高温、高湿季节的来临，病害迅速发展，病斑逐渐扩展到茎的中、下部，白色菌丝覆盖其上或地表面。

高温高湿有利于发病；雨后骤停以及久旱骤雨，发病都较严重；长期连作，由于田内积累大量病原菌的菌核和病残体，病害逐年加重；发生严重时，由于大量落叶，枯叶围绕子房柄能增加侵染机会。杂草丛生和自生苗较多的地块白绢病也常发生严重。

3. 防治方法

重病地与禾本科作物、百合科蔬菜进行2~4年轮作。花生收获后及时清除病残体。对偏酸性土壤每亩施石灰100千克左右，采用高畦或起垄种植，深沟排水，降低田间湿度，可减轻发病。增施腐熟有机肥，增施硫酸钙、硝酸钙和钾肥，提高花生抗病力。

药剂防治可用占种子重量0.25%~0.5%的25%多菌灵可湿性粉剂拌种，先将药粉与5~10倍的细干土掺匀配成药土，然后用水湿润种皮，再用药土拌种，要使每一粒花生种子都拌上药土。

还可以选用40%菌核净可湿性粉剂1 500倍液，或用50%克菌丹可湿性粉剂500倍液，淋灌病株茎基部周围，每株用药液100毫升。也可用50%异菌脲可湿性粉剂1 000倍液，或用50%腐霉利可湿性粉剂1 000倍液，或用5%井冈霉素水剂1 000倍液，或用50%甲基硫菌灵可湿性粉剂500倍液等淋灌病株。每隔7~10天用药一次，连续3~4次。

(三) 花生叶斑病 (褐斑病)

1. 症状

多发生在叶的正面，病斑为黄褐色或暗褐色，圆形或不规则形，直径4~10毫米，以4~6毫米的居多，病斑的周围有一清晰的淡黄色晕圈，似青蛙眼，叶背颜色较正面为浅，无黄色晕圈。斑面上病症多不明显，通常仅在叶正面现隐约可见淡色薄霉层 (病菌分生孢梗和分生孢子)。有时几个病斑连在一起，在老病斑上产生灰色霉状物，排列不规则，在茎、叶柄和果针上形成椭圆形病斑，暗褐色，中间稍凹陷。

2. 病原和发病规律

病原为花生尾孢，属半知菌类真菌。

病菌主要以子座、菌丝和分生孢子在病残体上越冬，也可以子囊腔在病残体内，或以分生孢子附着在种壳、种子上越冬，成为翌年的初侵染源，翌年于适宜条件下菌丝直接产生的分生孢子随风雨传播。

病菌生长发育温度范围为10~37℃，最适温度为25~30℃。春花生收获后的病残体又成为秋花生初始菌源。秋季多雨，气候潮湿，病害重；少雨干旱天气病害轻。花生生长前期发病轻，中后期发病重；幼嫩叶片发病轻，老叶发病重。开花前后开始发生，早熟和晚熟花生收获前2~3周发病最重。花生连作地菌源增加，病害加重；连作年限越长，病害越重。土质好、肥力水平高、花生长势好的地块病害轻；而山坡地沙性强、肥力低，花生长势弱，病害重。

3. 防治方法

实施合理轮作，与甘薯、玉米、水稻等作物轮作1~2年均可减少田间菌源，收到明显减轻病害的效果。适期播种、合理密植、施足基肥等加强田间管理措施，可促进花生健壮生长，提高抗病力，减轻病害发生。花生收获后，及时清除田间残株病叶，深耕深埋或用作饲料，均可减少菌源，减轻病害。

药剂防治可选用80%代森锰锌可湿性粉剂400倍液，或用40%三乙膦酸铝300倍液，或用75%百菌清可湿性粉剂600倍液等喷雾防治。

病害防治指标以5%~10%病叶率，病情指数3~5时开始第一次喷药，以后视定情发展，相隔10~15天喷一次。病害重的喷药2~3次，可以控制病害发生。但要注意交替使用不用类型的杀菌剂，以防止耐药性的产生。每亩喷药量为60~75千克。在第一叶面喷药时用100毫升药液灌墩，防治效果最好。

（四）花生网斑病

网斑病是近年来新发生的一种花生叶部斑点性病害，也是花生叶斑类病害中蔓延快、为害重的病害之一，严重影响花生产量，流行年份可造成20%~40%的产量损失，严重年份超过70%。

1. 症状

花生网斑病因气候条件不同而表现两种症状。

（1）网纹型。一般发生在温度、湿度比较合适的情况下，病斑发展很快，网斑病发病初期，在叶片正面产生白色小粉点，逐渐呈白色网纹状或星芒状辐射，随病斑扩大，中间变成褐色、深褐色，病斑不规则形，边缘不清晰或模糊，周围无黄色晕圈（别于其他斑病），着色不均匀，一般不透过叶面。在温度湿度比较合适的情况下，病斑发展很快，往往是多个病斑连在一起形成更大病斑，甚至布满整个叶片。

（2）污斑型。叶片正面初生针状褐色小点，渐扩展成圆形深褐色污斑，病斑边缘较清晰，周围有明显的褪绿斑。病斑可以穿透叶片，但在叶片背面形成的病斑比正面的要小，叶背面病斑不明显，呈淡褐色，在多雨季节，多产生较大、近圆形黑褐色斑块，横径可达1~1.5厘米，致叶片早期脱落。后期病斑上出现栗褐色小粒点，即病菌分生子器，老病斑变干易破裂。主要是因为在网纹病发展过程中，遇到不适宜的气候条件所致。高温、高湿的雨季大量出现，说明环境条件很适合该病害发生。

两种类型病斑能在同一个叶片上发生，并可相互融合，扩展至整个叶面。污斑型和网纹型症状也可以独立发展，当外界条件不利时多形成网纹型症状。网斑病与叶斑病混合发生情况下，可造成早期叶片脱落。

2. 病原和发病规律

病原为花生茎点霉菌，属半知菌亚门真菌。

病菌以菌丝和分生孢子器在病残株上越冬。翌年病菌分生孢子器释放出分生孢子，借风雨传播，成为田间初侵染源。在适宜条件下，孢子产生芽管直接穿过表皮，菌丝成网状在表皮下蔓延，杀死邻近细胞，形成网状坏死。菌丝也伸入到皮下组织，随着菌丝大量生长，引起细胞广泛坏死，产生典型坏死斑块。病组织上产生分生孢子在田间扩散引起反复侵染。

病害一般在花生花针期发生，气温10~30℃均能发生发展，最适气温为22~25℃，相对湿度80%以下时发病较轻，8月降雨大，病害易流行，8—9月是发病盛期，病害严重的地块造成花生多数叶片脱落，严重影响花生产量。该病流行的适宜温度低于其他叶斑病害。花生生长后期，遇持续阴雨天气，将导致病害严重流行。种植密度大，田间郁蔽，通风透光条件差，小气候明显，温度降低，湿度增高，对病害发生有利。连作地网斑病重于轮作地，连作年限越长，病害发生越重。覆膜花生地重于露地。

3. 防治方法

收获时彻底清除病株、病叶，以减少翌年病害初侵染源。与其他作物合理轮作1~2年，可以减轻病害发生。冬前或早春深耕深翻，将部分生土翻到地表，全面覆盖地面，将越冬病菌埋于地表20厘米以下，可以明显减少越冬病菌初侵染的机会。适期播种，合理密植。增施基肥和磷肥、钾肥，不偏施氮肥，并适当增补钙肥。合理灌溉，雨后及时排出田间积水，降低田间湿度。及时中耕除草，提高植株抗病力。使用的有机肥要充分腐熟，并不得混有植株病残体。

药剂防治可选用70%代森锰锌胶悬剂40倍液，或用75%甲基硫菌灵可湿性粉剂800倍液，或用75%百菌清可湿性粉剂700倍液，或用64%噁霜灵可湿性粉剂500倍液，或用40%三乙膦酸铝可湿性粉剂300倍液等喷雾防治，每隔10~15天喷一次，连喷2~3次。

（五）花生锈病

可参照茭白病害的防治方法。

二、主要虫害防治

（一）蚜虫

可参照黄瓜虫害的防治方法。

（二）小地老虎、蛴螬

可参照西瓜虫害的防治方法。

第十五节　甜玉米病虫害

甜玉米病害主要有大小叶斑病、锈病等；虫害主要有黏虫、钻心虫、蚜虫等。

一、主要病害防治

（一）玉米大小叶斑病

1. 症状

玉米大斑病在整个生育期均可发生，但苗期很少发生，后期逐渐加重，发病叶片上形成梭形大斑，病斑黄褐色或青灰色，中部色浅，边缘色深，长5~10厘米，宽1.2~1.5厘米，严重时几个病斑互相连接，叶片提早枯死。

玉米小斑病在整个生育期都可发生，后期发生较重。此病主要为害叶片，偶而也为害叶鞘、包叶和子粒。病斑小，表现为3种类型。

第一种类型，病斑为椭圆形，中央黄褐色、边缘紫色或深褐色，空气湿度高时，病斑表面生灰褐色稀疏霉层，后病叶变黄枯死。

第二种类型，病斑椭圆形或纺锤形，病斑较大，中央灰褐色或浅黄色，一般无明显边缘，后期稍显轮纹，高温高湿条件下病斑表面生灰褐色霉层。叶片病斑数量多时，很快萎蔫枯死。

第三种类型，叶片上形成黄褐色坏死小斑，病斑周围有黄色晕圈，表面霉层极少，叶鞘和包叶病斑较大，呈纺锤形，表面密生灰黑色霉层。果穗受害生灰黑色霉层，严重时果穗腐烂。

玉米大小叶斑病的发生与流行，与气候条件、品种抗性、管理水平及立地条件关系密切。空气湿度高、温度适宜时发病重，品种抗性差者发病重，连作、地势低洼、排水不良、土质黏重、施肥不足都会加重发病。

2. 病原和发病规律

玉米大斑病病原为大斑突脐蠕孢，玉米小斑病病原为玉蜀黍平脐蠕孢，同属半知菌亚门真菌。

大斑病菌生长适温为20~24℃，相对湿度80%以后（低于70%不利于病害的发生），多雨同湿而温度并不太高的环境条件有利于此病发生。晚播玉米受害重。小斑病要求高温高湿，孢子萌发适温为26~32℃，在适温时潜育期为2~3天，因此在南方温暖地区较为严重。但在阴雨多湿的情况下，大、小斑病都会严重发生。

凡秋玉米田接近重病的夏玉米田，或是在春玉米收获后未彻底处理病残体的田块种植，则发病严重，反之则发病较轻。轮作比连作发病轻，而2年轮作又比一年轮作轻。

砂土漏水漏肥严重的发病重，排水不良、土壤潮湿，以致田块积水的发病重。玉米与矮秆作物间作，通风透光良好，较单种玉米发病轻。

3. 防治方法

选用抗病品种，与其他作物轮作。增施腐熟有机肥料，增施磷钾肥、锌肥和生物菌肥，追施足量氮肥，保障玉米植株健壮，提高抗病性能。

发病初期喷洒250克/升嘧菌酯悬浮剂1 000倍液或用20%戊唑·多菌灵悬浮剂600~700倍液或用75%百菌清可湿性粉剂600倍液或用50%腐霉利可湿性粉剂1 500倍液，隔10天左右1次，防治1~2次。

（二）玉米锈病

可参照茭白病害的防治方法。

二、主要虫害防治

（一）黏虫

1. 为害情况

黏虫是一种玉米作物虫害中常见的主要害虫之一。黏虫以幼虫暴食玉米叶片，严重发生时，短期内吃光叶片，造成减产甚至绝收。一二龄幼虫取食叶片造成孔洞，三龄以上幼虫为害叶片后呈现不规则的缺刻，暴食时，可吃光叶片。大发生时将玉米叶片吃光，只剩叶脉，造成严重减产，甚至绝收。当一块田玉米被吃光，幼虫常成群列纵队迁到另一块田为害。一般地势低、玉米植株高矮不齐、杂草丛生的田块受害重。

2. 形态特征

玉米黏虫属鳞翅目，夜蛾科，又名行军虫、剃枝虫、五色虫。

幼虫：幼虫头顶有八字形黑纹，头部褐色黄褐色至红褐色，二三龄幼虫黄褐至灰褐色，或带暗红色，四龄以上的幼虫多是黑色或灰黑色。身上有5条背线，所以又叫五色虫。腹足外侧有黑褐纹，气门上有明显的白线。蛹红褐色。

成虫：体长17~20毫米，翅展36~40毫米。淡灰褐色或黄褐色，雄蛾色较深。前翅有两个土黄色圆斑，外侧圆斑的下方有一小白点，白点两侧各有一小黑点，翅顶角有1条深褐色斜纹。

卵：长约0.5毫米，馒头形稍带光泽，初产时白色，颜色逐渐加深，将近孵化时黑色，有光泽。卵粒单层排列成行成块。

蛹：长约19毫米；红褐色；腹部第五至第七节背面前缘各有一列齿状点刻；臀棘上有刺4根，中央2根粗大，两侧的细短刺略弯。

3. 生活习性

黏虫一生分为4个阶段，成虫、卵、幼虫和蛹。一二龄幼虫多隐藏在作物心叶或叶鞘中，昼夜取食，但食量很小，啃食叶肉残留表皮，造成半透明的小条斑。五六龄幼虫为暴食阶段，蚕食叶片，啃食穗轴。黏虫无滞育现象，只要条件适宜，可连续繁育。世代数和发生期因地区、气候而异。

4. 防治方法

利用黏虫成虫趋光、趋化性，采用糖醋液、性诱捕器、杀虫灯等无公害防治技术诱杀成虫，以减少成虫产卵量，降低田间虫口密度。

防治时间一般为9月上中旬，防治指标为玉米田虫口密度30头/百株。防治时每亩用50%辛硫磷乳油75~100克、或用20%灭幼脲3号悬浮剂500~1 000倍液，对水40千克均匀喷雾。

(二) 玉米钻心虫

1. 为害情况

玉米钻心虫狭义专指亚洲玉米螟，广义的指蛀入玉米主茎或果穗内的玉米螟、高粱条螟、桃蛀螟、大螟等虫类。其幼虫蛀入玉米主茎或果穗内，能使玉米主茎折断，造成玉米营养供应不足，授粉不良，致使玉米减产降质。

2. 形态特征

钻心虫是螟蛾科秆野螟属的一种昆虫，是玉米的主要害虫。

成虫黄褐色，雄蛾体长10~13毫米，翅展20~30毫米，体背黄褐色，腹末较瘦尖，触角丝状，灰褐色，前翅黄褐色，有两条褐色波状横纹，两纹之间有两条黄褐色短纹，后翅灰褐色；雌蛾形态与雄蛾相似，色较浅，前翅鲜黄，线纹浅褐色，后翅淡黄褐色，腹部较肥胖。

卵扁平椭圆形，数粒至数十粒组成卵块，呈鱼鳞状排列，初为乳白色，渐变为黄白色，孵化前卵的一部分为黑褐色（为幼虫头部，称黑头期）。

老熟幼虫，体长25毫米左右，圆筒形，头黑褐色，背部颜色有浅褐、深褐、灰黄等多种，中、后胸背面各有毛瘤4个，腹部1~8节背面有两排毛瘤，前后各两个，均为圆形，前大后小。

蛹长15~18毫米，黄褐色，长纺锤形，尾端有刺毛5~8根。

3. 生活习性

钻心虫通常以老熟幼虫在玉米茎秆、穗轴内或高粱、向日葵的秸秆中越冬，翌年4~5月化蛹，蛹经过10天左右羽化。成虫夜间活动，飞翔力强，有趋光性，寿命5~10天，喜欢在离地50厘米以上、生长较茂盛的玉米叶背面中脉两侧产卵，一个雌蛾可产卵350~700粒，卵期3~5天。

幼虫孵出后，先聚集在一起，然后在植株幼嫩部分爬行，开始为害。初孵幼虫，能吐丝下垂，借风力飘迁邻株，形成转株为害。幼虫多为五龄，三龄前主要集中在幼嫩心叶、雄穗、苞叶和花丝上活动取食，被害心叶展开后，即呈现许多横排小孔；四龄以后，大部分钻入茎秆。

钻心虫适合在高温、高湿条件下发育，冬季气温较高，天敌寄生量少，有利于钻心虫的繁殖，为害较重；卵期干旱，玉米叶片卷曲，卵块易从叶背面脱落而死亡，为害也较轻。

4. 防治方法

心叶期防治主要采用撒颗粒剂的防治方法，常用药剂主要有3%辛硫磷颗粒剂撒施，一般每亩用量不超过0.25~0.4千克，且宜在阳光充足、露水干后撒施。在玉米心叶末期即大喇叭口期施药，是防治的最佳时期。也可用50%敌敌畏乳油800倍液，或用90%敌百虫晶体800~1000倍液，或用50%辛硫磷乳油800~1000倍液，按株每10毫升的用量灌注心叶。

穗期防治，这个时期的钻心虫已钻入雌穗内，可用50%敌敌畏乳油0.4千克对水10千克制成药液，用棉球或毛刷将药剂均匀涂抹在雌穗顶端和花丝中，或用去掉针头的注射器把药剂注入雌穗内。或者用50%敌敌畏乳油800倍液灌入小口瓶内，瓶口塞上带细塑料的瓶塞。在玉米撒粉基本结束，而幼虫尚集中在药丝上为害时，将药液滴几滴在雌穗顶端花丝基部，药液即渗入药丝，熏杀在雌穗顶部为害的幼虫。

(三) 蚜虫

可参照黄瓜虫害的防治方法。

第五章　山地蔬菜栽培研究论文选载

□ 茭鸭共育模式的经济效益及技术要点

吴旭江　吕文君　陈银根

新昌县是"中国高山茭白之乡"，随着农村产业结构调整和生态效益农业的发展，自2005年就开展了茭白蛋鸭种养模式试验研究和示范推广。茭鸭共育种养模式是以茭白田为基础，优质茭白生产为中心，蛋鸭放养为特点，产品达到无公害为目的的自然生态和人为干预的种养相结合的新型农作模式。即在茭白生长期间，充分利用鸭子在茭白田间捕虫、吃草、耘田的作用，减轻病虫和杂草害，促使茭白健壮生长，同时促使产品无公害、低成本生产，达到高效益并兼有保护生态环境的综合效果。它对促进农业增效、农民增收、农村可持续发展具有重要的现实意义和广阔的应用前景。现将茭鸭共育种养模式的依据、生产条件、2010—2011年试验研究结果效益总结分析，以期对茭鸭共育种养模式的推广起到推动作用。

一、茭鸭共育模式的特点

利用生态原理，将茭白田间栽培生态环境与蛋鸭养殖有机结合起来，茭白田为鸭子提供活动场所，提供杂草、昆虫等部分食物，同时鸭子为茭白除草耘田，捕捉昆虫，鸭粪又能肥田，两者互生互利，达到节本增效目的，又能提高茭白、鸭蛋品质，形成生产、经济、生态3个持续性相统一的新型农作制度发展模式。

利用社会学共赢原则，通过技术措施的统筹，使鸭子饲养和茭白种植两个不同的生产体系，在同一生产环境中得到和谐共存，互惠互利，协调发展。

二、材料与方法

（一）试验地概况

试验地位于浙东南山区新昌县中南部的回山镇，海拔400米，离县城40千米。地处亚热带季风湿润气候区，气候温和，四季分明，热量丰富，无霜期长，雨量充沛。年平均气温15~16℃，气温稳定通过10℃时日在3月下旬初期，无霜期210~230天，年降雨量1 300~1 600毫米，年蒸发量914.1毫米，降水量大于蒸发量，常年日照时数1 910小时左右，日照百分率为43%。土壤类型为由玄武岩风化发育而成的玄武岩台地之一的棕泥土。

（二）供试品种及必要条件

以建立连片茭白基地为基础，养鸭大户为实施主体，选择优良蛋鸭品种绍兴麻鸭和当地回山八月茭茭白品种为试验材料；选择茭白基地连片集中的养鸭大户为主，周边示范户为辅形成本项目的核心示范基地。其条件：一是连片茭白基地不少于100亩；二是养鸭大户规模需1 000羽以上，以养鸭为主业并具有较强的事业心与农业科研能力；三是具有鸭舍、池塘和河流等必备条件；四是交通便捷，便于饲料运输和赶鸭进茭田活动。

（三）试验设计

茭鸭共育示范试验点和农户，分别设在回山镇宅下丁村杨灿源户、大宅里村梁碧林户、红联村梁新源户、上西岭村赵建新户和雅里村杨逸昌户；蛋鸭圈养试验点设在南明街道棣山村卢成云户；不放养鸭对照茭田试验点设在宅下丁村和大宅里村各一个。

在宅下丁村和大宅里村茭白基地设放养密度处理：宅下丁村茭白基地250亩，放养蛋鸭1250羽，平均每亩5羽；大宅里村茭白基地420亩，放养蛋鸭1300羽，平均每亩3.1羽。

（四）调查内容与方法

分别在茭鸭共育试验区与传统区调查茭白生长情况及产量结果，调查病、虫、草害的生物效果，测定茭鸭共育对鸭蛋质量品质效果。

三、研究结果分析

（一）茭鸭共育对茭白分蘖生长发育及产品质量的影响

茭鸭共育对茭白分蘖生长发育及产品质量的影响见表5-1，由表可见茭白通过放养蛋鸭后可控制茭白无效分蘖，提高成茭率、单株壳茭重和产量。每亩平均分蘖数减少0.28万株，减11.4%，分蘖成茭率增8.4%，单株茭重增7克，增7.9%，产量增60千克。

表5-1　各处理间分蘖生长及产量情况

| 处　理 | 分　蘖　数 | | 有效分蘖成茭数 | | | 平均单株壳 | 产量 |
	（株/平方米）	（万株/亩）	（株/平方米）	（万株/亩）	成茭率（%）	茭重（克）	（千克/亩）
茭鸭共育区	32.5	2.17	28.2	1.88	86.7	95.5	1 795
传统种植区	36.7	2.45	29.4	1.96	80	88.5	1 735
（+－）	-4.2	-0.28	-1.2	-0.08	+6.7	+7	+60
（%）	11.4	11.4	4.1	4.1	8.4	7.9	3.5

注：表中数据为5个试验点两年调查平均数（下同）

（二）茭鸭共育对茭白病、虫、草害的生物防治效果

茭鸭共育对茭白病、虫、草害的生物防治效果见表5-2，由表可见茭鸭共育对茭田杂草防治效果最明显，杂草每亩鲜重只有17.3千克，密度801株，鲜重和密度防效均达到99%；茭白纹枯病丛发病率为10.8%，防效达66.1%，株发病率为5.7%，防效达58.7%；二化螟每100株受害5株。比传统种植15.2减10.2株，防效67.1%；飞虱虫害每株3.5条，比传统种植19.1条减15.6条，防效81.7%。

从养鸭密度分析看：宅下丁村250亩平均放鸭5羽和大宅里村420亩平均放鸭3.1羽，都能达到同样的生物防治效果。

表5-2　各处理茭白杂草、病虫害发生情况

| 处　理 | 杂　草 | | 纹枯病 | | 虫　害 | |
	鲜重（千克/亩）	密度（株/亩）	丛发病率（%）	株发病率（%）	二化螟虫量（条/100株）	飞虱虫量（条/100株）
茭鸭共育区	17.3	801	10.8	5.70	5.0	3.5
传统种植区	2 307.8	77 373	31.9	13.80	15.2	19.1
（+－）	-2 290.5	-76 572	21.10	-8.1	10.2	15.6
防效（%）	99.35	98.96	66.10	58.7	67.1	81.7

（三）茭鸭共育与圈养方式对鸭蛋、母鸭品质的影响

茭鸭共育与圈养方式对鸭蛋、母鸭品质的影响见表5-3，由表可见茭田鸭蛋蛋白浓度高、颜色黄。经鸭蛋哈氏指数测定，茭田鸭蛋浓蛋白高度为7.4毫米比圈养高0.9毫米，增13.9%，茭田鸭蛋哈氏单位84.4比圈养高5.9增7.5%，即

茭田鸭蛋品质好、口味香，价格高。茭田蛋鸭鸭体健壮，疫病少、肉质坚实、瘦肉率高、脂肪较少、氨基酸多、鲜味浓、口感好。

5-3　茭鸭共育与圈养对鸭蛋品质的比较

处理	蛋重（克）	纵径（毫米）	横径（毫米）	浓蛋白高度（毫米）	哈氏单位
茭鸭共育蛋	65.3	5.9	4.5	7.4	84.4
圈养鸭蛋	65.8	6.0	4.4	6.5	78.5
对比(+−)	−0.5	−0.1	+0.1	+0.9	+5.9
对比(%)				13.9	+7.5

注：Haug nuit=100ln（H−1.7×W0.37+7.56）/ln10　H：浓蛋白高度（毫米）W：蛋重（克）

（四）茭鸭共育与传统种植获得经济效益比较（表5-4）

茭白增产增收，茭农每亩增产茭白60千克，增收240元；节省人工田间除草用工量10工，即500元；少喷农药2次，节省农药成本42元，节省喷药用工1工（天）50元，即92元。茭农合计节本增收832元，增18.3%。

表5-4　茭鸭共育与传统种植获得经济效益比较

处理	农药成本 喷药次数（次）	金额（元）	肥料成本（元）	田间管理劳务成本 清叶除蘖施肥（工）	人工除草工数	采收用工（工）	合计工数（工）	工资（元）	药、肥、用工成本合计（元）	茭白 亩产量（千克）	亩产值（元）	每亩纯收入（元）
茭鸭共育区	5	95	238	14.5	/	15	29.5	1 475	1 808	1 795	7 180	5 372
茭白不放鸭	7	137	238	15.5	10	15	40.5	2 025	2 400	1 735	6 940	4 540
对比（+−）	−2	−42	/	−1	−10	/	−11	550	592	60	240	832
对比(%)	−28.6	−30.7	/	−6.5	−100	/	−27.2	27.2	24.7	3.5	3.5	18.3

注：茭白价格以两年平均数4元/千克计算，用工成本以50元/工计算工资

（五）茭鸭共育与圈养方式蛋鸭经济效益分析

茭鸭共育与圈养方式蛋鸭经济效益分析见表5-5。

茭鸭共育与圈养比较：茭鸭蛋鸭年产量215枚少20枚，产蛋率68%低16%，年产蛋量14.1千克减13.5%，年产蛋值183.3元增7.5%；饲料成本117元省14.5%；母鸭年残值2.5元增5元；年利润68.8元增37.7元，增121.2%。

表5-5　茭鸭共育与圈养方式蛋鸭效益比较

| 处理 | 鸭蛋（每羽年平均数） | | | | | | | | 母鸭残值 | | | | 每羽蛋鸭平均利润（元） |
	产蛋数（枚）	产蛋率（%）	单蛋重（克）	鸭蛋总重（千克）	鸭蛋总值（元）	饲料成本 数量（千克）	饲料成本 金额（元）	鸭蛋利润（元）	青年鸭培养费（元）	淘汰母鸭售价（元）	残值（元）	平均年残值（元）	
茭鸭共育	215	68	65.6	14.1	183.3	48.8	117	66.3	36	43.5	7.5	2.5	68.8
圈养	235	81	69.4	16.3	170.9	53.4	136.9	33.6	30	25	-5	-2.5	31.1
与圈养比较（+-）	-20	-13	-3.8	-2.2	+12.8	-4.6	-19.9	+32.7	+6	+18.5	+12.5	+5	+37.7
与圈养比较（%）	-8.5	-16	-5.5	-13.5	+7.5	-8.6	-14.5	+97.3					+121.2

注：（1）产蛋期：扣除青年鸭培养期150天，茭鸭共育饲养3年，每年315天；圈养饲养两年，每年290天。（2）鸭蛋价格：茭鸭共育以13元/千克计算；圈养以10.5元/千克计算。（3）饲料价格：圈养饲料每袋40千克全价饲料以102.5元计算；茭鸭共育饲料均是玉米饲料，每40千克价格均以96元计算。（4）母鸭平均年残值：茭田放鸭饲养期为3年，圈养为2年计算

（六）茭鸭共育模式综合经济效益分析

茭鸭共育模式综合经济效益分析见表5-6。

表5-6　茭鸭共育模式与传统种植亩综合经济效益分析

| 处理 | 养鸭效益 | | | 种茭效益 | | | | | | | 养鸭和种茭合计产值（元） | 养鸭和种茭合计利润（元） |
	养鸭总产值（元）	成本（元）	养鸭利润（元）	茭白产量（千克）	茭白产值（元）	成本（元） 物化成本	成本（元） 用工成本	小计	种茭利润（元）			
茭鸭共育区	941.3	700.9	240.4	1 795	7 180	333	1 475	1 808	5 372		8 121.3	5 612.4
传统种植区				1 735	6 940	375	2 025	2 400	4 540		6 940	4 540
（+-）				60	240	-42	550	592	832		1 181.3	1 072.4
（%）				3.5	3.5	-11.2	-27.2	-24.7	18.3		17	23.6

注：（1）亩放鸭以4.76羽计算，4.76来自10 000羽蛋鸭放养茭田2 100亩的平均数；养鸭用工以每人日养1 000羽，日工资50元计算。（2）种茭每亩管理用工14.5工，采收用工15工计算，日工资按50元计算。每亩放养蛋鸭4.76羽，每亩鸭蛋产量67.1千克，产值872.3元；母鸭产值69元，合计养鸭总产值943.3元；每亩物化成本614元，用工成本86.9元，合计成本700.9元。养鸭纯利润为240.4元；种茭纯利润5 372元；茭鸭共育纯利润为5 612.4元，比传统种植纯利润4 540元增1 072.4元，增23.6%。茭鸭共育产出比3.24，比传统种植2.89高0.35，增12.1%。

四、茭鸭共育技术要点

一是在茭苗出苗至苗高30厘米期间，不宜放养鸭子，否则，茭苗易受鸭子践踏，影响茭白苗期正常生长。

二是在茭鸭共育期间，要注意鸭子饲料喂放，上午出圈时，每羽鸭子需喂放饲料50克，中午在茭田不需喂放，下午归圈时，也需喂饲料75克以保证鸭子正常产蛋。在产蛋期要注重饲料的营养质量，不能单用玉米等原粮。

三是茭鸭共育的苗鸭始养期最好在8—9月，一般放养后3个月就可产蛋。2月始养的，雏鸭培育难度增加，但当年可产生共育效益，随着养鸭水平的提高，也可推广。

四是养鸭户要与种茭农户加强联系，掌握茭白田喷药情况，放鸭最好能避开喷药期2天以上，避免中毒影响产蛋率。

五是在大风大雨天气时，不要放鸭到茭田，因为茭白叶相互摩擦噪声大，容易产生应激，影响产蛋。因此也要求鸭棚建造质量要好，不要因为大风使鸭棚产生大的声响，也影响产蛋。

除上以外，茭田、鸭子均按正常管理。

注：本文刊载于《浙江农业科学》2014年第8期1268~1270.

□ 山地黄瓜套种菜豆效益分析及栽培技术

吴旭江　吕文君　陈新洪　陈银根

在浙江新昌县海拔200~400米的山地黄瓜种植区域，利用黄瓜和菜豆生长发育对温度条件要求的差异原理，在不影响黄瓜产量和效益的前提下，充分利用黄瓜架材，套种一茬菜豆，增产增收效果显著。2010年该模式全县推广面积已达6 000亩。

一、黄瓜套种菜豆种植模式示范

2007—2010年在新昌县儒岙镇坑里村蔬菜种植大户盛柏枢户、2008—2010年在前洋市村卢玉林户进行黄瓜套种菜豆模式示范，示范面积分别为24亩和5.4亩。示范田选择前作为空闲田或油菜田，沙质土壤、肥力中等地块，海拔350米。黄瓜品种均选择津优1号、津优4号，采用直播方式，播种期在5月25

日至6月10日，7月上旬开始采收，8月下旬结束采收；菜豆品种选择红花青荚，播期根据前作黄瓜采收情况而定，一般在黄瓜采收前10~15天进行套种，8月15日前后播种，9月底或10月初开始采收，10月底至11月初结束采收。

盛柏枢、卢玉林两户合计示范面积29.4亩，每亩黄瓜平均产量4 750千克，纯收入5 353元；菜豆平均产量890千克，纯收入228元；每亩两茬合计纯收入7 642元。其中，2010年表现最好，示范面积6.7亩，每亩黄瓜平均产量5 873千克，纯收入7 521元；菜豆平均产量807千克，纯收入1 913元；每亩。两茬合计纯收入9 434元。

二、种植效益分析

2009年7月9日至9月13日黄瓜平均价格为每千克1.08元，后期比前期高，其中6月26日至7月23日平均价格每千克0.60元；7月24—26日平均价格每千克0.80元；7月27日至8月31日平均价格每千克为1.39元。2010年一直稳定在较高水平，7月12日至9月21日平均价格每千克为1.39元，其中7月12日至8月31日平均价格每千克均在1.50元以上。

菜豆每千克收购价格前期比后期高，两年基本相近，9月下旬至10月20日平均价格每千克均在3元以上，10月20日后每千克均在2元左右。

根据黄瓜播期套种菜豆，考虑到黄瓜收购价格以7月中旬至8月下旬最高，而菜豆收购价格以9月中下旬最高，因此黄瓜播种期以5月中下旬最适宜，菜豆播种时间在8月中旬前后，以保证黄瓜、菜豆两季均获得较高的产量和效益。

以上分析结果表明，山地黄瓜套种菜豆种植新模式具有高效性。在不影响山地黄瓜产量、效益前提下，利用黄瓜棚架套种菜豆，每亩可以增收菜豆800~900千克，增加纯收入2 000~2 500元。

三、栽培技术

(一) 适宜区域

浙江中南部海拔200~400米的山地黄瓜种植区域均可套种菜豆。海拔400米以上的区域由于9、10月气温较低，不能满足后茬菜豆生长发育的要求，易受早霜影响，产量偏低。

(二) 地块选择

黄瓜、菜豆对土壤适应性较广，但以土层深厚、有机质含量丰富、排灌条件良好、微酸性壤土或沙壤土为好。

（三）茬口安排

山地黄瓜5月中旬至6月中下旬播种育苗，7月中旬至9月上中旬采收结束；菜豆8月中旬免耕直播套种，9月下旬至10月底采收结束，菜豆套种期一般不迟于8月下旬。

（四）整地施基肥

前茬黄瓜是浅根系作物，入土浅，主要分布在10~30厘米土层中，因此，要早翻深翻土壤，沟施基肥，每亩施腐熟有机肥2 500~3 000千克、三元复合肥30~40千克，做成1.4~1.5米宽的种植畦。

（五）山地黄瓜栽培

1. 品种和播期

选择品种应选用生长势强，耐热、抗病、适宜山地栽培的优质高产品种，如津优1号、津优2号等。播种期选择在5月中下旬至6月中下旬，不宜超过7月初。

2. 播种

选用粒大、饱满无虫蛀种子，播前进行种子处理。可用50％多菌灵可湿性粉剂500倍液浸种1小时，或用福尔马林300倍液浸种1.5小时；也可采用温汤浸种，将种子用55℃温开水浸种20分钟。

采用直播，每畦播2行，行距75厘米，株距30厘米，每穴播种2粒，每亩密度2 000~2 200株。播后覆盖1.0~1.5厘米厚的焦泥灰，并最好用草结（由稻草或秸秆扭成的结）覆盖，当苗出土时及时揭去覆盖物。如覆盖地膜，要及时破膜，并用土将苗四周封严。及时补苗、间苗、护苗，确保全苗、壮苗。

3. 田间管理

（1）中耕除草和畦面铺草。在瓜蔓搭架前，需进行浅中耕1~2次。在黄瓜上架前，结合中耕除草，用杂草植株覆盖畦面。从生产实践看，畦面铺草可降低地温、保水保肥保土、防草害，是山地黄瓜获得优质高产的有效途径之一。

（2）搭架与绑蔓。当黄瓜有6片真叶，开始"吐须"抽蔓时，及时搭"人"字形架、绑蔓。架材高度不低于2.5米，绑蔓则用塑料绳、稻草等材料以"∞"形把瓜蔓与架材缚牢，每隔3~4节绑蔓1次。因山地黄瓜种植季节多台风暴雨，搭架、绑蔓不能忽视。

（3）植株调整。山地黄瓜以主蔓结瓜为主，根瓜以下侧枝全部剪除，侧枝留一瓜一叶摘心。当主蔓25~30片叶时摘心。及时摘除病叶、老叶、畸形瓜，促进通风透光，减少病害，增强植株生长势。

（4）肥水管理。按照黄瓜生长特点和平衡施肥要求施肥，掌握"前轻后重，少量多次"的原则，即在生长前期少施，结瓜盛期多施重施。以腐熟稀薄农家肥和复合肥为主，每亩施三元复合肥100千克左右。黄瓜生长对水分要求较高，须加强水分管理，除了畦面铺草外，可在田边地头挖掘坑穴，聚雨水、山泉水以应对干旱。有条件的最好能安装滴灌设施。

4. 病虫害防治

按照"预防为主，综合防治"的植保方针，坚持"农业防治、物理防治、生物防治为主，化学防治为辅"的无害化治理原则。

（1）农业防治。嫁接育苗；培育壮苗；清洁田园，及时合理整枝；有条件的地方实行水旱轮作；测土平衡施肥。

（2）物理防治。温汤浸种外，利用频振式杀虫灯诱杀害虫，防虫网应用。

（3）生物防治。采用苏云金杆菌、农用链霉素、印楝素等生物农药防治病虫害，应用昆虫性诱剂技术。

（4）药剂防治。病虫害发生初期选用低毒高效农药，如猝倒病可用50％甲基硫菌灵可湿性粉剂400倍液喷雾防治；霜霉病和疫病可用25％甲霜灵可湿性粉剂700倍液，或用70％代森锰锌可湿性粉剂500倍液，或用55％烯酰吗啉可湿性粉剂1 000倍液喷雾防治，隔7~10天喷1次，连防3~4次；细菌性枯萎病和角斑病可用77％氢氧化铜（可杀得）可湿性粉剂500倍液喷雾防治，连防3~4次，或用72％农用链霉素可湿性粉剂4 000倍液喷雾防治；真菌性枯萎病可用12.5％多菌灵增效可溶液剂200~300倍液灌根（每株200毫升），连防2~3次；蚜虫可用10％吡虫啉可湿性粉剂2 500倍液喷雾防治；瓜绢螟可用5％氟啶脲（抑太保）乳油1 000~1 500倍液或苏云金杆菌（Bt）500~1 000倍液在低龄幼虫时喷雾防治。注意轮换用药，合用混用，严格控制农药安全间隔期。

5. 及时采收

适时早采根瓜，防止坠秧。及时分批采收，减轻植株负担，确保商品瓜品质。

（六）菜豆栽培

1. 品种选择

应选用生长势强、耐热、抗病、优质、高产的蔓生型品种，如红花菜豆（浙芸3号）等。

2. 播种

应掌握在前茬黄瓜拉秧前10~15天播种，最迟不晚于8月下旬。红花菜豆千粒质量180克左右，每亩用种量2.5~3.0千克。选用粒大、泡满、无病虫的新鲜种子，播前选晴好天气晒种2~3小时。直接利用黄瓜架材，免耕直播于前茬黄瓜穴边5~8厘米处，每穴播3~4粒，盖2~4厘米厚腐熟粪肥或焦泥灰，然后盖草结，出苗后揭去草结。

3. 田间管理

（1）苗期管理。当第一对真叶充分展开时选苗，每穴选留2株健壮苗。及时补苗。

（2）及时绑蔓、中耕除草和铺草。黄瓜拉秧前，当菜豆开始抽蔓时（生长至第4~5节），要及时绑蔓。黄瓜拉秧后，需进行中耕除草1~2次，并用杂草植株覆盖畦面。

（3）肥水管理。按照平衡施肥要求施肥，第1次追肥在菜豆抽蔓开始时进行，每亩施三元复合肥10千克左右。结荚盛期每隔对水无）追肥1次，以提高坐荚率，整个生育期追肥2~3次。追肥类型以三元复合肥为主，每亩用量50千克左右。菜豆生长期对水分要求较高，土壤含水量不能过高或过低。畦面铺草是水分管理的有效措施。

4. 病虫害防治

防治原则与前连黄瓜相同。优先运用频振式杀虫灯、昆虫性诱剂、生物农药等物理、生物防虫技术。病虫害发生后，注重轮换用药、合理混用，严格控制农药安全间隔期。如根腐病可用77%氢氧化铜（可杀得）可湿性粉剂500借液，或用50%多菌灵可湿性粉剂700倍液灌根防治；炭疽病可用50%异菌脲（朴海因）可湿性粉剂1 000倍液，或用50%腐霉剂（速克灵）可湿性粉剂1 500倍液喷雾防治；锈病可用15%三唑酮可湿性粉剂1 500倍液喷雾防治；花叶病可用1.5%植病灵Ⅱ可湿性粉剂1 000倍液喷雾防治；蚜虫可用10%吡虫啉可湿性粉剂2 500倍液喷雾防治。

5. 及时采收

菜豆开花至采收约10天，采收要及时，以确保商品豆荚品质。

注：本文刊载于《中国蔬菜》2012年第17期60~63.

□ 亚联一号微生物菌肥在黄瓜上的施用效果

陈银根　吴旭江　吕文君　徐钦辉

微生物菌肥是经过特殊工艺制成的含有活菌并用于植物的生物制剂或活菌制剂，具有增加土壤肥力、增强植物对养分的吸收、提高作物的抗病能力，减少环境污染等多种功能。化学肥料施用不仅致使土壤板结、土壤微生物区系发生变化、带来食品安全等问题，还造成大量的经济损失和严重的环境污染。目前，随着生态农业和绿色食品生产的兴起和发展，微生物菌肥作为农业生产的一类重要肥源和土壤修复制剂，在番茄、草莓、玉米、香梨等多种作物上得到广泛应用，同时微生物菌肥对土壤盐渍化及连作障碍也具有一定的修复功能。

为了探索亚联一号微生物菌肥在黄瓜上的应用效果及最佳施用量，笔者进行了不同用量的田间对比试验，以期为该微生物菌肥的有效应用提供依据。

一、材料与方法

（一）材料

黄瓜品种为津优4号，为当地主栽品种。由天津市黄瓜研究所用自交系P17×T55组配成的黄瓜杂交种，商品性优，品质佳。抗霜霉病、白粉病和枯萎病，耐热性强。

亚联一号（基肥）微生物菌肥（BIO1ONE63毫升＋伴侣750毫升为一组），产地美国，准字（0291）号，由杭州亚联生物工程有限公司提供。

（二）试验时间及地点

试验于2013年5月至2013年9月在新昌县儒岙镇黄泥坵村进行。该区域海拔350米，地势平坦；试验地沙质壤土，肥力中等，前茬为萝卜。

（三）试验方法

供试黄瓜于2013年5月10日播种育苗，6月5日定植。3次重复，随机区组设计，小区面积12平方米，40株/小区。定植前所有处理小区施复合肥（N-P-K=15-15-15）30千克/亩、商品有机肥1 000千克／亩。试验共设4个处理：①不施亚联一号微生物菌肥，施用等量清水（CK）；②施亚联一号微生物菌肥1组／亩；③施亚联一号微生物菌肥2组／亩，④施"亚联"牌微生物菌肥3组／亩。处理方法为黄瓜移栽定植后7天根部浇灌一次，第一批黄瓜采摘时，根部浇灌第二次。各小区管理技术一致，期间不再追施肥料，其他栽培管理同常规。

（四）测试项目

供试黄瓜定植后每小区随机取6株，做好标记，定期观测，并进行统计分析。于7月5日调查黄瓜株高、株幅、叶片数、雌花数。7月5日开始采收商品瓜，分次采收，分区计产。并于7月10日、7月25日和8月10日3次取样进行果实特性和经济性状考查。从始收期至9月20日产量为总产量。可溶性固形物含量用手持式糖度计测定。

二、结果与分析

(一) 物候期比较

由表5-7可知，各处理从定植到始花所需天数相差不大，最早为处理③，为39天；对照处理最晚，为41天。第一雌花节位无明显差异，处理③最低，为4.9节。处理组的黄瓜始收期与对照组相比提早1~3天，处理组间差异不明显。但各处理间在采收期上差别非常明显，处理③采收期最长，达72天；最短的是对照处理，为56天。这表明适量施用微生物菌肥的效果可以明显延长采收期，从而增加了产量。

表5-7 不同处理物候期比较

处理	定植期 （月-日）	始花期 （月-日）	第一雌花节位	始收期 （月-日）	采收期 （天）
① CK	6-5	6-25	5.3	7-8	56
②	6-5	6-24	5.2	7-6	64
③	6-5	6-23	4.9	7-5	72
④	6-5	6-24	5.1	7-7	66

注：始花期指4节及以上雌花现蕾

(二) 植株性状比较

观察（表5-8）表明，从株高和节间距来看，处理③植株最高为79.4厘米，节间距最长，为6.2厘米；对照组植株最矮为71.5厘米，节间距最短，为5.8厘米。处理③的茎最粗，为1.12厘米，对照组的茎最细为0.93厘米，相差0.19厘米。10节内雌花数以处理③最多，为2.5朵，对照组最少，为1.9朵。各处理之间叶片数在7.3~8.1片，差异不大。

表5-8 不同处理植株性状比较

品种	株高 （厘米）	茎粗 （厘米）	叶片数 （张）	6~10节间长度 （厘米）	10节内雌花数 （个）
① CK	71.5±0.021	0.93±0.002	7.3±0.028	5.8±0.026	1.9±0.002
②	73.6±0.020	1.04±0.002	7.6±0.030	5.9±0.028	2.1±0.003
③	79.4±0.019	1.12±0.003	8.1±0.031	6.2±0.029	2.5±0.004
④	74.8±0.021	1.05±0.002	7.7±0.029	5.9±0.027	2.2±0.003

注：株高、茎粗等现状参数于7月5日记载

（三）果实特性及经济性状比较

表5-9表明，不同处理果实特性和产量均不同。处理③的瓜长、瓜粗和单果质量均最大，分别达到32.1厘米、3.24厘米和176.6克；对照组的瓜长为28.厘米最短，瓜粗3.01厘米最细，单果质量152.2克最轻。

几个处理间的坐果率差别较大，处理③坐果率最高，为85.4%，而对照组的仅为75.3%。在可溶性固形物含量上，处理间的差异不大，处理③最高为3.45%。各处理组的产量均高于对照组，处理③最高，小区产量110.8千克，折合6 157.6千克／亩，比对照高5.06%；处理④和处理②产量也高于对照组，分别高3.07%和2.71%。

表5-9　不同处理果实特性及经济性状比较

品种	瓜长（厘米）	瓜粗（厘米）	单果质量（克）	可溶性固形物含量(%)	坐果率（%）	小区产量（千克）	折合亩产（千克／亩）	增产率（%）
① CK	28.8±0.026	3.01±0.002	152.2±0.012	3.12±0.002	75.3±.021	105.3±0.015	5 853.6	0
②	30.3±0.027	3.09±0.002	161.7±0.013	3.21±0.003	76.1±.021	108.2±0.017	6 012.5	2.71
③	32.1±0.027	3.24±0.003	176.6±0.014	3.45±0.004	85.4±.021	110.8±0.017	6 157.6	5.06
④	31.1±0.027	3.11±0.002	163.2±0.013	3.24±0.003	78.2±.022	108.7±0.016	6 042.5	3.07

三、小结与讨论

微生物菌肥具有增加黄瓜产量的作用，这与前人的报道一致，但是对生物菌肥的作用不应期望过高，更不能与肥料对立起来，因为生物菌肥的作用主要是活化菌加速了土壤中有机肥的分解，协助农作物吸收养分。已有研究表明，在黄瓜生育中后期单独施用生物菌肥不能满足植株生长的需要。

物候期和植株性状是产量性状形成的基础，也是决定栽培管理要求的重要因素。由试验结果可以看出，第1雌花节位低的，始花期也早。几个处理和对照的节间长度、叶片数和茎粗无明显差异，但是表现出，处理③生长势均最强，为整个植株的产量建立了基础，并且10节内雌花数最多，可以推测前期产量较高。

试验结果表明，黄瓜在当地习惯施肥基础上施用亚联一号微生物菌肥，能促进黄瓜植株生长，提高黄瓜产量，黄瓜果实的品质、平均单瓜鲜重、瓜长和瓜粗均有所提高。综合分析比较，以施用亚联一号微生物菌肥2组／亩效果最好，黄瓜产量最高，品质最优，适宜在当地推广使用。施用量1组／亩的肥效不足，但施用量3组／亩效果不如2组／亩，原因有待进一步研究。

注：本文刊载于《长江蔬菜》2014年第20期69~71.

□ 嫁接对山地黄瓜品质及产量的影响

吴旭江　陈银根　吕文君　梁丽伟　徐钦辉

黄瓜（*Cucumis sativus* L.）属于葫芦科甜瓜属中的一年生攀缘性草本植物，是主要蔬菜作物之一，因其果实质脆、味甜、爽口、果蔬兼用、营养价值高而深受消费者欢迎。夏季高温强光、冬季低温弱光、土壤障碍以及土传病害是限制黄瓜高产高效的主要因素。为提高黄瓜的产量和抗逆性，嫁接是一种有效的方法。嫁接主要通过砧木发达的根系来提高植株吸收水分和矿质营养的能力，增强根部物质合成能力，提高地上部的代谢活性和抗逆、抗病性，使植株生长旺盛，达到早熟、丰产、抗逆的目的。

新昌县是浙江省中东部山地蔬菜特色优势产区，近年来，山地黄瓜由于连作、土传病害等原因受到一定的影响。本试验选用津优4号黄瓜品种和甬砧2号砧木品种，研究比较自根苗与嫁接苗在生长、品质、产量及抗病性的不同，以期为黄瓜嫁接栽培应用和推广提供一定的理论依据。

一、材料与方法

（一）供试材料

供试黄瓜（接穗）品种为津优4号，为当地主栽品种。由天津市黄瓜研究所用自交系P17×T55组配成的黄瓜杂交种，商品性优，品质佳。抗霜霉病、白粉病和枯萎病，耐热性强。

供试砧木品种为甬砧2号，中国南瓜杂交种，高抗枯萎病，耐逆性强，长势中等，嫁接后亲和力好，由宁波市农业科学研究院提供。

（二）试验时间及地点

试验于2013年5—9月在新昌县儒长征乡前洋市村进行。该区域海拔450米，地势平坦；试验地沙质壤土，肥力中等，前茬为青菜。

（三）嫁接苗培育

1. 砧木幼苗培育

播种期为5月10日，种子先用55℃温水浸种，搅动至45℃浸泡1小时，再用10%磷酸三钠液浸种1小时，然后换温水浸种2小时，处理后播于60孔穴盘内，每穴1粒，播种后浇透水，保持基质湿润，砧木现一心一叶即可嫁接。

2. 接穗培育

播种期为5月13日（以肉眼可见砧木子叶刚出土即播种接穗），种子处理后（方法同砧木苗培育），点播于60孔穴盘内，每穴1粒，播种后浇透水，保持基质湿润，子叶转绿（一叶一心）即可嫁接。

3. 嫁接

嫁接前1天对砧木和接穗喷百菌清70%可湿性粉剂600倍液或多菌灵25%可湿性粉剂400倍液进行消毒。顶插接嫁接法：摘除砧木顶芽，注意不弄伤子叶，将嫁接针从1张子叶的正中叶脉基部沿30~45℃斜插入向对面另1张子叶的背面基部下0.5厘米左右插出，以刚露出针头为宜。

4. 嫁接后的管理

嫁接后尽快移入专用育苗大棚，保持白天20~28℃，夜间15~20℃，空气相对湿度保持在95%以上；5天后逐渐加大通风透光，但湿度要保持在90%~95%。10天后可视情况撤除遮阳物，炼苗4~5天。嫁接苗成活长出1~2片新叶后，除去感病苗和砧木侧芽，喷1次58%甲霜灵·代森锰锌（瑞毒霉锰锌）可湿性粉剂600倍液和楠宝（20%啶虫脒）5 000倍液防病虫农药，即可定植。

（四）试验方法

试验设4个处理：①重茬田（上茬为黄瓜）种植实生苗（CK）；②重茬田种植黄瓜嫁接苗；③非重茬田块种植黄瓜实生苗。④非重茬田块种植黄瓜嫁接苗。每个处理设3次重复，随机区组设计，小区面积16平方米，60株/小区。定植前所有处理小区按每亩撒50千克生石灰进行土壤消毒，施复合肥（N-P-K=15-15-15）50千克/亩、商品有机肥1 000千克／亩。株行距为50厘米×70厘米。各小区管理技术一致，其他栽培管理同常规。

（五）测定项目

供试黄瓜定植后每小区随机取10株，做好标记，定期观测记载，并进行统计分析。

植株性状：于7月5日测量黄瓜茎粗（第三节）、株高和节间长度（第六至第十节）。

雌花数量：统计15节内着生雌花的数量。

果实特性：于盛果期，每隔3天调查黄瓜瓜长、瓜粗，连续测量3次。

坐果率：统计15节内结果数量，计算坐果率百分比。

黄瓜产量：单果质量（在盛果期，每隔3天调查黄瓜瓜重，连续测量3次）。从始收期至9月20日产量为总产量。

枯萎病发病率：统计发病植株数，计算发病率百分比。

可溶性固形物含量用手持式糖度计测定。

使用Excel软件对数据进行统计分析。

二、结果与分析

（一）物候期比较

从表5-10可以看出，各处理从定植到始花所需天数相差不大，最早为处理④，为19天；对照处理最晚，为21天。第一雌花节位无明显差异，处理④最低，为5.1节。处理组的黄瓜始收期与对照组相比提早2~4天，处理组间差异不明显。这表明嫁接对黄瓜植株生长的影响不明显。但各处理间在采收期上差别非常明显，嫁接处理②④采收期均长于实生苗①③；处理④最长，达75天；最短的是对照处理，为42天。这表明通过嫁接可以明显延长采收期，从而显著增加产量。

表5-10　不同处理物候期比较

处理	定植期（月-日）	始花期（月-日）	第一雌花节位	始收期（月-日）	采收期（天）
① CK	6-5	6-26	5.3	7-8	42
②	6-5	6-25	5.2	7-6	70
③	6-5	6-25	5.2	7-6	68
④	6-5	6-24	5.1	7-4	75

注：始花期指4节及以上雌花现蕾

（二）植株性状比较

观察（表5-11）表明，处理④植株最高为79.4厘米，节间长度最长，为6.2厘米；对照组植株最矮为71.5厘米，节间长度最短，为5.8厘米。处理④的茎最粗，为1.12厘米，对照组的茎最细为0.93厘米，相差0.19厘米。雌花数以处理④最多，为2.5朵，对照组最少，为1.9朵。从总体看，嫁接处理②④生长势均强于实生苗①③。这表明嫁接可以增强黄瓜植株的生长势，同时亦提高黄瓜的雌花数，最终增加了产量。

表5-11 不同处理植株性状比较

品种	株高 （厘米）	茎粗 （厘米）	6~10节间长度 （厘米）	15节内雌花数 （个）
① CK	71.5±0.021	0.93±0.002	5.8±0.026	4.7±0.002
②	74.8±0.021	1.05±0.002	5.9±0.027	5.4±0.003
③	73.6±0.020	1.04±0.002	5.9±0.028	5.1±0.003
④	79.4±0.019	1.12±0.003	6.2±0.029	5.8±0.004

注：株高、茎粗等现状参数于7月5日记载

（三）果实特性及经济性状比较

由表5-12可知，不同处理果实特性和产量均存在明显差异。处理④的瓜长、瓜粗和单果质量均最大，分别达到32.1厘米、3.21厘米和169.6克；对照组的瓜长为29.8厘米最短，瓜粗3.06厘米最细，单果质量152.2克最轻。

各处理间的坐果率差别较大，处理④坐果率最高，为81.4%，而对照组的仅为75.3%。各处理组的产量均高于对照组，处理④最高，小区产量118.8千克，折合4 952.5千克／亩，比对照高71.4%；处理②和处理③产量也高于对照组，分别高62.6%和48.9%。但在可溶性固形物含量上，处理间的差异不大，且实生苗①③高于嫁接处理②④，处理③最高为3.35%。从果实特性和产量来看，嫁接处理②④均优于实生苗①③，这表明嫁接可以提高黄瓜果实的品质特性，增加产量。

为了比较嫁接对黄瓜抗病性的影响，选择在重茬和非重茬地进行栽培。各处理同对照之间的枯萎病发生率差异显著。对照处理植株在结果后期表现明显的病害症状，枯萎病发生率46.5%。处理②和④通过嫁接发病症状较轻。

表5-12 不同处理果实特性及经济性状比较

品种	瓜长 （厘米）	瓜粗 （厘米）	单果质量 （克）	可溶性固形 物含量(%)	坐果率 （%）	枯萎病 （%）	小区产量 （千克）	折合亩产 （千克/亩）	增产率 （%）
① CK	29.8 ±0.026	3.06 ±0.002	152.2 ±0.012 a	3.24 ±0.003	75.3 ±0.021	46.5 ±0.036	69.3 ±0.015 c	2 888.9	0
②	31.3 ±0.027	3.13 ±0.002	163.2 ±0.013 b	3.18 ±0.002	78.2 ±0.022	2.6 ±0.023	112.7 ±0.016 a	4 698.2	62.6
③	30.4 ±0.027	3.09 ±0.002	161.7 ±0.013 b	3.35 ±0.004	76.1 ±0.021	8.4 ±0.027	103.2 ±0.017 b	4 302.2	48.9
④	32.1 ±0.027	3.21 ±0.003	169.6 ±0.014 c	3.21 ±0.003	81.4 ±0.021	0.7 ±0.016	118.8 ±0.017 a	4 952.5	71.4

注：方差分析采用新复极差法，表中小写字母为0.05水平差异

三、小结与讨论

嫁接可以明显延长黄瓜果实采收期，增加产量。这可能同砧木发达的根系来提高植株吸收水分和矿质营养的能力，增强根部物质合成能力，提高地上部的代谢活性和抗逆、抗病性有关。

嫁接能够增强黄瓜植株的生长势，这与前人的报道一致。本试验所用自根苗与接穗是同一批，于定植30天后测量株高、茎粗和节间长度，由此可见，嫁接苗生长速度明显高于自根苗。

已有研究表明，嫁接能够提高黄瓜植株的抗病性，具有早熟增产的作用。本试验中，自根苗的感病情况十分严重，达46.5%，进一步说明嫁接的优势。

试验结果表明，黄瓜通过嫁接，在重茬田和非重茬田栽培，均能促进黄瓜植株生长，提高黄瓜产量，黄瓜果实的品质、平均单瓜鲜重、瓜长和瓜粗均有所提高。嫁接提高了果实商品性，但可溶性固形物降低可能与砧木类型、品种存在关系，这有待进一步的试验。

注：本文刊载于《长江蔬菜》2015年第14期51～53.

□ 浙江省新昌县设施栽培樱桃番茄品比试验

吴旭江　陈银根　吕文君　徐钦辉

新昌县是浙江省中东部山地蔬菜、特色蔬菜优势产区，近年来，积极探索设施蔬菜高效栽培模式。樱桃番茄是蔬果两用的茄果类作物，具有果型小巧、色泽鲜艳、口感好、营养丰富等特点，作为水果型蔬菜，深受消费者欢迎。而且其产量高、品质好、经济效益显著，农户种植积极性也高，为确定适合我县生态环境和设施栽培的樱桃番茄新品种，我们引进了国内外5个樱桃番茄品种，进行品种对比及适应性栽培试验。

一、材料与方法

（一）试验材料

供试番茄品种5个：红妃，金玉，黑妃20，京丹绿宝石，黄妃。试验以金玉（已试种两年，表现良好）为对照品种。

（二）试验时间及地点

试验于2012年12月至2013年7月在新昌县羽林街道东高农业园区进行。该区域海拔143米，地势平坦；试验地沙质壤土，肥力中等，前茬为花菜。

（三）试验方法

采用50孔穴盘育苗，2012年12月10日播种（种子消毒按常规处理），2013年2月23日移栽。采用双行高畦栽培，畦宽1.0米，沟宽0.5米，株行距50厘米×60厘米。试验设每个品种一个处理，3次重复，随机区组设计，小区面积12平方米，40株/小区，采用单秆整枝。每亩施商品有机肥2吨，复合肥30千克（N-P-K=15-15-15）作底肥。生长中期每亩施复合肥20千克（N-P-K=15-15-15），钙镁磷肥20千克，分3次追施。各小区管理技术一致，其他栽培管理同常规。

（四）测试项目

对樱桃番茄的生长发育、植株性状、果实特性、经济性状等进行定期记载。每小区随机取6株，做好标记，定期观测，并进行统计分析。5月10日植株打顶，测量株高、茎粗（离地1米处主茎胸径）、第一花穗节位等植物学性状。开花期、结果期记录花朵数、结果数，果实成熟后及时采收，记录每次采收产量。可溶性固形物含量用手持式糖度计测定。

二、结果与分析

（一）物候期比较

由表5-13可知，参试品种第一花穗都着生于6~8节，差别不明显；金玉和京丹绿宝石始花期最早，为3月26日；其次为红妃和黄妃，始花期在3月27日；黑妃20始花期最迟，在4月1日，与最早的品种相差6天。始收期最早的为金玉、黄妃，均在5月20日，即播种到始收为162天；比红妃和京丹绿宝石早1天和6天；黑妃20始收期最迟，为5月28日，即播种到始收为170天，较最早的品种迟熟8天。金玉和京丹绿宝石始花期一致，为3月26日，但始收期金玉较京丹绿宝石早7天。

表5-13　不同樱桃番茄品种物候期比较

品种	播种期 （月-日）	定植期 （月-日）	始花期 （月-日）	第一花穗节位	始收期 （月-日）	播种至始收期 （天）
红妃	12-10	2-23	3-27	7	5-21	163
金玉（CK）	12-10	2-23	3-26	6	5-20	162

（续表）

品种	播种期（月-日）	定植期（月-日）	始花期（月-日）	第一花穗节位	始收期（月-日）	播种至始收期（天）
黑妃20	12-10	2-23	4-1	8	5-28	170
京丹绿宝石	12-10	2-23	3-26	6	5-27	169
黄妃	12-10	2-23	3-27	7	5-20	162

（二）植株性状比较

由表5-14可以看出，除金玉外其余4个品种均为无限生长型。植株株高红妃＞黑妃20＞京丹绿宝石＞金玉＞黄妃；红妃最高，为235厘米；黄妃最矮，为204厘米；其他为212~221厘米，差异不大；5个品种中，红妃和黑妃20整个生长期长势较强；其余品种长势表现为中等。茎粗以红妃最粗，为13.3毫米，其余品种茎秆较细，均在10毫米左右。参试品种综合抗虫、抗旱性表现均为强；综合抗病性京丹绿宝石表现一般，易感枯萎病，其余品种表现为强或较强，病害较少。

表5-14　不同樱桃番茄品种植株性状比较

品种	生长类型	株高（厘米）	茎粗（毫米）	长势	抗病性	抗虫性	抗旱性
红妃	无限生长	235±0.16	13.3±0.02	强	强	强	强
金玉(CK)	半无限生长	212±0.15	9.9±0.01	中	较强	强	强
黑妃20	无限生长	226±0.15	10.8±0.02	强	强	强	强
京丹绿宝石	无限生长	221±0.16	9.8±0.01	中	一般	强	强
黄妃	无限生长	204±0.14	9.8±0.01	中	强	强	强

（三）果实特性比较

表5-15结果表明，京丹绿宝石的果型指数为0.96，圆果型，其他品种果型指数在0.86~1.13，均表现为果形近圆。单果质量以京丹绿宝石最大，达26.7克，其次是黑妃，为21.3克，最小的为金玉，为14.6克。可溶性固形物含量，黄妃最高，达10.1%；金玉其次，为9.7%；京丹绿宝石较低，为8.6%。综合果实外形、口感和商品性，黄妃果实为黄色，大小均匀，酸甜适中，口感最佳，单果质量适中，不易裂果，商品性最好；红妃果实为红色，大小均匀，味甜，口感较佳，单果质量适中，不易裂果，商品性较好；金玉果实为黄色，大小均匀，酸甜适中，口感较佳，单果质量适中，裂果率低，商品性较好；黑妃20果

实为黑色，大小均匀，味酸甜，口感较佳，单果质量稍大，不易裂果，商品性较好；京丹绿宝石为绿色，味酸甜，口感尚佳，果皮较薄，后期裂果较多，商品性较差。

表5-15　不同樱桃番茄品种果实特性比较

品种	熟性	果型指数	果色	单果质量（克）	裂果性	口感	可溶性固形物含量（%）
红妃	早熟	0.86±0.002	红	15.4±0.02	不易	佳	9.5±0.024
金玉（CK）	早熟	1.12±0.003	黄	14.6±0.02	不易	佳	9.7±0.025
黑妃20	中熟	0.92±0.002	黑	21.3±0.03	不易	佳	8.8±0.023
京丹绿宝石	中熟	0.96±0.002	绿	26.7±0.03	易	佳	8.6±0.023
黄妃	早熟	1.13±0.003	黄	15.2±0.02	不易	佳	10.1±0.025

（四）经济性状比较

单穗坐果数及坐果率是产量形成的重要性状。表4结果显示，5个品种每穗花朵数差异较大，黑妃20最多，为34.1朵；京丹绿宝石最少，为24.5朵。每穗果数同样差异较大，黄妃为29.5个，最多，京丹绿宝石最少，为20.3个。坐果率均在80%以上，结果性优异，红妃坐果率最高，为92.9%。果穗数为6.5~8.2穗，由多到少依次为黄妃、红妃、黑妃20、金玉、京丹绿宝石。

不同品种番茄收获期不一致，本试验分别在不同番茄品种成熟期多次采摘累计计产。从表5-16可以看出，各品种间产量差异较大，黑妃20产量最高，每亩产量6 920.1千克，显著高于其他品种。京丹绿宝石产量最低，为3 996.4千克/亩，比最高产品种差近一半。黄妃、红妃、金玉产量均较高，分别为5 997.4、4 796.8、4 719千克/亩。

表5-16　不同樱桃番茄品种经济性状比较

品种	果穗数穗	每穗花朵数（朵）	每穗果数（个）	坐果率（%）	小区平均产量（千克）	折合亩产（千克）
红妃	8.1±0.031	28.2±0.026	26.4±0.027	92.9	86.3±0.018	4 796.8
金玉（CK）	7.3±0.028	31.3±0.028	28.2±0.026	90.3	84.9±0.016	4 719
黑妃20	7.4±0.029	34.1±0.028	28.1±0.026	82.4	124.5±0.019	6 920.1
京丹绿宝石	6.5±0.028	24.5±0.025	20.3±0.024	83.3	71.9±0.016	3 996.4
黄妃	8.2±0.032	33.4±0.026	29.5±0.027	87.9	107.9±0.018	5 997.4

三、小结与讨论

根据品比试验观察结果，初步认为黄妃番茄品种植株、果实性状、产量、商品性等方面综合表现最好；京丹绿宝石产量低，抗性差，易裂果，商品性差；红妃、金玉，产量较高，早熟，综合抗病性较好，且果实性状、口感及商品性均较好；黑妃20产量最高，中熟，综合抗病性较好，口感酸甜，颜色呈黑紫色，富含维生素C营养价值高。综上所述，黄妃可作浙江新昌县樱桃番茄主栽品种，红妃、金玉、黑妃20可适量种植，以满足市场的不同需求；京丹绿宝石易裂果，产量一般，抗性差，不建议推广种植。

注：本文刊载于《长江蔬菜》2014年第12期19~20.

□ 樱桃番茄－小白菜－松花菜高效种植模式

吴旭江　陈银根　吕文君　徐钦辉

近年来，随着高效设施农业的发展，充分利用栽培设施调节环境能力，提高土地利用率、复种指数，实现反季节上市、跨区域引进品种、抵抗不良环境影响是设施蔬菜生产者的理想。通过2年的实践，总结出一套大棚樱桃番茄—小白菜—松花菜一年三茬高效栽培模式，樱桃番茄每亩产量2 500千克，产值25 000元；小白菜每亩产量1 500千克，产值6 000元；松花菜每亩产量2 500千克，产值10 000元；合计每亩产值达41 000元。该茬口安排充分利用了错开蔬菜的上市时间，产品均为近年来受欢迎的蔬菜品种，经济效益高。现将其具体栽培技术介绍如下。

一、樱桃番茄

（一）品种选择

选择适宜生长势强、抗病性强、结果率高、糖度高、耐裂果、果实品质和商品性好的的樱桃番茄品种，如黄妃，黑妃20，红妃。黄色品种黄妃，口味鲜甜，肉质爽脆；黑色品种着色均匀，口感酸甜；红色品种红妃，风味甜美。

（二）播种育苗

1. 播种时间

播种时间安排在10月下旬至11月中旬播种为宜。

2. 播种方法

采用32孔或50孔穴盘育苗。应选择发芽率大于95%的子粒饱满、发芽整齐一致的种子播种。播前用温汤浸泡种子30分钟，捞出沥干水分后播种。播种前先将基质搅拌均匀，喷洒适量水，手捏基质成形，以基质不散不渗水为标准。基质装盘要松紧适宜。播种后覆盖厚度为1厘米左右的育苗覆盖料，然后放入专用育苗棚内。

3. 苗期管理

苗期的生长适温以白天25℃、夜间16~18℃为宜。一般选择早晚浇水，适当控制浇水次数，做到营养土不发白不浇水，每次浇水要浇透。3叶1心后可以适当降低温度，控制水分，进行炼苗，但最低温度不能低于10℃。苗期要注意防治猝倒病、立枯病和早疫病，发现病株应立即拔除，并用58%甲霜灵·代森锰锌（瑞毒霉锰锌）可湿性粉剂600倍液喷雾，同时在病株周围洒50%多菌灵原粉以防止病情蔓延，另外要注意苗床的适当通风，防止过湿。

（三）定植

1. 整地作畦

选择前作未种过茄科类的砂质壤土种植，土壤pH值以5.6~6.7为最好。棚内按畦宽连沟140~150厘米作畦，跨度为6米的标准大棚作4畦，跨度为8米的大棚作5畦。

2. 肥水管理

于定植前10天左右深耕土壤，结合深耕每亩撒施生石灰80~100千克，并加一些低毒杀菌剂，以减少地下害虫及土传病害为害。每亩施商品有机肥1 000千克、钙镁磷肥50千克、复合肥（N15-P15-K15）50千克作基肥，然后整成深沟高畦，并覆盖地膜，铺设滴灌带。

3. 定植

翌年1月下旬至2月上旬定植。畦面采用双行定植，株距35厘米，行距60厘米左右，亩栽2 300株。定植选择晴天进行，打穴放苗，定植后浇定根水。

（四）田间管理

1. 温湿度管理

大棚樱桃番茄温度白天保持在25℃左右，夜间保持在15~20℃、最低不低于10℃。空气相对湿度，缓苗期保持在80%~90%，生长前期保持在60%~70%，结果期保持在50%~60%。通过地面覆盖、滴灌、通风排湿、温度调控等措施，尽可能地把棚室内的空气湿度控制在最佳范围内。

2. 整枝绑蔓

采用双秆整枝法，用细竹竿在植株旁插井字架，用尼龙编丝绳绑蔓固定。植株始花期应开始绑蔓，生长旺盛期要求每5~7天整枝绑蔓一次。整枝操作必须选择在晴天植株上的露水干后进行，这样有利于伤口的愈合，防止病菌感染；整枝时，将植株下部的老叶打掉，增加植株下部的通风透光条件。

3. 水肥管理

第一批果实开始膨大时进行第一次追肥，亩施尿素10千克、硫酸钾15千克；之后每隔20天左右追肥一次，通常采用穴施，每亩用复合肥（N15-P15-K25）15千克。如发生缺钙导致脐腐病，应增施钙肥。

4. 保花保果

在植株花期，一般选用浓度为25~50毫克/千克的番茄灵喷花。用药时最好用手掌遮住花序附近叶片，以防止药液喷到植株生长点或幼叶上，避免出现药害，避免重复用药。

5. 病虫害防治

采取以抗病品种为基础，生态防治为主的综合防治措施，加强对棚内的温、湿度调控，增施磷、钾肥，同时结合使用生物农药和杀菌剂。主要病虫害有疫病、灰霉病、青枯病、脐腐病、蚜虫和潜叶蝇。疫病可用烯酰吗啉50%可湿性粉剂2 000倍液喷雾防治。灰霉病可用50%速克灵1 000倍液喷雾。青枯病可用72%农用硫酸链霉素可溶性粉剂4 000倍液，或用新植霉素4 000倍液灌根。脐腐病可喷施蓝钙800倍液，隔10天左右再喷一次，连续喷3次。蚜虫以苦参碱600倍液或吡虫啉、啶虫脒等喷雾防治。潜叶蝇、蓟马可用阿维菌素2%乳油或多杀霉素1 000倍液喷雾防治。

（五）适时采收

一般在4月中旬至6月底采收。根据市场要求、运销距离和品种的果实硬度特性分批进行采收。当果实色泽与应有性状一致、品种完熟后及时采收，一般平均亩产2 500千克左右。

二、小白菜

（一）品种选择

夏季防虫网覆盖栽培小白菜，宜选用耐湿抗热、抗病、品质好、市场适销品种，如早熟5号、双耐等苗用型大白菜速生耐热品种。

（二）整地施肥

播种前10天左右，每亩施商品有机肥1 000千克、复合肥30千克作基肥，然后深翻、整地作畦，6米宽大棚作两畦，最后整平整细，开好内外三沟。

（三）防虫网覆盖

整地作畦后，覆盖防虫网（20～26目），同时采用敌杀死、敌敌畏等高效低毒低残留农药喷洒，杀死网棚内害虫。

（四）适时播种

选择下午或傍晚播种，亩播种量1千克，可采取将种子掺混15倍尿素或细沙的播种方法。播种前1天栽培畦要浇透水，力求播种均匀。播后用木板轻压，并采取浮面覆盖遮阳网，以利于出苗。

（五）田间管理

夏季高温小白菜出苗困难，播后应及时浇水。浇水要匀、透，同时畦面、过道不积水，保证出苗整齐。生长期间根据土壤、植株长势及天气情况，适时浇水。夏季高温时期应选择在17：00到翌日7：00之间浇水。有条件的地区可推广应用微滴（喷）灌技术。微管喷灌不但可以达到最好的浇水质量，防止土壤板结，而且对小白菜生长有良好的促进作用，提高产量。

通常小白菜生长期间不追肥，只进行清水灌溉，如确实需要，可结合灌水亩追施尿素5千克，或者喷施叶面肥。

（六）病虫害防治

防虫网覆盖栽培中，进出网棚要及时随手带上门，防止棚外害虫进入。如发现有虫害，可人工捕捉，或使用菜喜、Bt乳油等农药防治。

小白菜主要病害有霜霉病、软腐病等。霜霉病可用25%甲霜灵600倍液或75%百菌清可湿性粉剂2 000倍液防治；软腐病可以用15%农用链霉素可湿性粉剂1 000倍液防治。

（七）适时采收

夏季小白菜生产周期为25～28天。应根据生产周期、结合市场价格与需求，分批确定采收时期。采收一般在早上或傍晚温度低时进行。一般亩产在1 500千克左右。

三、松花菜

(一) 品种选择

松花菜又称菜花、花椰菜，可选择定植至采收不超过90天的品种，如浙017、庆农65日、青松70日、浙091、庆农58日等。

(二) 播种育苗

播种在7月中旬至8月上旬进行，采用72穴穴盘播种育苗，苗期30天左右。以商品育苗基质加入质量0.1%左右的50%多菌灵原粉，浇水混匀后装盘备用。播种深约0.5厘米，每穴播1~2粒，播后覆一薄层基质，浇透水，覆盖遮阳网保湿。

(三) 定植移栽

选择在9月上旬至10月初定植。定植前5~7天施基肥，亩施商品有机肥1 000千克，复合肥（N15-P15-K15）30千克，硼砂1.0千克，深翻20~30厘米后耕细耙平，畦宽1.2米，畦高20~25厘米，沟宽30厘米。每畦定植2行，株距40~50厘米，行距70厘米，每亩栽2 000株左右。

(四) 田间管理

1. 肥水管理

松花菜喜湿但不耐涝，整个生长期应做到雨后及时排水，严防田间积水。但在封行前后、花球生长期，应保持充足的水分。可采用适时浇水、清沟排水、地膜覆盖等方法调整土壤水分状况。

在植株封行前进行，每亩施尿素10千克；封行期至现球初期进行，每亩施三元复合肥25千克、氯化钾10千克、尿素10千克。

2. 花球护理

采用束叶护理花球，当花球长至拳头大小时，将靠近花球的4~5片互生大叶拉近而不折断，用竹签、草秆、小柴秆等串编固定叶梢，防止盖花叶片散落，使花球密不透光。

3. 病虫害防治

主要病害有猝倒病、立枯病、霜霉病，主要虫害有菜青虫、蚜虫等。针对以上病虫害，除注意采取综合防治外，还需根据具体情况及时进行药剂防治。猝倒病发病初期可用72.2%霜霉威水剂500倍液喷雾防治；立枯病发病初期可用30%噁霉灵水剂4 000倍液喷雾防治；霜霉病可用10%氰霜唑悬浮剂2 500倍液，或用72%霜脲·锰锌可湿性粉剂600倍液喷雾防治。有菜青虫可选用2.5%

多杀霉素1 000倍液，或用1％阿维菌素乳油1 500倍液喷雾防治；有蚜虫可喷施10％吡虫啉可湿性粉剂2 000倍液或用5％啶虫脒1 500~2 000倍液喷雾防治。收获前两周不使用农药。

（五）采收上市

一般在11月中旬至12月底采收。如采收鲜花球上市，在现球后20天左右，边缘有10％左右花蕾粒间间隙扩大时及时采收。如作脱水加工原料，在现球后约30天，60％左右花蕾粒松散时收获。采收时一般留3~4片叶，保护花球，避免贮运过程中机械损伤或沾染污物。一般亩产在2 500千克左右。

注：本文刊载于《上海蔬菜》2014年第5期41~43.

□ 浙江省新昌县设施樱桃春及早栽培技术

吴旭江 吕文君 陈银根 梁丽伟 徐钦辉

近年来，随着高效设施农业的发展，充分利用栽培设施调节环境能力，实现反季节上市、跨区域引进品种、抵抗不良环境影响是设施蔬菜生产者的理想。樱桃番茄是蔬果两用的茄果类作物，具有果型小巧、色泽鲜艳、口感好、营养丰富等特点，作为水果型蔬菜，深受消费者欢迎，而且其产量高、品质好、经济效益显著。新昌县通过3年的实践，成功探索了设施樱桃番茄春极早栽培技术，樱桃番茄上市时间比传统栽培提早了30多天，而且每亩产量3 500千克，产值35 000元，经济效益显著。现将其具体栽培技术介绍如下。

一、品种选择

选择适宜生长势强、抗病性强、结果率高、糖度高、耐裂果、果实品质和商品性好的的樱桃番茄品种，如黄妃、黑妃20、红妃。黄色品种黄妃，口味鲜甜，肉质爽脆；黑色品种黑妃20着色均匀，口感酸甜；红色品种红妃，风味甜美，商品性佳。

二、播种育苗

（一）播种时间

播种时间安排在10月下旬至11月中旬播种为宜。

(二) 催芽

催芽前期晴天晒种1~2天，用55℃温水浸种，搅动至45℃浸泡1小时，再用10%磷酸三钠液浸种1小时，然后换温水浸种4小时，甩干种子表皮水分后用湿布包好，置于温度在28~32℃环境中催芽，待有80%种子萌芽即可进行播种。

(三) 播种方法

采用32孔或50孔穴盘育苗。播种前要将育苗基质用80%多菌灵可湿性粉剂1 000倍液消毒，喷洒适量水，手捏基质成形，以基质不散不渗水为标准。基质装盘要松紧适宜。每孔点播一粒，播种后覆盖厚度为1厘米左右的育苗覆盖料，并在育苗盘上盖一层地膜，然后放入专用育苗棚内，苗床温度保持在25℃左右。

(四) 苗期管理

出苗70%左右时揭除地膜，齐苗后用64%噁霉灵水剂1 000倍液喷施一次，预防苗期猝倒病。苗期的生长适温以白天25℃、夜间16~18℃为宜。一般选择早晚浇水，适当控制浇水次数，做到营养土不发白不浇水，每次浇水要浇透。苗期要注意防治猝倒病、立枯病和早疫病，发现病株应立即拔除，并用58%甲霜灵·代森锰锌(瑞毒霉锰锌)可湿性粉剂600倍液喷雾，同时在病株周围洒50%多菌灵原粉以防止病情蔓延，另外要注意苗床的适当通风，防止过湿。为防止幼苗徒长，可根据苗情配制矮壮素水剂800~1 000倍液喷施。3叶1心后可以适当降低温度，控制水分，进行炼苗，但最低温度不能低于10℃。

三、整地施肥

(一) 肥料管理

选择前作未种过茄科类的砂质壤土种植，土壤pH值以5.6~6.7为最好。于定植前10天左右深耕土壤，结合深耕每亩撒施生石灰80~100千克，并加一些低毒杀虫杀菌剂，以减少地下害虫及土传病害为害。每亩施商品有机肥1 000千克、钙镁磷肥50千克、复合肥(N15-P15-K15)50千克作基肥，为了提高植株的抗性，还可施锌肥2千克、硼肥1千克。

(二) 整地作畦

棚内按畦宽连沟140~150厘米作畦，跨度为6米的标准大棚作4畦，跨度为8米的大棚作5畦。然后整成深沟高畦，并覆盖银黑双色地膜，铺设滴灌带。

四、适时定植

于12月上中旬定植，幼苗6~8片真叶时。定植前苗床喷施一次杀菌杀虫混合液，带药移栽。每畦采用双行定植，株距35厘米，行距60厘米左右，每亩栽2 300株。定植选择晴天上午进行，打穴放苗，定植后浇定根水，利于成活。

五、田间管理

（一）温湿度管理

定植时期温度较低，定植后应采取双棚覆盖，即大棚套中棚进行保温，为了使番茄幼苗迅速缓苗成活，闭棚保温一个星期。12月至翌年1月是我县气温最低的月份，管理上重点是保温安全越冬。如遇极端天气，可采取加盖小拱棚方式或在中棚上加盖无纺布保温。大棚樱桃番茄温度白天保持在25℃左右，夜间保持在15~20℃、最低不低于10℃。空气相对湿度，缓苗期保持在80%~90%，生长前期保持在60%~70%，结果期保持在50%~60%。立春（2月3—5日）后天气变暖，昼夜温差较大，白天棚内气温较高，有时可达30℃以上，应注意通风降温换气，晚上盖好棚膜。清明（4月5日前后）以后，我县气温一般稳定在15℃以上，可逐揭大棚侧膜和两头，进行避雨栽培。通过地面覆盖、滴灌、通风排湿、温度调控等措施，尽可能地把棚室内的空气湿度控制在最佳范围内。

（二）水肥管理

待80%的植株第一穗花坐果后浇催果水，以后经常保持土壤湿润，防止过干过湿，一般间隔10天左右滴灌一次。采收期减少浇水，以防裂果。保护地栽培，浇水时应注意天气的变化，在低温季节应选择晴天上午浇水，切忌阴雨天浇水，浇水后适当加大通风量，降低土壤和空气湿度，预防高湿引发病害。

定植后的定根水中加入0.2%磷酸二氢钾液，以促进幼苗根系的伸展。7~10天后再次用0.2%磷酸二氢钾液灌根，使幼苗健壮生长并提高其抗性。第一批果实开始膨大时进行第1次追肥，亩施尿素10千克、硫酸钾15千克；之后每隔20天左右追肥1次，通常采用穴施，每亩用复合肥（N15-P15-K15）15千克。如发生缺钙导致脐腐病，应增施钙肥。

（三）整枝绑蔓

采用双秆整枝法，即在植株整个生长过程中，只留1个主枝和其第一花序下的侧枝，其他侧枝都及时摘去。用细竹竿在植株旁插"井"字形架，用尼龙编丝绳绑蔓固定。植株长至35厘米左右，始花期应开始绑蔓，生长旺盛期要求每

5~7天整枝绑蔓一次。整枝操作必须选择在晴天植株上的露水干后进行，这样有利于伤口的愈合，防止病菌感染；整枝时，将植株下部的老叶打掉，增加植株下部的通风透光条件。第7花穗开放后打顶。

（四）保花保果

1~3月越冬及早春昼夜温差大，夜间温度低，落花落果严重，生产上要特别注意保花保果。在植株花期，一般选用浓度为25~50毫克/千克的番茄灵喷花，3~5天进行一次。浓度高低与气温成反比，即高温时用低浓度，低温时用高浓度。用药时只需对着花梗喷一下即可，最好用手掌遮住花序附近叶片，以防止药液喷到植株生长点或幼叶上，以免出现药害，避免重复用药。

六、病虫害防治

（一）病害防治

采取以抗病品种为基础，生态防治为主的综合防治措施，加强对棚内的温、湿度调控，增施磷、钾肥，同时结合使用生物农药和杀菌剂。主要病害有猝倒病、疫病、灰霉病、青枯病、脐腐病等。猝倒病可用72.2%普力克（霜霉威）水剂1 500倍液、64%噁霉灵1 000倍液或用50%代森锰锌500倍液喷雾；疫病可用烯酰吗啉50%可湿性粉剂2 000倍液、50%百泰（唑醚·代森联）可湿性粉剂600倍液或用80%大生（代森锰锌）可湿性粉剂500倍液喷雾防治。灰霉病可用75%百菌清可湿性粉剂+50%腐霉利800倍液、50%异菌脲可湿性粉剂1 000倍液或用50%速克灵1 000倍液喷雾。青枯病可用72%农用硫酸链霉素可溶性粉剂4 000倍液、53.8%可杀得干悬浮剂800~1 000倍液或新植霉素4 000倍液灌根。脐腐病可喷施蓝钙800倍液，隔10天左右再喷一次，连续喷共3次。阴雨天施药宜选择烟熏剂。

（二）虫害防治

蚜虫、潜叶蝇和蓟马等对樱桃番茄的为害较大。蚜虫以50%吡虫啉水分散粒剂1 000~1 500倍液、苦参碱600倍液或用3%啶虫脒乳油药液1 000~1 500倍液等喷雾防治。潜叶蝇、蓟马可用阿维菌素2%乳油或多杀霉素1 000倍液喷雾防治。

七、适时采收

设施樱桃番茄春极早栽培技术主要目的是争取提早上市，提高经济效益。樱桃番茄从开花至果实成熟需要的时间因品种、季节等不同而异。一般在3月上旬至6月底采收。根据市场要求、运销距离和品种的果实硬度特性分批进行采收。当果实色泽与应有性状一致、品种完熟后及时采收，一般平均亩产3 500千克左右。

注：本文刊载于《现代农业科技》2015年第5期114、117.

□ 樱桃番茄侧芽嫁接快繁技术

陈银根　吴旭江　吕文君　梁丽伟　徐钦辉

樱桃番茄是蔬果两用的茄果类作物，连作障碍发生严重，其主要因素是土传病害。侧芽嫁接栽培是指利用接穗苗通过摘心使其萌发侧芽4~5个，利用侧芽作为接穗来嫁接的一种方法。该嫁接方式能有效地解决番茄种植中的连作障碍，防治青枯病等土传病害，而且嫁接植株具有抗逆性强、产量高的特点，有利于提高番茄品质，保护生态环境；而且相对于顶芽嫁接，可节约大量的种子投入和农药投入，减少接穗育苗工序，降低嫁接育苗的成本。樱桃番茄侧芽嫁接快繁育苗，能形成规模化，并缩短育苗时间，减少种子用量，极大地降低生产成本。现将关键技术介绍如下。

一、接穗苗培育

接穗品种选择适宜生长势强、抗病性强、结果率高、糖度高、耐裂果、果实品质和商品性好的的樱桃番茄品种，如夏日阳光、黄妃，黑妃20，红妃。为提高嫁接繁殖系数，要将接穗品种提前播种，根据需要采集侧芽嫁接。接穗种子比砧木种子先播5天左右。种子先用55℃温水浸种，搅动至45℃浸泡1小时，再用10%磷酸三钠液浸种1小时，然后换温水浸种4小时，置于温度在28~32℃环境中催芽，待有80%种子萌芽即可进行播种。采用32孔或50孔穴盘育苗。播种前要将育苗基质用80%多菌灵可湿性粉剂1 000倍液消毒，每孔点播一粒，播种后覆盖厚度为1厘米左右的育苗覆盖料，然后放入专用育苗棚内，苗床温度保持在25℃左右。

二、砧木苗培育

(一) 砧木选择

选用抗病、抗线虫、耐低温、耐渍水品种，一般采用砧木1号、金钻砧木、农优野茄和托鲁巴姆。

（二）种子处理

砧木种子休眠性强，发芽困难，且发芽整齐度差，可用100~200毫克／升的赤霉素溶液浸泡24小时，然后用湿毛巾包好，在25~32℃下催芽。4~6天即可出芽，当芽长1~2毫米时即可播种。播种方法同接穗种子。

三、嫁接前管理

播种后至出苗前温度保持在30~35℃，夜间温度不低于20℃，温度低于15℃，应加盖一层地膜提高地温，幼苗拱土后及时去除地膜，以免烤苗。在幼苗生长过程中，保持土壤湿润，随时观察种子出苗情况，当接穗苗有4~5片叶时进行摘心，促使萌发侧芽，培养其为接穗。当砧木苗85％长有4~5片叶时（一般在砧木播种40天左右），在嫁接前1天对砧木和接穗喷百菌清或多菌灵进行消毒。

四、适时嫁接

应选择在晴天嫁接，雨天不宜嫁接。嫁接前1天把砧木苗床浇足水，并盖上遮阳网降温。采集接穗一般在清晨露水干后，不然嫁接操作时易打滑移位。接穗一般当天采当天嫁接。嫁接场所宜选相对密闭遮阴，湿度保持90％。

（一）劈接方法

番茄嫁接技术以劈接技术为主，具体方法是先在砧木苗的第2片叶上方1.5厘米处横切，再用刀片在横切面中央垂直向下切1厘米；接穗苗上部保留2~3片叶，在基部切成"V"字形，刀口长1厘米，要求削面平整、干净，并迅速插入砧木切口内，注意形成层对准插紧后用嫁接夹固定。注意嫁接用的刀片要洗干净。截留的砧木不能过高，也不能过矮，过高嫁接后易倒伏；过矮砧木木质老化，嫁接苗不易成活，定植时嫁接口过低，接穗易长出再生根扎入土中而染病。

（二）插接方法

插接前先将砧木第1片真叶上部0.5厘米的茎部切断，用约0.25厘米宽的自制小竹刀沿叶腋与茎纵向呈45°角斜插入茎内，形成插接切口，深1厘米，以不穿透茎为准；接穗留顶部2片真叶，用刀片将茎向下削成楔形，立即插入砧木切口。接穗靠砧木切口和叶柄支撑固定，插接后不需要用嫁接夹或套管固定。嫁接完成后，直接将薄膜覆盖在幼苗上，下部薄膜用穴盘底部压住，保持温湿度。

五、嫁接苗管理

嫁接后尽快移入专用育苗大棚，嫁接后3天内是形成愈伤组织和接口愈合的关键时期，白天小拱棚内空气温度保持在20~28℃，夜间15~20℃，要用遮阳网、黑色薄膜等遮阴，防止温度过高造成接穗失水过多而萎蔫，嫁接后3天内，空气相对湿度保持在95%以上；5天后逐渐加大通风透光，但湿度要保持在90%~95%。10天后可视情况撤除遮阳物，炼苗4~5天，炼苗期间如遇叶面萎蔫，需立即重新覆盖遮光物并喷水，以使叶片恢复正常。嫁接苗成活长出2~3片新叶后，除去感病苗和砧木侧芽，喷1次防病虫农药，即可定植。

六、要点及注意事项

（一）侧芽嫁接要点

侧芽嫁接的关键在接穗和砧木苗生长至4~5片真叶时，砧木留基部2片真叶去顶，接穗则先切取顶部2叶1心部分，与砧木按劈接或插接法进行嫁接。切取2叶1心后的接穗苗床，施肥1~2次，促进腋芽生长，一般条件下10~15天腋芽可达到接穗标准，然后再切取嫁接。采取该方法，砧木要分批播种，接穗可利用种子主芽和3~4个腋芽，即嫁接育成4~5株生产用苗。

（二）注意事项

侧芽嫁接快繁必须注意对育苗的管理，保证接穗和砧木苗生长健壮，无病虫害。适时切取顶芽作接穗进行嫁接，以促进侧芽生长，实现快繁育苗的目的。控制好砧木育苗时间，达到适时嫁接侧芽，有利于嫁接苗的成活。应用侧芽嫁接快繁育苗，提高其繁殖系数，在当前进口种子价格昂贵的情况下具有实用价值。但是必须考虑到侧芽嫁接苗的整齐度等因素，仅适用于农民自繁自用，不宜生产商品苗。

注：本文刊载于《上海蔬菜》2015年第3期20、40.

附　录

附录一　山地蔬菜地方标准规范

□ 无公害山地蔬菜——茄子栽培技术规范

新昌县地方标准规范　DB 330624/T 02—2014
无公害山地蔬菜——茄子栽培技术规范

1　范围

本部分规定了无公害山地蔬菜——茄子（以下简称茄子）栽培的定义、种子、育苗、定植、田间管理、病虫害防治等内容。

本部分适用于本县山区的茄子栽培技术管理。

2　规范性引用文件

下列文件对于本文件的应用是必不可少的。凡是注日期的引用文件，仅所注日期的版本适用于本文件。凡是不注日期的引用文件，其最新版本（包括所有的修改单）适用于本文件。

GB 4285　农药安全使用标准
GB/T 8321.1　农药合理使用准则（一）
GB/T 8321.2　农药合理使用准则（二）
GB/T 8321.3　农药合理使用准则（三）
GB/T 8321.4　农药合理使用准则（四）
GB/T 8321.5　农药合理使用准则（五）
GB/T 8321.6　农药合理使用准则（六）
GB/T 8321.7　农药合理使用准则（七）

3　定义

本部分采用下列定义。

3.1　盘钵育苗

将具有2~3片真叶的茄子幼苗,移植到放置有预先配制好的营养土盘钵内,再进行培育的方法。

3.2　定植

将在盘钵育苗到6~7片真叶的茄子苗移植到大田畦上。

3.3　基肥

播种前耕翻入土的肥料。

3.4　门茄

植株第一次开花结果的茄子。

3.5　对茄

第二次开花结果的茄子,即主枝、侧枝上结果(一般以成对形式出现)的茄子。

3.6　三杈整枝法

茄子第一次分杈后,保留主枝和第一花下第一个健壮的侧枝,把此侧枝下发展的其他侧枝全部摘除。

4　种子

应选用高产、优质、耐热、抗病、适应性强的良种。

推荐选用杭茄三号、杭丰一号、引茄一号等品种。

5　地块选择

5.1　种植茄子的地块应土层深厚,肥力较高,保水保肥性强,排灌方便。

5.2　种植茄子的地块应实行轮作制,轮作期为3年。

6　播种

6.1　播种期

应掌握不同播种时间叉开采收期,播种可根据不同的海拔高度进行分期播种,时间一般为4月初至5月初。

6.2　苗床整理

6.2.1　地块经翻耕后,做成普通高畦地,苗床的土层应疏松、粒细、平整,畦宽1.3米(其中沟宽0.3米),沟深0.3米。

6.2.2　施肥。苗床整理好后,应以每20~25平方米的苗床施焦泥灰40~50千克,钙镁磷肥2.5~5千克,10%腐熟粪肥50~60千克。

6.2.3　播种前应浇足苗床底水(以水外溢为准)。

6.3　播前种子处理

温水浸种：先将种子浸泡在清水中，漂去瘪子，然后将种子放入温度为50~60℃热水中，浸泡15分钟，并不断地进行搅拌，待水温到30℃左右，再静置6~8小时。

6.4　覆盖

种子播上后应盖一层1厘米厚的过筛焦泥灰，再覆盖一层稻草，以利于保温保湿。当有50%的种子顶破土层出苗时应揭去稻草。

6.5　育苗方法

海拔500米以上地区，4月下旬前播种的，采用小拱棚育苗；4月底以后播种的，可采用露地育苗。

6.5.1　小拱棚育苗

6.5.1.1　种子播后，采用搭拱形棚内育苗。

6.5.1.2　拱形棚要求：拱棚支架用2米长竹片，两头沿苗床插入土10~15厘米，支架间距60~70厘米，支架中间高为50厘米，上盖0.05毫米厚、2米宽的塑料薄膜，支架北边薄膜埋入土内10厘米，南边采用砖或土块压。

6.5.1.3　管理：播种后至出现第一片子叶为发芽期，白天一般不揭膜，以保持床温和土地湿润，使出苗整齐。以保温为主，保持床温为25~30℃。子叶破土后，晴天应及时通风，降低温度。白天控制床温为15~20℃，夜间为12~16℃。第一真叶出现后，应加强通风透光，采取晴天、白天揭膜通风，阴雨天、夜间盖膜，发现苗床干燥，应在晴暖天及时浇水，促进幼苗生长。5月中旬气温适宜时全部揭膜。当幼苗长到2片真叶时，应进行分苗一次，苗距为10厘米左右，同时将弱、病、小苗拔除。

6.5.2　盘钵育苗

6.5.2.1　在小拱棚育苗的基础上，当幼苗长到2~3片真叶时，应将苗移植到预先备好的营养钵中。此时浇足水，搭小拱棚，其管理如同6.5.1.3。

6.5.2.2　营养土的配备。营养土成份及比例：新鲜肥沃的菜园土（近3年内未种植过茄瓜类）60%，腐熟粪肥30%，焦泥灰10%，同时按50千克营养土再加多菌灵50克、托布津50克，混合拌匀后装入营养盘钵内。

7　定植

7.1　定植前应进行大田翻耕整畦。

畦地的土层应松散、平整、无大土块，畦宽1.4~1.5米，其中沟宽0.3米，沟深0.3米，沟沟相通。

7.2 定植时间

苗龄30~40天，即苗有6~7片真叶时可定植。

7.3 定植密度

行距为70~75厘米，株距为50厘米，每亩栽1 500~2 000株。对土质差的田块可稍密些。

8 浇水、施肥

8.1 茄子各阶段所需水分不同，应分段进行管理。

8.1.1 幼苗期：要求床面呈干湿交替状态，土壤以湿润为主，梅雨季节注意清沟排水。

8.1.2 缓苗期：定植后应浇1~2次水。

8.1.3 中、后期：门茄坐果后，应加强水分管理，一般结合施肥浇水；采收期应及时浇水；遇干旱时要千方百计浇水。

8.2 施肥

应施足基肥，适时施追肥。

8.2.1 基肥：整地做畦时，应在畦中开深沟施入基肥，按每亩施肥：腐熟栏肥3 000~5 000千克，钙镁磷肥50千克、钾肥15~25千克，或施复合肥40千克，土壤pH值在6.0以下的田块每亩应加施石生灰50~75千克。

8.2.2 追肥：按茄子生长各个阶段按时施肥。

提苗肥：在定植后5~6天，每亩施优质三元复合肥10千克。

门茄肥：门茄结果膨大期结合浇水，施复合肥10~15千克。

对茄肥：对茄长到8~10厘米长时，应重施追肥1~2次，并掺入钾肥5千克，或用尿素15~20千克、钾肥5~10千克掺水施用，或施复合肥20~25千克。

四门斗茄肥：四门斗茄坐果期再重施追用1次，磷、钾含量各为15%的复合肥20~25千克。

后期肥：结茄后期每隔7~10天或采摘2~3次，施追肥1次，每次每亩施复合肥10~20千克。

在结茄后期以防早衰，增加后期产量，可在晴天傍晚喷施1~2次的0.2%尿素加0.3%硫酸二氢钾稀释液50~60千克根外追肥。

8.3 各种肥料质量应符合有关国家、行业标准要求。

9 田间管理

9.1 中耕

在门茄结果膨大期前；进行一次松土和中耕除草；当对茄全部开花时，进行一次浅中耕，同时结合清沟培土，将畦面修成小高畦；随后在畦面上铺上麦草或栏肥，保持土地湿润和肥力。

9.2　整枝

9.2.1　按三杈整枝法要求进行。

9.2.2　采取"对茄"坐果后，保留"门茄"以下第一分枝，其以下分枝全部摘除，"门茄"以上侧枝一般保留。

9.3　搭架

为防止茄子的重量压坏植枝，在整枝后采用每棵用1根小竹竿（或木杆），斜插搭架扎牢。

9.4　摘叶

封行后，应将植株上的枯黄老叶、病叶及时摘除，摘叶要分多次进行，植株生长旺盛时可多摘，高温、干旱、茎叶生长不旺时应少摘。摘下的叶子应在田块外深埋或烧毁。

9.5　病虫害防治

9.5.1　防治方针：预防为主，综合防治。推广应用杀虫灯、性引诱剂等害虫物理、生物防治技术。

9.5.2　主要病害：猝倒病、立枯病、绵疫病、褐纹病、青枯病、黄萎病、灰霉病。

9.5.3　主要虫害：蚜虫、蓟马、红蜘蛛、茶黄螨。

9.5.4　各种农药的质量应符合有关国家标准要求。

9.5.5　使用农药应符合GB 4285、GB/T 8321.1~8321.3、GB 8321.4、GB/T 8321.5~8321.7规定，不得使用国家明令禁止的农药。常见病害农药防治方法见附表1。

附表1　农药使用要求及方法

病虫种类	选用农药及使用方法
猝倒病	60%杀毒矾可湿性粉剂500~600倍液，或用70%代森锌可湿性粉剂600倍液，或用50%托布津可湿性粉剂500倍液，出苗时喷雾
立枯病	75%百菌清可湿性粉剂600~800倍液，或用50%多菌灵可湿性粉剂800倍液，或用50%立枯净可湿性粉剂600~800倍液，出苗时喷雾
绵疫病和褐纹病	75%百菌清可湿性粉剂600~800倍液，或用50%多菌灵可湿性粉剂800倍液，或用80%大生可湿性粉剂600~800倍液，初病期喷雾
灰霉病	50%速克灵可湿性粉剂1 500~2 000倍液，或用50%扑海因可湿性粉剂800倍液喷雾
青枯病和黄萎病	75%敌克松原粉600倍液，或用铜铵合剂400倍液浇株，每株浇药液0.25千克，隔7~10天连用2~3次
蚜虫	10%一遍净（吡虫啉）可湿性粉剂2 500~3 000倍液，或用1%杀虫素3 000倍液发生期喷雾

（续表）

病虫种类	选用农药及使用方法
蓟马	10%一遍净（吡虫啉）可湿性粉剂2000~2500倍液，或用20%好年冬2000倍液，或用0.6% 7051（灭虫灵）乳油1000倍液，发生期喷雾
红蜘蛛和茶黄螨	73%克螨特乳油1500~2000倍液，或用20%哒螨灵可湿性粉剂3000倍液，或用1%杀虫素3000倍液，发生期喷雾
	铜氨合剂：即用2份硫酸铜加11份碳酸氢铵拌匀，密封堆放24小时

10　采收

10.1　采摘原则：宁早勿迟，宁嫩勿老。

10.2　采摘时间：早晨或傍晚采摘较适宜。

10.3　采摘时，做到轻采轻放，防止挤压、折断，造成机械损伤。

□　无公害山地蔬菜——黄瓜栽培技术规范

新昌县地方标准规范　DB 330624/T 03—2014

无公害山地蔬菜——黄瓜栽培技术规范

1　范围

本部分规定了无公害山地蔬菜——黄瓜（以下简称黄瓜）栽培的定义、种子、育苗、定植、田间管理、病虫害防治等内容。

本部分适用于本县山区的黄瓜栽培技术管理。

2　规范性引用文件

下列文件对于本文件的应用是必不可少的。凡是注日期的引用文件，仅所注日期的版本适用于本文件。凡是不注日期的引用文件，其最新版本（包括所有的修改单）适用于本文件。

GB 4285　农药安全使用标准

GB/T 8321.1　农药合理使用准则（一）

GB/T 8321.2　农药合理使用准则（二）

GB/T 8321.3　农药合理使用准则（三）

GB/T 8321.4　农药合理使用准则（四）

GB/T 8321.5　农药合理使用准则（五）

GB/T 8321.6　农药合理使用准则（六）

GB/T 8321.7　农药合理使用准则（七）

3 定义

本部分采用下列定义：

3.1 盘钵育苗

将经过处理的种子点播在放有配制营养土的盘钵内进行育苗的方法。

3.2 定植

将经育苗后的瓜苗移栽到田畦上。

3.3 基肥

播种前耕翻入土的肥料。

3.4 追肥

在作物生长各阶段，对作物施加的各种肥料。

3.5 打顶

将主蔓或侧枝顶端摘除的生产技术措施。

3.6 根瓜

主蔓上结下的第一档瓜。

4 种子

应选用高产、优质、耐热、抗病的优良品种。

推荐选用津优1号、津优4号等新品种。

5 地块选择

5.1 育苗地块的土地应肥沃，保持水分和肥料能力强，透气性好。在近3~5年内未种过瓜类作物的田块作苗床。

5.2 种植黄瓜的地块应选择地势较高，排灌方便，土地肥沃，轮期为3年。

6 播种

6.1 播种期

海拔为400~600米山区，黄瓜播种期一般在5月中旬至6月中旬为宜，根据蔬菜市场供应情况，适当调整播种时间。

6.2 播种前种子处理

6.2.1 温水浸种：将种子在播前用50~55℃热水浸泡15~20分钟，然后捞出后放入冷水中浸泡3~4小时。

6.2.2 药剂浸种分预防疫病和预防病毒两种浸种：

6.2.2.1 预防疫病浸种：将种子先用冷水浸泡3~4小时，再用25%甲霜灵800倍液或福尔马林100倍液浸30分钟，然后捞出用清水充分洗净播种。

6.2.2.2 预防病毒浸种：将种子先用冷水浸泡3~4小时，再用10％磷酸三钠20分钟，然后捞出用清水洗净播种。

6.3 育苗方法

6.3.1 露地育苗，按常规方法育苗：

6.3.1.1 播前平整畦面，适施腐熟人粪肥，浇足底水；

6.3.1.2 均匀撒种，种子播量为10克/平方米，覆盖细土1~1.5厘米，再用多菌灵或托布津600倍液进行喷洒，后用麦杆或稻草等物覆盖上面。

6.3.1.3 平时保持土壤湿度，待60％幼苗出土后，应及时揭去覆盖物，浇1次齐苗水。

6.3.2 盘钵育苗

6.3.2.1 按新鲜菜园土60％、腐熟粪肥30％、焦泥灰10％及每50千克营养土加多菌灵、托布津各50克的成分比例拌匀配制营养土。将营养土装入直径8厘米×10厘米的塑料盘钵中。

6.3.2.2 将种子点播营养钵中，其深度约1厘米，浇透水，盖上麦杆稻草。

6.3.2.3 平时保持土壤湿度，待幼苗出土后，应及时揭去覆盖物，浇1次齐苗水。

7 定植

7.1 田块管理

将田块深耕后进行平整造畦，畦宽1.3~1.4米，其中沟宽0.3米；应做成深沟高畦，沟沟相通，能灌能排。

7.2 定植时间

在瓜苗2片子叶展开、真叶显露时，即苗龄5~7天，一般不超过10天，即可移栽定植。

7.3 定植密度

在1个畦面上定植2行，行距为50~60厘米，株距为25~30厘米，每亩种瓜苗约2 000棵。

当田块土地肥力好，品种分枝能力强，定植密度可稀些；当土地肥力差，以主蔓结瓜为主的品种，应适当密植。

7.4 瓜苗定植后，应浇水，并在畦面上及时铺草。

8 肥水管理

8.1 浇水

8.1.1 定植后应浇1~2次缓苗水，促使幼根生长。

8.1.2 座瓜前期应适当控制水分，进入结果期后，增加浇水量和浇水次数。

8.1.3 浇水应采用担水浇灌或半沟水浸灌，防止大水漫灌。

在灌水或遇大雨后，应随即做好清沟排水工作，防止烂根死株现象。

8.2 施肥

8.2.1 基肥：在整地做畦时，应在畦中开深沟施入基肥。按每亩施肥：有机肥3 000~4 000千克，氮、磷、钾含量各为10%的复合肥30~40千克。

8.2.2 追肥

8.2.2.1 施肥要求：应淡肥勤施，防止施浓肥伤苗。

8.2.2.2 在定植成活后，按每亩施一次1 000千克的10%淡粪水，然后隔7~10天按瓜苗长势情况再施一次。

8.2.2.3 当座瓜开始膨大时，按每亩10~15千克用量重施一次氮、磷、钾含量各为15%有复合肥；以后每摘2~3次黄瓜后再施一次复合肥，其用量酌减。当遇天旱时应加水施用，并远离根部。

8.2.3 各种肥料质量应符合有关国家标准和行业标准要求。

9 田间管理

9.1 搭架、绑蔓

黄瓜出蔓后，应及时搭架、绑蔓。

9.1.1 搭架：采用小竹竿或小木杆一苗一根搭成2.0~2.5米高的"人"字架或"篱笆"架。

9.1.2 绑蔓：在黄瓜蔓爬上架后，每隔壁3~4片叶子应进行捆绑一次，捆绑松紧适度，以不影响生长为宜。

9.2 整枝、摘叶

9.2.1 整枝

黄瓜根瓜以下的侧枝应去除，根瓜以上的侧枝见瓜后留叶1~2叶应打顶；当主蔓到架子顶端时，应将主蔓打顶，促使侧枝结瓜。

9.2.2 摘叶

在黄瓜生长过程中，应及时将下部的黄叶和植株上的病叶摘除，并带出田块外进行深埋和烧毁。

9.3 病虫害防治

9.3.1 防治方针：预防为主，综合防治。推广应用杀虫灯、性引诱剂等害虫物理、生物防治技术。

9.3.2 主要病害：霜霉病、疫病、白粉病、枯萎病。

9.3.3 主要虫害：蚜虫、蓟马、瓜绢螟。

9.3.4 各种农药质量应符合有关国家标准要求。

9.3.5　使用农药应符合GB 4285、GB/T 8321.1~8321.3、GB 8321.4、GB/T 8321.5~8321.7规定，不得使用国家明令禁止的农药。常见病害农药防治方法见附表2。

附表2　农药使用要求及方法

病虫害名称	药剂及使用浓度	使用方法
黄瓜霜霉病 黄瓜疫病	80%大生600倍液，或用75%百菌清600倍液，或用64%杀毒矾500倍液，或用代森猛锌600倍液	初病期喷药，隔7~10天防治一次，连用3~4次
黄瓜白粉病	25%三唑酮1 500倍液，或用25%敌力脱1 000倍液，或用10%世高1 000倍液	初病期喷药，隔7~10天防治一次，连用2~3次
黄瓜枯萎病	每亩用50%多菌灵或用70%托布津2千克拌细土25千克 50%多菌灵或用70%托布津500倍液，或用70%敌克松1 000倍液	定植(播种)前将药土均匀施入种植沟内 发病前或发病初期灌根，每株用药液0.25千克，隔7~10天一次，用2~3次
蚜虫	10%一遍净(吡虫啉)3 000倍液	发生期喷雾
蓟马	10%康福多2 500倍液，或用10%一遍2 000~2 500倍液，或用20%好年冬1 000~1 500倍液，或用海正灭虫灵2 000~2 500倍液	发生期喷雾
瓜绢螟	10%除尽或用20%米满1 500倍液，或用Bt粉剂500倍液	低龄幼虫高峰期喷雾

10　采收

10.1　采摘应及时，尤其对根瓜，以免影响蔓叶和后继瓜的生长。

10.2　一般结瓜初期2~3天采摘一次，盛果期每天采摘一次。采摘应在早晨进行。

10.3　采摘时做到防止漏采，轻采轻放，防止挤压，碰撞造成机械损伤。

□　无公害山地蔬菜——茭白栽培技术规范

新昌县地方标准规范　DB 330624/T 06—2014
无公害山地蔬菜——茭白栽培技术规范

1　范围

本标准规定了无公害山地蔬菜——茭白的定义、生产基地要求、选种、育苗、定植、田间管理、病虫害防治技术。

本标准适用于本县山区的茭白栽培技术管理。

2 规范性引用文件

下列文件对于本文件的应用是必不可少的。凡是注日期的引用文件，仅所注日期的版本适用于本文件。凡是不注日期的引用文件，其最新版本（包括所有的修改单）适用于本文件。

GB 4285　农药安全使用标准

GB/T 8321.1　农药合理使用准则（一）

GB/T 8321.2　农药合理使用准则（二）

GB/T 8321.3　农药合理使用准则（三）

GB/T 8321.4　农药合理使用准则（四）

GB/T 8321.5　农药合理使用准则（五）

GB/T 8321.6　农药合理使用准则（六）

GB/T 8321.7　农药合理使用准则（七）

GB 3095　环境空气质量标准

GB 5084　农用灌溉水质标准

GB 15618　土壤环境质量标准

3 定义

3.1 无公害山地茭白

种植于海拔300~600米的山区，水、气、土符合国家有关标准的环境中，不使用国家禁用农药、农药残留及其他有害物质符合相关标准的无公害茭白。

3.2 茭墩

茭白种植株及分蘖集中的部分。

3.3 种墩

用于种苗用的茭墩。

3.4 孕茭

茭白假茎开始发扁，基部逐渐充实膨大的过程。

3.5 定植

将种墩、种苗移栽到大田中。

3.6 基肥

栽培前或茭白墩萌发前翻耕施入田间的有机肥和化肥等肥料。

3.7 追肥

在作物生长各阶段，对作物施加的各种肥料。

4　基地环境质量要求

4.1　大气环境：不得有大气污染源，大气环境应符合GB 3095中一级标准要求。

4.2　水质：生产用水水质应符合GB 5084中二级标准。

4.3　土壤：土壤环境应符合GB 15618中二级以上标准，要求有机质含量高，土壤深厚、疏松。

4.4　气候：4—10月平均气温20~27℃，白天最高气温34℃，持续时间不超过3小时。

4.5　田块选择：应选择水源充足，排灌方便的田块。

5　种墩选择

品种选用"八月茭"品种，在采收时注意选择种墩，把结茭多、肉茭大、色白质嫩、结茭早的作为种墩，选下后，作好标记。

6　栽植

可分为冬季茭墩栽植及春季育苗移栽两种方式，每次栽植可采收3年。

6.1　冬季茭墩栽植

6.1.1　栽植时间：10—11月。

6.1.2　栽植方法：用刀把选好的种墩老株一一割下，选择有1~2个萌芽或分蘖，最好带有少量老根的老株定植，行距120厘米，株距40厘米，每亩栽1 200株。

6.2　春季育苗移栽

6.2.1　育苗：在茭白采收前，选择好种墩，做好记号，每亩田需种墩200~300墩，到12月中旬至翌年1月中旬将种茭丛连根拔起，茭白种株以地面表1~2节地下茎上所萌发的芽为有效分蘖，所以应切除种株最上部和最下部各节，留中间一段，进行扦插假植，假植行距50厘米，株距15厘米，每隔5~6行留80厘米走道，假植深度以齐茭白墩泥为度，并保持1~2厘米的浅水层，并用地膜覆盖。

6.2.2　定植时间：4月上旬至下旬，当茭白苗高20厘米左右，水温10℃以上可移苗移栽。

6.2.3　定植方法：密度为行距120厘米，株距40厘米，每亩种1 200株，深度以所带老茎薹管没土为度，以晴天下午栽种为好。

7 施肥

7.1 基肥

在清明至谷雨时一次施足，每亩施腐熟有机肥3 000千克。

7.2 追肥

7.2.1 提苗肥：茭白定植成活后7~10天，每亩施500千克腐熟有机肥，或优质三元复合肥10~15千克。

7.2.2 分蘗肥：在分蘗初期，每亩施腐熟有机肥1 000千克，或优质三元复合肥20~30千克。

7.2.3 调节肥：在分蘗盛期，依植株生长状况亩施优质三元复合肥10~15千克，如植株生长强健，可免施。

7.2.4 催茭肥：当新茭有10%~20%的分蘗苗假茎已变扁，开始孕茭，每亩施腐熟有机肥1 500~2 000千克，或用优质三元复合肥30~40千克。

8 水位管理

以"前期浅、中期深、后期浅"的原则。越冬田要灌水护墩，防止冻害。定植时应灌浅水，一般3~5厘米，有利提高土温，促进早萌发、早成苗，以后逐渐加深水位，到7月气温高时应灌深水，加深到10~15厘米，控制分蘗及护茭，到8月份高温要换水，孕茭期应加深到15~18厘米，但最高不能超过"茭白眼"以下5厘米位置，到孕茭后期，水温低，可适当降低水位。在每次追肥后，宜待肥料吸入土中再灌水，如遇暴雨，应及时排水。

9 田间管理

9.1 中耕耘田、删苗：上一年新种的茭白田，在清明至谷雨施重肥前，进行一次耘田除草，二三年的老茭白田，在清明前把行间的抽生苗掘去，然后再耘田施肥，清明至夏间要进行3~4次的删苗和耘田除草，去掉细弱和多余的苗，每丛保持6株健壮苗。

9.2 摘黄叶：在7月中旬的分蘗后期，株丛拥挤，及时摘除植株基部的老叶、黄叶，隔7~10天摘黄叶一次，共2~3次。

9.3 壅根及补株：在采收后，经霜冻后，将老茭墩地上枯叶齐泥割去，翌年清明前后疏苗，并在茭墩根际压泥壅根，使分蘗散开，如在田块发现雄株及灰茭株，在10月掘去后补株。

10 病虫害综合防治

10.1 技术准则：严格执行国家规定的植物检疫制度，贯彻"预防为主、综合防治"的方针，以农业防治为基础，强化选用抗病品种，科学肥水管理，增强茭白的抗病虫害能力，合理运用生物防治、物理防治和适量适度的化学防治等措施，经济、安全、有效地控制病虫害，达到无污染、无残留、无公害蔬菜的目的。

10.2　使用农药应符合GB 4285、GB/T 8321.1~8321.3、GB 8321.4、GB/T 8321.5~8321.7要求，不得使用国家明令禁止的农药。

10.3　主要病虫害

10.3.1　主要病害有：锈病、胡麻斑病、瘟病、纹枯病。

10.3.2　主要虫害有：二化螟、大螟、长绿飞虱、蓟马。

10.4　农业防治

10.4.1　茭白封行后，结合病虫害防治及时摘除黄叶。

10.4.2　茭白采收后及时清理田间残株枯叶和田边杂草。

10.4.3　春季2—3月，茭田灌水17~20厘米保持5天以上，杀死越冬虫源。

10.5　物理防治：推广应用害虫杀虫灯等物理防治技术。杀虫灯每30~45亩安装一盏，从5月上旬开始至9月中旬，主要诱杀二化螟、大螟等害虫。

10.6　优先采用生物农药，推广高效、低毒、低残留农药，了解农药性能和使用方法，根据防治对象对症下药，尽量减少用药次数。

10.7　农药质量应符合有关国家标准。

10.8　各种农药的药剂、用量、使用方法、使用次数、安全间隔期等按GB 4285的规定执行，并符合GB/T 8321.1~8321.3、GB 8321.4、GB/T 8321.5~8321.7标准。

10.9　药剂防治：主要病虫害的药剂防治，见附录A。

11　采收

11.1　在3张外叶长齐，心叶滞长，孕茭部位显著膨大，叶鞘由抱合而分开，茭肉露白前采收。

11.2　采收一般隔3~4天采收一次，采收后应将茭白带壳放置阴凉处，浸水中。

11.3　采收时留好茭白茎的长度，保护好壳的外观。

附录 A

（规范性附录）

无公害山地茭白主要病虫害防治简表

病虫害	药剂防治方法
胡麻叶斑病	发病初期开始喷洒50%扑海因可湿性粉剂600倍液，或用50%多菌灵可湿性粉剂600倍液，或用40%福星乳油6 000倍液，每亩喷配液100千克，隔10天一次，连续3~5次
纹枯病	发病初期开始喷洒5%井岗霉素水剂300~500倍液，或用50%甲基硫菌灵可湿性粉剂700~800倍液，或用50%多菌灵可湿性粉剂700~800倍液，每亩喷配液100千克，隔10~15天一次，共喷2~3次
锈病	发病初期开始喷洒15%粉锈宁(三唑酮)可湿性粉剂1 000倍液，或用70%代森锰锌可湿性粉剂1 000倍液，或用40%福星乳油6 000倍液，每亩喷配液100千克(孕茭期慎用)
瘟病	发病初期开始喷洒50%扑海因可湿性粉剂600倍液，或用50%多菌灵可湿性粉剂500倍液，每亩喷配液100千克
大螟、二化螟	在5月中下旬幼龄期开始用Bt剂800倍液
飞虱	在6月上旬开始用25%扑虱灵可湿性粉剂1 000倍液，或用10%吡虫啉可湿性粉剂1 500倍液，每亩喷配液100千克
蓟马	在5月中旬开始用10%吡虫啉可湿性粉剂1 500倍液，每亩喷配液100千克

□ 无公害绿芦笋大棚生产技术规程

浙江省地方标准　DB 33/T 717—2008
无公害绿芦笋大棚生产技术规程

1　范围

本标准规定了无公害绿芦笋大棚生产技术规程中的术语和定义、产地选择、田间设施、生产技术、病虫害防治、采收期。

本标准适用于无公害绿芦笋大棚生产。

2　规范性引用文件

下列文件中的条款通过本标准的引用而成为本标准的条款。凡是注日期的引用文件，其随后所有的修改单(不包括勘误的内容)或修订版均不适用于本标准，然而，鼓励根据本标准达成协议的各方研究是否可使用这些文件的最新版本。凡是不注日期的引用文件，其最新版本适用于本标准。

GB 4285　农药安全使用标准

GB/T 8321(所有部分)　农药合理使用准则

MY/T 496　肥料合理使用准则　通则

NY 5010　无公害食品　蔬菜产地环境条件

3　术语和定义

下列术语和定义适用于本标准。

3.1　绿芦笋

未经培土软化而形成的供食用的绿色或紫色嫩茎。

3.2　母茎

由新生嫩茎培育而成的地上茎、枝及拟叶，用于为地下贮存根、鳞芽萌发及嫩茎生长提供养分。

3.3　幼龄期

定植后一年内的芦笋生长期。

4　产地选择

4.1　产地环境

生产区的生态应符合NY 5010的规定。

4.2　选地要求

选择地势平坦、地下水位较低、排灌方便、土层深厚、土质疏松、肥力较好的壤土或沙壤土，pH值以6.5~7.8为宜。

5　田间设施

5.1　大棚

5.1.1　棚架

采用镀锌薄壁钢管、竹材等为棚架材料。一般为单体拱型棚，棚宽6米或8米；棚中顶高2.2~2.8米，肩高1.5~1.8米；棚架拱杆间距55~65厘米，棚顶和两侧各装1道拉杆；竹棚中间每隔2~2.5米设一根立杆；棚长以30~45米为宜。棚架强度达到当地农用大棚的抗风抗雪要求。

5.1.2　覆膜

棚轲顶部覆盖多功能大棚薄膜，膜厚0.06~0.08毫米，膜宽依棚宽而定（一般薄膜宽度为棚宽加1.5米）。棚架四周围厚0.06毫米的普通农用聚乙烯薄膜。棚顶部和四周的薄膜用压膜线和卡膜槽固定在棚架上。

5.2　滴灌系统

5.2.1　组成

滴灌系统由"水源—水泵—总过滤器—地下输水管—田间出地管—水阀—末端过滤器—田间输水管—滴灌管"组成。

5.2.2　水源

采用河、塘、沟、池、井等作为水源，其水质应达到 NY 5010 的要求。

5.2.3　水泵

根据灌溉面积和水源情况，选用合适流量和扬程的水泵（自吸泵、潜水泵等）。若水源高于田块 10 米以上，不宜使用水泵，可以自流灌溉。

5.2.4　过滤设备

根据水源清洁度和滴灌管的类型，选用便宜的过滤器。内镶式滴管采用不少于 120 目的网式或叠片式过滤器。

5.2.5　输水管

水源至田块的地下输水管一般采用聚乙烯管，管径依输水流量而定。棚内的地面输水管一般采用 ϕ 25 毫米的黑色聚乙烯管。

5.2.6　滴灌管

一般采用内镶式灌管或打孔带式滴灌管，每畦铺设 1~2 条。

6　生产技术

6.1　品种选择

宜先用优质丰产、抗逆性强、适应性广、商品性好的品种，如格兰德 F1（Grande）、阿特拉斯 F1（Atlas）、UC157F1 等适宜生产绿芦笋的良种。

6.2　播种时间

春播一般为 3 月中旬至 5 月中旬，秋播以 8 月下旬至 9 月下旬为宜。

6.3　用种量

每亩大田一般为 45~60 克。

6.4　育苗

6.4.1　营养土配制

将未种过芦笋的园土过筛，每立方米土均匀拌入腐熟有机肥 10~15 千克，装入 6 厘米×（6~10）厘米×10 厘米的塑料营养钵并将营养土整实备用，也可将商品基质作为营养土。每亩大田需备营养钵 2 000~2 500 个。

6.4.2　播前种子处理

6.4.2.1　处理与浸种

6.4.2.1.1　未经包衣处理的种子经清洗后在 55℃ 的温水中浸 15 分钟，随后在常温下用 50% 多菌灵 250 倍溶液浸种消毒 2 小时后捞出，用清水冲洗干净。

6.4.2.1.2　将种子放于 25~30℃ 清水中浸种 48~72 小时，浸种期间换水 2~3 次。

6.4.2.2　催芽

浸种后的种子置于容器中在25~30℃条件下保湿催芽，每天漂洗1~2次，待20%的种子露白后即可播种。

6.4.3　播种

播种前一天将营养钵浇透水，单粒点播，其深度0.3~0.5厘米，播后盖细土0.3~0.5厘米，铺上稻草并浇水湿润，春季播种应盖地膜、搭小拱棚保温保湿。

6.4.4　苗床管理

6.4.4.1　播后适当浇水，保持床土湿润。30%幼芽出土后及时揭去稻草和地膜，苗床温度白天20~25℃，最高不超过30℃，夜间15~18℃为宜，最低不低于13℃。注意通风换气、控温降湿，保持苗床湿润。当幼苗高15~20厘米时，可采取通风不揭膜的办法，使幼苗适应外界环境。秋播苗在冬季地上部枯萎后及时割去地上部清园过冬。

6.4.4.2　注意茎枯病和蝼蛄等苗床病虫害防治。

6.5　壮苗标准

6.5.1　春播苗标准

苗龄60天左右，苗高30厘米以上，有3~4根地上茎、5条以上肉质根，鳞芽饱满，无病虫害。

6.5.2　秋播苗标准

有4根以上地上茎、5条以上肉质根，鳞芽饱满，无病虫害。

6.6　整地作畦

移栽前10~15天深翻土壤，每亩施入腐熟有机肥3 000~5 000千克，复合肥30~50千克，饼肥30~60千克，整成宽150~160厘米、高20~30厘米的栽培畦，6米棚整四畦，8米棚整五畦。

6.7　移栽

6.7.1　移栽时间

春播的于5月中旬至7月上旬移栽，秋播的于次年3月下旬至4月上旬移栽。

6.7.2　种植密度

秧苗大小分级、带土移栽、单行种植。行距1.5~1.6米，株距30~35厘米，每亩密度1 100~1 500株。从通风和方便管理考虑，中间畦与旁边畦可以不等行距种植。

6.8　田间管理

6.8.1　薄膜覆盖与避雨栽培

冬季覆膜保温增温一般于12月底拔秆清园施冬肥后1月上旬进行，若为促进春笋提早采收上市，可提前至12月中旬母茎枯黄后清园施肥并于12月20日前覆盖大棚薄膜，但冬季低温期间必须采用多层覆盖保温。留养春季母茎在避雨条件下进行，随后的夏秋季保留顶膜避雨栽培。

6.8.2　中耕除草培土

定植初期覆盖双色地膜，或及时进行中耕除草，保持土壤疏松。中耕时结合培土，同时应避免伤及嫩茎和根系。定植后半年内中耕除草3~4次，以后视杂草生长情况及时除草。

6.8.3　温度管理

出笋期白天将棚内气温控制在25℃左右（最高不超过30℃），夜间保持12℃以上。如棚内气温达35℃以上，打开大棚两端，掀裙膜通风降温。冬季低温期间采用大棚套中棚和小拱棚保温，如遇到气温低于-2℃时，须在棚内小拱棚上加盖草帘、无纺布等覆盖物，以确保棚内气温不低于5℃。

6.8.4　水分管理

6.8.4.1　灌水

根据不同生育期进行水份管理，采用滴灌定时定量灌水。

6.8.4.2　幼龄期

移栽后及时浇定根水，应遵循"少量多次"的原则，土壤持水量保持在60%左右。

6.8.4.3　出笋期

留母茎期间土壤持水量保持在60%~70%；采笋期间土壤持水量保持在70%~80%。

6.8.5　留养母茎

选留的母茎直径1厘米以上、无病虫害、生长健壮，且分布均匀。

6.8.5.1　春母茎

一般于4月上旬留春母茎，二年生每棵盘留2~3支，三四年生每棵盘留3~4支，五年生及以上每棵盘留4~6支，棵盘大的可适当多留。

6.8.5.2　秋母茎

一般于8月中下旬留秋母茎，每棵盘留茎6~14支。

6.8.6　防病保茎

母茎生长期间是防治茎枯病的关键，须注意防病保茎，防治方法见7.1.2。

6.8.7　疏枝打顶与拉网防倒

棚内笋枝要及时整枝疏枝。母茎长至50~80厘米高时，要及时打桩并拉好网眼20厘米×20厘米的尼龙网以固定植株，随着株龄增长和母茎增高网格线逐渐上移。也可在栽培畦的四周打桩、围塑料绳防植株倒伏。母茎长至120厘米左右时，摘除顶芽以控制植株高度。

6.8.8　追肥

6.8.8.1　追肥按NY/T 496执行。

6.8.8.2　冬腊肥于12月中下旬冬季清园后，每亩沟施腐熟有机肥1 500千克，加三元复合肥30千克或有机无机复混肥50千克。

6.8.8.3　夏笋肥于春母茎留养成株后（4月下旬），每亩沟施腐熟有机肥1 500千克，加三元复合肥15千克或有机无机复混肥50~100千克。夏笋采收期间，一般在前期间隔20天、后期间隔15天左右施肥一次，每亩施有机无机复混肥30千克。

6.8.8.4　秋发肥宜重施，于8月底至9月上旬每亩施腐熟栏肥3 000千克，加三元复合肥30千克或有机无机复混肥100~150千克。在秋母茎留养后，视植株长势，一般早期阶段可间隔15天，每亩施有机无机复混肥20~30千克，中后期可间隔7~10天喷施一次含钾叶面肥。

7　病虫害防治

按照"预防为主，综合防治"的植保方针，坚持以"农业防治、物理防治、生物防治为主，化学防治为辅"的病虫无害化防治原则。使用药剂应符合GB 4285和GB/T 8321（所有部分）的要求。

7.1　病虫防治

7.1.1　主要病害

主要病害有茎枯病、褐斑病、根腐病等。

7.1.2　防治方法

7.1.2.1　农业防治

清洁田园，做好夏笋采收结束和秋季恢复生长季结束的秋、冬二次清园，及时彻底清除病株残茬；及时盖膜，确保母茎留养在避雨条件下进行，下雨天大棚四围及时清沟排水。

7.1.2.2　药剂防治

7.1.2.2.1　清园时针对茎枯病等病害发生情况考虑施用50%多菌灵可湿性粉剂1 000倍液加50%代森锰锌可湿性粉剂1 000倍液进行土壤消毒。

7.1.2.2.2　母茎长至5厘米以上时，用40%百可得可湿性粉剂1 500~3 000倍液喷雾2~3次；母茎放枝时用50%多菌灵可湿性粉剂800倍液加50%代森锰锌可湿性粉剂800倍液及1 000万单位72%农用硫酸链霉素可湿性粉剂5 000倍液喷茎枝，间隔7~10天一次，连续喷施2次。

7.2 虫害防治

7.2.1 主要虫害

主要虫害有夜蛾科害虫、蓟马、蚜虫以及地下害虫等。

7.2.2 防治方法

7.2.2.1 物理防治

7.2.2.1.1 夏季大棚薄膜盖顶、四周防虫网隔离进行避雨、防虫栽培。

7.2.2.1.2 大棚内悬挂黄板诱杀蚜虫，规格为25厘米×40厘米的黄板每亩悬挂30~40块。

7.2.2.1.3 安装频振式杀虫灯诱杀夜蛾科害虫，每2 000~3 000平方米安装一盏。

7.2.2.1.4 悬挂斜纹夜蛾诱捕器和甜菜夜蛾诱捕器，每亩分别悬挂1~2个。

7.2.2.2 药剂防治

夜蛾科害虫可选用0.5%印楝素乳油1 500倍液或用5%美除乳油1 000倍或用15%安打悬浮剂4 000倍液或用5%抑太保乳油1 500倍液；蚜虫、蓟马可选用2.5%菜喜悬乳剂1 000倍液或用0.5%印楝素乳油1 500倍淮或用3%啶虫脒乳油1 500倍液或用10%吡虫啉可湿性粉剂2 000倍液喷杀。

8 采收期

春笋采收期为1月中下旬至4月上旬，夏笋采收期为5月上旬至8月下旬，秋笋采收期为9月中旬至11月中旬。

附录二　国家禁用和限用农药种类

□ 禁止生产销售和使用的农药名单（33种）

六六六，滴滴涕，毒杀芬，二溴氯丙烷，杀虫脒，二溴乙烷，除草醚，艾氏剂，狄氏剂，汞制剂，砷、铅类，敌枯双，氟乙酰胺，甘氟，毒鼠强，氟乙酸钠，毒鼠硅（农业部公告第199号）；甲胺磷，甲基对硫磷，对硫磷，久效磷，磷胺（2008.1.9发改委、农业部等六部委公告第1号）；苯线磷，地虫硫磷，甲基硫环磷，磷化钙，磷化镁，磷化锌，硫线磷，蝇毒磷，治螟磷，特丁硫磷（农业部公告第1586号）。

□ 在蔬菜、果树、茶叶、中草药材上不得使用和限制使用的农药（17种）

禁止甲拌磷（3911），甲基异柳磷，内吸磷（1059），克百威（呋喃丹），涕灭威（神农丹、铁灭克），灭线磷，硫环磷，氯唑磷在蔬菜、果树、茶叶和中草药材上使用；禁止三氯杀螨醇和氰戊菊酯在茶树上使用（2002-6-5农业部公告第199号）。

禁止氧乐果在甘蓝上使用（2002-5-10农业部公告第194号）。

禁止丁酰肼（比久）在花生上使用（2003-4-30农业部公告第2741号）。

禁止水胺硫磷、氧乐果在柑橘树上使用；禁止灭多威在柑橘树、苹果树、茶树和十字花科蔬菜上使用；禁止硫丹在苹果树和茶树上使用；禁止溴甲烷在草莓和黄瓜上使用（2011-6-15农业部公告第1586号）。

除卫生用、玉米等部分旱田种子包衣剂外，禁止氟虫腈在其他方面使用（2009-2-25农业部公告第1157号）。

□ 关于禁限用农药的公告（农业部公告第2032号，7种）

1.自2015年12月31日起，禁止氯磺隆在国内销售和使用。

2.自2015年12月31日起，禁止胺苯磺隆单剂产品在国内销售和使用；自
2017年7月1日起，禁止胺苯磺隆复配制剂产品在国内销售和使用。

3.自2015年12月31日起，禁止甲磺隆单剂产品在国内销售和使用；自
2017年7月1日起，禁止甲磺隆复配制剂产品在国内销售和使用。

4.自2015年12月31日起，禁止福美胂和福美甲胂在国内销售和使用。

5.自2016年12月31日起，禁止毒死蜱和三唑磷在蔬菜上使用。

□ 关于百草枯的公告（2012-4-24农业部、工业和信息化部、国家质量监督检验检疫总局公告第1745号）

自2016年7月1日停止百草枯水剂在国内销售和使用。

参考文献

鲍兴安. 2013. 樱桃番茄栽培的关键技术措施 [J]. 吉林蔬菜（8）：13-14.

何润云. 2015. 南方蔬菜瓜果栽培实用技术 [M]. 北京：中国农业科学技术出版社.

李灿，全洪明，龙祖华. 2014. 蔬菜园艺工（南方部分）[M]. 北京：中国农业科学技术出版社.

吕佩珂，苏慧兰，高振江. 2013. 多年生蔬菜水生蔬菜病虫害诊治原色图鉴 [M]. 北京：化学工业出版社.

吕佩珂，苏慧兰，高振江. 2014. 西瓜甜瓜病虫害诊治原色图鉴 [M]. 北京：化学工业出版社.

吕佩珂，苏慧兰，高振江. 2013. 豆类蔬菜病虫害诊治原色图鉴 [M]. 北京：化学工业出版社.

吕佩珂，苏慧兰，吕超. 2013. 菜用玉米菜用花生病虫害及菜田杂草诊治图鉴 [M]. 北京：化学工业出版社.

吕佩珂，苏慧兰，李秀英. 2013. 瓜类蔬菜病虫害诊治原色图鉴 [M]. 北京：化学工业出版社.

吕佩珂，苏慧兰，尚春明. 2014. 茄果类蔬菜病虫害诊治原色图鉴 [M]. 北京：化学工业出版社.

钱增扬，水茂兴. 2005. 绍兴市现代农业实用技术 蔬菜分册 [M]. 杭州：浙江大学出版社.

王迪轩. 2013. 花生优质高产问题 [M]. 北京：化学工业出版社.

杨新琴，徐云焕. 2015. 山地蔬菜生产必读必胜 [M]. 北京：中国农业出版社.

杨新琴，金昌林，胡美华. 2012. 蔬菜生产知识读本 [M]. 浙江科学技术出版社.

杨重卫. 2015. 新型职业农民培训教材 种植篇 [M]. 北京：中国广播影视出版社.

尹守恒. 2013. 蔬菜园艺工 [M]. 郑州：中原农民出版社.

张玉聚，李洪连，张振臣，等. 2010. 中国蔬菜病虫害原色图解 [M]. 北京：中国农业科学技术出版社.

郑建秋. 2013. 农业面源污染的危害与控制 [M]. 北京：中国林业出版社.